GREEN BOOK

智 库 成 果 出 版 与 传 播 平 台

中国社会科学院创新工程学术出版资助项目

中国气象局气候变化专项项目

气候变化绿皮书

GREEN BOOK OF CLIMATE CHANGE

应对气候变化报告（2022）

ANNUAL REPORT ON ACTIONS TO ADDRESS CLIMATE CHANGE (2022)

落实"双碳"目标的政策和实践

Policies and Practices to Implement the Dual Carbon Goals

主　编／庄国泰　高培勇

副主编／陈　迎　巢清尘　胡国权　庄贵阳

社会科学文献出版社

SOCIAL SCIENCES ACADEMIC PRESS (CHINA)

图书在版编目（CIP）数据

应对气候变化报告. 2022：落实"双碳"目标的政
策和实践／庄国泰，高培勇主编. --北京：社会科学
文献出版社，2022.12
（气候变化绿皮书）
ISBN 978-7-5228-1086-7

Ⅰ.①应⋯ Ⅱ.①庄⋯ ②高⋯ Ⅲ.①气候变化-研
究报告-世界-2022 Ⅳ.①P467

中国版本图书馆 CIP 数据核字（2022）第 214161 号

气候变化绿皮书
应对气候变化报告（2022）
——落实"双碳"目标的政策和实践

主　　编／庄国泰　高培勇
副 主 编／陈　迎　巢清尘　胡国权　庄贵阳

出 版 人／王利民
组稿编辑／周　丽
责任编辑／张丽丽
文稿编辑／赵熹微
责任印制／王京美

出　　版／社会科学文献出版社·城市和绿色发展分社（010）59367143
　　　　　地址：北京市北三环中路甲 29 号院华龙大厦　邮编：100029
　　　　　网址：www.ssap.com.cn
发　　行／社会科学文献出版社（010）59367028
印　　装／天津千鹤文化传播有限公司

规　　格／开本：787mm×1092mm　1/16
　　　　　印张：26.25　字数：393 千字
版　　次／2022 年 12 月第 1 版　2022 年 12 月第 1 次印刷
书　　号／ISBN 978-7-5228-1086-7
定　　价／178.00 元

读者服务电话：4008918866

本书由"中国社会科学院—中国气象局气候变化经济学模拟联合实验室"组织编写。

本书的编写和出版得到了中国气象局气候变化专项项目"气候变化经济学联合实验室建设（绿皮书2022）"、中国社会科学院创新工程学术出版资助项目、中国社会科学院"登峰计划"气候变化经济学优势学科建设项目、中国社会科学院生态文明研究智库的资助。

感谢中国气象学会气候变化与低碳发展委员会的支持。

感谢科技部"第四次气候变化国家评估报告"项目、国家重点研发计划"服务于气候变化综合评估的地球系统模式"课题（编号：2016YFA0602602）、国家社会科学基金重大项目"中国2030年前碳排放达峰行动方案研究"（编号：21ZDA085）、国家社会科学基金重大项目"碳中和新形势下我国参与国际气候治理总体战略和阶段性策略研究"（编号：22ZDA111）中国社会科学院创新工程项目"碳达峰、碳中和目标背景下的绿色发展战略研究"（编号：2021STSB01）、中国社会科学院国情调研重大项目"典型地区实现碳达峰、碳中和目标的重点难点调研"（编号：GQZD2022004）、"'双碳'目标下重点煤炭地区绿色、公正转型挑战与模式研究"（编号：GQZD2023007）、"双碳"目标下重点煤炭地区绿色、公正转型挑战与模式研究（编号：GQZD2023007）哈尔滨工业大学（深圳）委托项目"中国城市绿色低碳评价研究"的联合资助。

气候变化绿皮书编委会

主　编　庄国泰　高培勇

副主编　陈　迎　巢清尘　胡国权　庄贵阳

编委会　（按姓氏拼音排列）

高庆先　黄　磊　康艳兵　刘东贤　刘洪滨

王　谋　魏　炜　熊绍员　闫宇平　余建锐

禹　湘　于志宏　袁佳双　张称意　张剑智

张兴赢　张　莹　张永香　郑　艳　朱松丽

主要编撰者简介

庄国泰 中国气象局党组书记、局长。世界气象组织（WMO）执行理事会成员，世界气象组织中国常任代表，政府间气候变化专门委员会（IPCC）中国代表。曾任国家环境保护总局环境保护对外合作中心主任，环境保护部自然生态保护司司长，环境保护部办公厅主任，生态环境部党组成员、副部长。

高培勇 中国社会科学院副院长、党组成员，中国社会科学院学部委员，中国社会科学院大学党委书记，第十三届全国政协经济委员会委员，教授，博士生导师。主要研究领域为财税理论、财税政策分析。

陈　迎 中国社会科学院生态文明研究所研究员，博士生导师。主要研究领域为环境经济与可持续发展、国际气候治理、气候政策等。政府间气候变化专门委员会（IPCC）第五、第六次评估报告第三工作组主要作者。现任联合国教科文组织（UNESCO）世界科学知识与技术伦理委员会（COMEST）委员，"未来地球计划"中国委员会（CNC-FE）副主席，中国气象学会气候变化与低碳发展委员会副主任委员，中国环境学会环境经济分会副主任委员。主持和承担国家级、省部级和国际合作重要研究课题20余项，有专著、合著、论文、研究报告等各类研究成果100余篇（部），曾获第二届浦山世界经济学优秀论文奖（2010年）、第十四届孙冶方经济科学奖（2011年）、中国社会科学院优秀科研成果奖和优秀对策信息奖等。2022年获得中国生态文明奖先进个人荣誉称号。

巢清尘 国家气候中心主任，研究员，理学博士。主要研究领域为气候系统分析及相互作用、气候风险评估、气候变化政策。现为世界气象组织基础设施委员会成员，全球气候观测系统研究组联合主席、指导委员会委员，中国气象学会气候变化与低碳经济委员会主任委员、中国气象学会气象经济委员会副主任委员、国家减灾委专家委员会委员等。第四次气候变化国家评估报告领衔作者。曾任2021～2035年国家中长期科技发展规划社会发展领域环境专题气候变化子领域副组长。长期参加《联合国气候变化框架公约》（UNFCCC）和政府间气候变化专门委员会（IPCC）谈判。主持国家和省部级、国际合作项目十余项，曾任国家重点研发计划首席科学家，发表论文、合著80余篇（部）。入选国家生态环境保护专业技术领军人才、中国气象局气象领军人才。曾任中国气象局科技与气候变化司副司长。

胡国权 国家气候中心研究员，理学博士。主要研究领域为气候变化数值模拟、气候变化应对战略。先后从事天气预报、能量与水分循环研究、气候系统模式研发和数值模拟，以及气候变化数值模拟和应对策略研究等工作。参加了第一、二、三次气候变化国家评估报告的编写。曾作为中国代表团成员参加《联合国气候变化框架公约》（UNFCCC）和政府间气候变化专门委员会（IPCC）谈判。主持国家自然科学基金项目以及科技部、中国气象局、国家发改委等部门资助项目十余项，参与编写著作十余部，发表论文30余篇。

庄贵阳 经济学博士，现为中国社会科学院生态文明研究所副所长，二级研究员，博士生导师，享受国务院政府特殊津贴专家。长期从事气候变化经济学研究，在低碳经济与气候变化政策、生态文明建设理论与实践等方面开展大量前沿研究工作，为国家和地方绿色低碳发展战略规划制定提供学术支撑。国家社会科学基金重大项目首席专家，主持完成多项国家级和中国社会科学院重大科研项目，出版专著（合著）10部，发表重要论文80余篇，曾获中国社会科学院优秀科研成果奖和优秀对策信息奖。2019年获得中国生态文明奖先进个人荣誉称号。

党的二十大开启落实"双碳"目标的新征程

党的二十大报告高度重视生态文明建设，推动绿色发展和促进人与自然和谐共生，并就积极稳妥推进碳达峰碳中和作出新的重要战略部署。报告要求立足我国能源资源禀赋，坚持先立后破，有计划分步骤地实施碳达峰行动。强调了要统筹产业结构调整、污染治理、生态保护、应对气候变化，协同推进降碳、减污、扩绿、增长，推进生态优先、节约集约、绿色低碳发展，积极参与应对气候变化全球治理。

气候变化对人类社会可持续发展所带来的严峻挑战不言而喻。刚刚过去的 2022 年夏天，北半球出现大范围极端高温事件，欧洲、北美多国气温打破最高纪录。根据国家气候中心监测评估数据，2022 年夏季我国平均气温为 1961 年以来历史同期最高，全国平均降水量为 1961 年以来历史同期第二少，高温干旱天气极端性强、影响范围广、持续时间长，给社会经济发展和人民生活带来严重影响。这些都与全球气候变化密切相关。

2022 年世界经济和国际秩序动荡不安，尤其是俄乌冲突愈演愈烈，使得能源供应紧张，能源价格暴涨，引发地区性能源危机，世界能源格局也发生重大变化，不仅对全球能源转型和气候治理造成深远影响，也给未来带来更多不确定性。

可持续发展是人类社会的永恒主题，尽管转型之路艰难，但全球向绿色低碳发展转型的大趋势不会改变。2020 年 9 月 22 日习近平主席代表中国政府和人民向国际社会郑重承诺，"中国将采取更加有力的政策和措施，力争二氧化碳排放于 2030 年前达到峰值，2060 年前实现碳中和"。两年多来，

我国围绕"双碳"目标开展了大量工作，基本建立了"1+N"政策体系，坚决遏制高耗能、高排放、低水平项目盲目发展，推动各个产业升级提效、绿色转型、加快建设低碳交通运输体系，建成全球规模最大的清洁发电体系和全球规模最大的碳排放权交易市场等。我国绿色低碳发展转型所取得的积极成效令世界瞩目。据统计，过去十年，我国煤炭消费占一次能源消费比重由68.5%下降至56.0%，非化石能源消费占比提高了6.9个百分点，达到16.6%。水电、风电、太阳能发电、生物质发电装机规模都位居世界第一。2021年，全国单位GDP二氧化碳排放同比下降3.8%，比2005年下降50.3%。绿色日益成为新时代中华大地经济社会高质量发展的鲜明底色。

2009年，"中国社会科学院—中国气象局气候变化经济学模拟联合实验室"组织编写了第一部气候变化绿皮书，至今已连续出版13部，受到了相关部门和学界同行的高度认可，也在社会公众中赢得积极反响。绿皮书作者多是来自我国气候变化科研、业务、服务、决策领域乃至参与国际谈判的一线专家。本书是第14部，聚焦落实"双碳"目标的政策和实践，深入分析国际气候治理进程面临的新形势、新问题，全面展现我国落实"双碳"目标的政策行动和付出的艰苦努力。希望广大读者一如既往地关注和支持气候变化绿皮书，也借此机会，向为绿皮书出版作出努力的作者和出版社表示诚挚的感谢！

党的二十大开启了落实"双碳"目标的新征程，未来中国将更加坚定、更加自信地走绿色低碳发展的道路，建设美丽中国，也将为共建清洁美丽世界作出更大贡献。

中国气象局局长　庄国泰

中国社会科学院副院长　高培勇

2022年10月

摘　要

2022 年，我国遭遇历史最强区域性高温热浪事件，世界各地极端天气气候事件频发，对社会经济发展带来严重影响。格拉斯哥气候大会在新冠肺炎疫情后重启气候谈判，取得积极进展，而俄乌冲突、能源危机等因素对全球碳中和进程带来新的严峻考验。但无论国际风云如何变幻，中国都将坚定不移推进"双碳"工作，积极构建"1+N"政策体系，以实际行动为国际碳中和进程作出重要贡献。《应对气候变化报告（2022）》聚焦落实"双碳"目标的政策和实践，在分析气候变化科学新认识的基础上，盘点全球气候与环境治理，展示中国落实"双碳"目标的政策行动，研究分享行业碳中和目标与企业案例等，并将成果汇编成册，以飨读者。

本书共分为 7 个部分。第一部分是总报告。概括了过去一年来全球气候异常情况及其影响，特别分析了我国遭遇的罕见极端高温及其影响，总结了政府间气候变化专门委员会（IPCC）第六次评估报告三个工作组报告的主要科学结论。针对国际气候谈判形势，报告强调格拉斯哥气候变化大会凝聚了全球共识，然而当前国际形势纷繁复杂给全球气候治理再添变数。中国落实"双碳"目标的政策和行动取得积极进展，初步形成全社会积极支持和参与的良好氛围。最后，对全球应对气候变化前景进行了展望。

第二部分追踪气候变化的科学新认识，选取了 4 篇报告。重点解读了 IPCC 第六次评估报告第二、三工作组报告的要点，揭示了对气候变化影响、适应和脆弱性的新认识，提出在可持续发展背景下加强气候变化减缓行动刻不容缓，并分析了 IPCC 第六次评估报告的中国贡献及影响。此外，还有一

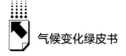

篇报告针对中国未来风能、太阳能资源预估技术进行了分析，并在此基础上给出未来预估结果。

第三部分盘点全球气候与环境治理，选取了6篇报告。俄乌冲突对全球能源格局和能源转型造成重大影响，本部分有两篇报告从不同角度对此进行了重点分析。甲烷是全球第二大温室气体，也是国际合作的重点领域之一，有一篇报告全面分析了甲烷的全球控排状况和对中国的启示。塑料是石油化工产品，塑料治理是一个新话题，有一篇报告分析了塑料治理与气候治理的相关性及中国的应对策略。欧盟碳边境调节机制和全球盘点是当前国际社会高度关注的话题，有两篇报告分别对其进行了深入分析。

第四部分聚焦落实"双碳"目标的政策行动，是本书的核心部分，选取了8篇报告。本部分针对当前"双碳"工作中的一些关键技术和政策问题进行了剖析，包括将碳评纳入能评制度和工作体系，工业领域的节能降碳改造，以及余热清洁供热、建筑光储直柔、氢能开发利用等低碳技术，分析当前我国绿色低碳技术发展面临的主要瓶颈，并提出政策建议。此外，一篇报告介绍了目前流行的碳普惠机制，另一篇报告综述了湿地碳汇的科学基础和利用前景。

第五部分关注行业碳中和目标与企业案例，选取了5篇报告。一篇报告系统分析了中国企业响应"双碳"目标的整体情况，总结了中国企业落实"双碳"目标的阶段性特征；另一篇报告基于问卷调查结果梳理总结了中国企业在应对气候变化方面的态度、对脱碳战略规划的考量及规划方向，以及各重点行业企业脱碳可参考的技术路径。此外，本部分还分别分析了"双碳"目标下钢铁、电力和汽车三个重点行业的发展路径及未来发展方向。

第六部分为城市评价部分，修订了城市绿色低碳发展评价指标体系，并对2021年中国187个城市进行了评估。评估发现城市绿色低碳发展水平有了明显提升，大部分城市碳排放与经济已出现脱钩。本部分就统筹好实现"双碳"目标与经济稳定增长的关系，提升直辖市、省会城市、低碳试点城市的引领示范作用，分类探索城市碳达峰路径，推动绿色消费潜力释放等提出了政策建议。

本书附录依惯例收录了 2021 年全球、"一带一路"区域和中国三个空间尺度的气候灾害相关统计数据以及缩略词，供读者参考。

关键词： 能源转型　碳达峰碳中和　全球环境治理　绿色低碳发展

目　录 ⟩⟩

Ⅰ　总报告

Ⅱ　气候变化的科学新认识

Ⅲ 全球气候与环境治理

Ⅳ 落实"双碳"目标的政策行动

V 行业碳中和目标与企业案例

VI 城市评价

VII 附录

皮书数据库阅读**使用指南**

总 报 告
General Report

G.1

应对气候变化形势分析与展望
（2021~2022）*

气候变化绿皮书总报告编写组**

摘 要： 全球气候变化对人类社会可持续发展的威胁日趋严峻。2021~2022
年，世界各地极端天气气候事件频发，为社会经济发展带来严重
影响。格拉斯哥气候大会在新冠肺炎疫情大流行后重启气候谈判，
完成了《巴黎协定》实施细则谈判，并取得了积极进展。而俄乌
冲突、能源危机等为全球碳中和进程带来了新的严峻考验。但无
论国际风云如何变幻，面对气候变化所带来的严峻挑战，中国都

---

* 本文完稿于 2022 年 10 月。

** 参与撰写人员包括：陈迎，中国社会科学院生态文明研究所研究员，博士生导师，研究领域
为环境经济与可持续发展、国际气候治理、气候政策等；巢清尘，理学博士，国家气候中心
主任，研究员，研究领域为气候系统分析及相互作用、气候风险评估、气候变化政策；张永
香，国家气候中心，研究员，研究领域为气候变化与气候治理；胡国权，理学博士，国家气
候中心研究员，研究领域为气候变化数值模拟、气候变化应对战略；王卓妮，经济学博士，
中国气象局气象干部培训学院，高级工程师，研究领域为气候变化经济学；王谋，博士，中
国社会科学院生态文明研究所研究员，中国社会科学院可持续发展研究中心秘书长，研究领
域为全球气候治理、SDG 本地化及实施进展评估等。

将坚定不移推进"双碳"工作，积极构建"1+N"政策体系，以实际行动为国际碳中和进程作出重要贡献。《联合国气候变化框架公约》第27次缔约方大会于2022年11月在埃及沙姆沙伊赫召开，提高减缓力度、全球适应目标、资金等一系列焦点问题亟待破解。展望未来，尽管困难重重，全球绿色低碳转型仍会继续前行。

关键词： 气候变化 碳达峰 碳中和 缔约方大会

引　言

自1992年6月在里约热内卢召开的联合国环境与发展大会通过了《联合国气候变化框架公约》以来，国际气候治理在艰难坎坷中不断前行，已经走过整整30年的历程。2021年11月，受新冠肺炎疫情影响推迟了一年的《联合国气候变化框架公约》第26次缔约方大会（COP26）在格拉斯哥召开，就《巴黎协定》的实施细则及一系列决议文件达成共识，2022年成为《巴黎协定》全面实施的开局之年。自2020年初开始，新冠肺炎疫情在全球延宕至今已近三年，虽然一些国家已经宣布疫情大流行结束，但病毒并未远去，疫情对世界经济和人类社会的影响犹存。2022年国际局势风云变幻，一系列国际重大事件注定要载入史册。2022年，世界各地遭遇了罕见的气候异常，俄乌冲突愈演愈烈，在世界经济滞胀风险加剧和能源安全、粮食安全等多重危机的阴影下，全球应对气候变化的形势风云变幻，不确定性不断增强。

一　全球气候变化监测与科学评估

（一）全球气候异常及其影响

根据美国国家航空航天局（NASA）、美国国家海洋和大气管理局

（NOAA）发布的数据，受"双峰拉尼娜"现象影响，2021 年的全球地表温度与 2018 年的平均气温一样，是有气象记录以来第六高的温度，没有创新高①。就在一些人以为气候变暖按下暂停键时，2022 年的夏天世界各地高温、干旱、暴雨等气象灾害频发，创下多项纪录，成为有气象记录以来最热的夏天。

在气象学中，湿球温度（Wet Bulb Temperature）指的是湿空气绝热变化到饱和状态时的温度。人体对高温的耐受是有上限的，如果湿球温度达到 32℃，即使身体健康、具有较强气候适应能力的人也无法正常工作；而如果湿球温度达到 35℃，人体则无法再通过出汗来为自己降温，那么即使身体健康的人也可能会在很短时间内死去。2022 年很多地方的湿球温度已经逼近甚至超过了这个临界点，而超过这个临界点就是一个致命的环境了。2022 年在全球的不少地区，夏季的高温与高湿度正在逼近甚至已经达到人类能忍受的极限。例如，我国长江流域遭受罕见高温干旱的侵袭；英国发布了历史上首个异常高温红色预警，并进入国家紧急状态；西班牙大部分地区连续迎来超过 40℃ 的高温天气，仅仅一周就有 510 人死于高温；美国西南部多地的高温也打破了历史纪录。此外，地球南北两极也同时出现了高温天气，这种情况非常罕见。极地的生态环境非常脆弱，极地的变暖对全球变暖有放大的作用，因此罕见极地天气异常的影响深远，令人担忧。

未来全球变暖还将继续，极端高温可能会出现得更加频繁，将对人类健康和生态系统带来严重威胁。2022 年 5 月，世界气象组织（WMO）发布报告，预测 2022~2026 年，至少有一年的平均气温超过 2016 年成为有气象记录以来最热年份的概率高达 93%，且这 5 年的气温平均值高于之前 5 年（2017~2021 年）的概率也是 93%；全球年平均气温将比工业化前高出 1.1℃~1.7℃，且至少有一年暂时高出 1.5℃ 的概率接近 50%。② 2022 年 9

---

① NOAA, Annual 2021 Global Climate Report, https：//www.ncei.noaa.gov/access/monitoring/monthly-report/global/202113.

② WMO, 50：50 Chance of Global Temperature Temporarily Reaching 1.5℃ Threshold in Next Five Years, May 9, 2022, https：//public.wmo.int/en/media/press-release/wmo-update-5050-chance-of-global-temperature-temporarily-reaching-15%C2%B0c-threshold.

月7日，世界气象组织发布的《2022年世界气象组织空气质量与气候公报》也预测，21世纪热浪频率、强度和持续时间的增加以及相关野火的增多，可能会使空气质量恶化，损害人类健康和生态系统。污染和气候变化的交互作用将给数以亿计的人们带来额外的"气候惩罚"。①

（二）我国遭遇罕见极端高温及其影响

2022年夏季（6月1日至8月31日），我国平均气温达22.3℃，较常年同期偏高1.1℃，为1961年有完整气象观测记录以来历史同期最高；全国平均高温日数14.3天，较常年同期偏多6.3天，为1961年以来历史同期最多。

区域性高温热浪事件强度为历史最大。2022年6月13日至8月30日，我国出现了区域性高温天气过程，此次过程具有持续时间长、范围广、强度大、极端性强等特点，综合强度为1961年有完整气象观测记录以来最大。持续时间长：持续79天，为1961年以来我国高温天气过程持续时间最长的一次。范围广：全国有1692个气象站监测到35℃以上高温，为1961年以来第2多；有1445个气象站监测到37℃以上高温，为1961年以来最多；40℃以上高温覆盖面积达102.9万平方公里，为1961年以来最大。极端性强：此次监测到高温达到或超过历史日最高气温极值的气象站有361个，单站日最高气温极大值（45℃）出现在重庆北碚。根据气象卫星数据，2022年6月13日至8月30日，华北东南部、黄淮西部、江淮、江汉、江南大部、西南地区东部等地的地表温度高于40℃的天数在40天以上，其中河南南部、湖北中南部、湖南北部、江西中部、浙江西部等地超过50天；地表温度高于40℃的面积日平均值为140.9万平方公里，其中7月25日面积最大，达到240万平方公里。

高温对工农业生产、水资源、生态环境、能源保供、人体健康及生活等

---

① WMO, Air Quality and Climate Bulletin Highlights Impact of Wildfires, Sept. 7, 2022, https：//public. wmo. int/en/media/press-release/wmo-air-quality-and-climate-bulletin-highlights-impact-of-wildfires.

造成不利影响。持续高温少雨导致南方地区土壤墒情下降，旱情迅速发展，农作物、经济林果的生长发育受到影响。四川、重庆、贵州、湖南、湖北、江西、安徽和江苏 8 省（市）农田受旱总面积达到 4730.6 万亩，占耕地总面积的 10.1%。持续高温少雨导致南方地区江河、库塘蓄水明显减少。气象卫星数据显示，2022 年 8 月 21 日鄱阳湖和洞庭湖水体面积分别约为 1010 平方公里和 546 平方公里，均为近 10 年面积的最小值，较近十年同期平均值分别减小约 65% 和 60%。持续高温干旱使森林中可燃物含水率降低，助推了山火的发生。重庆涪陵、巴南、北碚、大足、铜梁、开州及四川泸州、贵州赤水等多地爆发山火。同样由于持续的高温少雨，四川等多地用电需求激增，能源供应紧张。8 月全国日发电量最高达到 246 亿千瓦时，比上年峰值高出约 7 亿千瓦时，华东、西南两个区域电网以及天津、山东、上海、江苏、浙江、安徽、湖北、湖南、江西、陕西、四川、重庆等 12 个省级电网负荷累计 30 次创历史新高。其中，四川于 8 月 21 日启动突发事件能源供应保障一级应急响应，多个工业电力用户停工停产、写字楼停止供冷。

全球变暖背景叠加大气环流异常是导致极端高温热浪发生的根本原因。城市热岛效应也提高了城市所遭受的高温热浪的强度和发生频率，尤其是导致夜间高温频繁发生。未来，我国极端高温事件的发生将呈增多趋势，高温干旱复合型事件发生的概率和风险也将增加。到 2035 年前后，类似极端高温事件在我国中、东部地区可能会变为"两年一遇"的常态化事件。到 21 世纪末，我国中、东部许多地区发生极端高温事件的概率和风险则将是目前的几十倍。"小概率高影响"事件也更易出现，防范极端气候风险面临严峻挑战。

（三）全球气候变化科学评估

归根到底，全球气候变化是全球气候异常频发的背景。2021 年 8 月至 2022 年 4 月，IPCC 陆续发布了第六次评估的三个工作组报告，对全球气候变化面临的严峻形势，以及减缓和适应气候变化的应对途径及政策措施等进

行了全面评估，受到国际社会的高度关注。

第一工作组评估报告指出人类活动主要通过排放温室气体影响气候，其中，化石燃料燃烧和工业过程排放的二氧化碳是全球温室气体增长的主要原因。自19世纪以来，全球气候变化的驱动因素主要是人类活动引起的大气温室气体浓度增加使大气变暖，而增暖有部分被人类活动排放的气溶胶的冷却作用所抵消。人类活动导致的温室气体排放是极端温度事件变化的主要原因，也可能是全球范围内陆地强降水加剧的主要原因。此外，在区域尺度上，土地利用和土地覆盖变化或气溶胶浓度变化等也会影响极端温度事件的变化，城市化则可能会提高城市地区的升温幅度。

第二工作组评估报告的基本结论表明，气候变化对自然界和人类社会产生了危险而广泛的影响，全球有33亿~36亿人生活在气候变化高脆弱环境中。未来多种气候变化风险将进一步加剧，跨行业、跨区域的复合型气候变化风险也将增多且更加难以管理。当前，除自然气候变化外，越来越多的损失与人类活动引起的极端气候事件增多有关。气候风险的等级取决于温升水平、脆弱性、暴露度、社会经济发展水平和适应措施。例如，在2℃温升水平下，陆地生态系统物种中有3%~18%可能面临很高的灭绝风险，洪涝灾害造成的直接经济损失将增加数倍。即使暂时超过1.5℃的温升水平（即1.5℃过冲，指全球升温超过1.5℃之后的几十年又返回1.5℃之下）也会造成额外的严重影响，对部分极地、高山和沿海生态系统将产生不可逆转的影响。

第三工作组评估报告显示，全球人为温室气体净排放总量已处于人类历史的最高水平且仍在持续上升，其历史累积和未来排放量将决定全球温升水平。2019年全球温室气体净排放量为590亿吨。2010~2019年，年平均温室气体净排放量达到560亿吨，高于以往任何一个十年，但温室气体净排放量年均增长速度从2000~2009年的2.1%下降到了1.3%。全球主要行业的温室气体净排放量均有所增加，越来越多的排放来自城市地区的人类活动。不同地区、国家和家庭的人均温室气体净排放量相差较大，而且在收入水平相近的情况下，人均温室气体净排放量也千差万别。近年来，低排放技术的进步、气候政策和法律的发展、国际合作和资金规模的扩大、国家自主贡献的更新都有利于未来温室气体的减排。报告的模式预估结果显示，当前全球的减缓行动不足以实现《巴黎协定》温升控制目标，在当前排放情景下全球温升水平很可能在 2030 年超过 1.5℃，应对气候变化刻不容缓，必须立刻迅速、大规模地减少温室气体排放。

综合报告计划于 2023 年 4 月发布，其将进一步整合三个工作组的评估报告和此前发布的三个特别报告，就一系列决策者关心的政策相关但政策中立的问题提供科学评估的相关信息。根据第 52 届 IPCC 全会通过的综合报告编写大纲，综合报告除前言外主要包括三个部分：一是现状和趋势，评估气候变化的历史趋势和现状；二是长期的气候和未来发展前景，侧重于对2100 年及以后的预估；三是近期应对变化的行动，考虑现有国际政策的时间框架，以及从现在到 2030~2040 年的时间段中应采取的适应措施和减缓行动。

二　国际气候谈判形势分析

（一）格拉斯哥气候大会再次凝聚全球共识

2021 年 11 月，在英国格拉斯哥召开的 COP26 受到国际社会的广泛关注，共有 3 万多人注册参会。会前，各方对 COP26 能否完成《巴黎协定》实施细则遗留问题谈判，能否重塑应对气候变化多边主义的信心，发达国家能否落实其承诺及对发展中国家的支持，各国能否聚焦务实行动、能否推动《巴黎协定》全面有效实施等问题充满期待。在各种分歧和磋商中，COP26 最终在延期 1 天后形成了平衡、包容的一揽子政治成果。作为核心成果，《格拉斯哥气候协议》确定了未来十年全球致力于加速气候行动的共识[1]。

---

[1] Report of the Conference of the Parties Serving as the Meeting of the Parties to the Paris Agreement on Its Third Session, Held in Glasgow from 31 October to 13 November 2021, https：//unfccc. int/ sites/default/files/resource/cma2021_ 10_ add1_ adv. pdf.

　　《格拉斯哥气候协议》由序言及科学与紧迫性（Science and Urgency）,适应（Adaptation）,适应资金（Adaptation Finan）,减缓（Mitigation）,支持减缓与适应的资金、技术转让与能力建设（Finance, Technology Transfer and Capocity-building for Mitigation and Adaptation）,损失与损害（Loss and Damage）,实施（Implementation）,多方合作（Collaboration）组成,并再次强调了气候危机的紧迫性与公正转型的重要性。《格拉斯哥气候协议》指出了现有最佳科学对有效制定气候行动和政策的重要性,从科学的角度强调了应对气候变化的紧迫性,重申了《巴黎协定》关于将全球温升控制在2℃以内、努力争取实现1.5℃的目标。同时认识到若将全球温升限制在1.5℃之内需要迅速、深入、持续地减少全球温室气体排放,包括到2030年全球二氧化碳排放水平比2010年水平减少45%,并在21世纪中叶实现净零排放。在减缓方面,呼吁各方在未来十年提高气候雄心,要求各方必要时在2022年重新审视并提高2030年国家自主贡献目标以实现《巴黎协定》温控目标;呼吁缔约方向低排放能源体系过渡,要求各国逐步减少未加装减排设施的煤电厂、取消低效的化石燃料补贴;请各国考虑采取进一步行动以在2030年前减少非二氧化碳包括甲烷的排放。在资金方面,将长期资金谈判议程延至2027年,并要求2024年完成2025年后新的资金量化目标审议,敦促发达国家尽早兑现1000亿美元出资目标并将目标延至2025年,敦促发达国家到2025年将适应资金在2019年的水平上增加一倍。同时就资金机制等作出系列安排,在一定程度上提升资金的透明度和可预测性。在适应方面,决定建立并立刻启动"格拉斯哥—沙姆沙伊赫全球适应目标两年工作计划",并强化适应行动及支持。在损失与损害方面,决定尽快启动向发展中国家应对和减轻损失与损害提供技术协助的圣地亚哥网络,并就其功能达成一致,同时决定就损失与损害资金机制问题开展"格拉斯哥对话"。COP26还完成了《巴黎协定》实施细则遗留问题谈判,就《巴黎协定》第六条"市场机制、透明度、国家自主贡献共同时间框架"等问题形成了一揽子解决方案。同时,还就适应、资金、技术、能力建设、损失与损害等具体议题达成50多项决议,为《巴黎协定》的全面有效实施奠定了基础。

大会期间，还召开了世界领导人峰会，共百余位国家元首、政府首脑和领导人参会，为推动会议成功提供了政治动力。[①] 习近平主席以书面致辞的方式出席峰会，系统地阐述了中国应对气候变化的政策和行动。会议期间还形成了一系列的行动倡议和宣言。其中，《格拉斯哥突破议程》涵盖电力、交通、钢铁、氢能等绿色低碳发展重点领域，呼吁各方在未来十年加速行动，合作研发并推广清洁电力、零排放汽车、近零排放钢铁以及氢能等技术，推动全球经济清洁转型和可持续发展。森林面积合计占全球森林总面积90%的141个国家签署了《关于森林和土地利用的格拉斯哥领导人宣言》，承诺到2030年停止森林砍伐并扭转土地退化现象，这一举措得到了森林保护公共基金和全球路线图的支持，使75%的森林商品供应链可持续。100多个国家签署了"全球甲烷承诺"，希望到2030年共同将全球甲烷排放量减少30%。

大会的一个重要亮点是2021年11月11日中美在格拉斯哥发布了《中美关于在21世纪20年代强化气候行动的格拉斯哥联合宣言》[②]。该联合宣言展现了两国愿与各方一道推动COP26成功举办的积极意愿，并在温控目标、国家自主贡献、全球适应目标、资金等关键议题上达成共识。中美拟在清洁能源、煤炭、电力、森林等领域采取具体行动，包括开展甲烷管控相关合作。同时该联合宣言表示中美将在未来十年采取更多联合措施，致力于实现《巴黎协定》温控目标，并决定建立"21世纪20年代强化气候行动工作组"，推动形成中美气候合作的务实机制。该联合宣言的发布无疑为格拉斯哥气候大会的成功举办奠定了基础，但大会期间发达国家一味

---

① COP26 World Leaders Summit - Presidency Summary, Nov. 3, 2021, https：//ukcop26. org/cop26-world-leaders-summitpresidencysummary/#：~：text＝COP26% 20World% 20Leaders% 20Summit -% 20Presidency% 20Summary% 20On% 20November, 26th% 20UN% 20Climate% 20Change%20Conference%20of%20the%20Parties.

② 《中美关于在21世纪20年代强化气候行动的格拉斯哥联合宣言》，中华人民共和国生态环境部网站，2021年11月11日，https：//www. mee. gov. cn/ywdt/hjywnews/202111/t20211111_ 959900. shtml.

强调减缓、回避对发展中国家的支持不足的做法也遭到了发展中国家的质疑。

（二）当前国际形势更趋复杂，全球应对气候变化再添变数

百年未有之大变局的国际形势在 2022 年进一步凸显。格拉斯哥气候大会确定的减缓行动如减煤等还没来得及落实，国际形势就发生了重大变化。在世纪疫情的大背景下，世界加速进入动荡变革期。全球经济曲折向前，大国之间的战略竞争加剧。俄乌冲突导致能源、粮食安全等领域的各类矛盾、各类风险均在激化和加剧。各国气候政策也出现了新的变动，总体来看短期气候政策明显受挫，但长期全球能源转型低碳发展将会进一步加快。

第一，世界经济在持续了近三年的新冠肺炎疫情中缓慢前行。疫情的持续和变异新毒株的不断出现严重阻碍了世界经济活动的正常运行。国际投资和贸易备受干扰。由于各个经济体的疫情防控措施存在差异，宏观政策力度亦有所不同，世界经济出现了"分化式"的复苏。2022 年经济增长相对放缓，IMF 预计全球经济增速为 4.9%，比 2021 年下降 1 个百分点。以美国为代表的发达经济体实施大规模的财政赤字货币化政策，经济产出缺口收敛速度较快。新兴市场和发展中经济体的复苏或遭受重创。2022 年以来，中国国内新冠肺炎疫情的反弹使国民经济增长面临了巨大的压力，上半年经济增速下滑较大。全球经济极有可能进入衰退期。

第二，产业链供应链重塑加快。在国际格局剧变、新冠肺炎疫情冲击、气候政治发力三者叠加下，全球产业链发生大重组，大国及跨国巨头更多注重产业安全，更多考虑效率和安全的平衡。美国、欧洲和日本等发达国家和地区，大力推动产业回流或回到周边"放心"地区，强调供应链的自主性和可控性。疫情重塑国际政治经济逻辑，生产各要素的流动因之改变，全球产业链"瓶颈"凸显，致使多国供应不足，推高通货膨胀。应对气候变化在全球政治经济中的作用日益凸显。欧盟正在逐步推进构建实施"碳边境调节机制"（CBAM）。该机制几经修改最终获得了欧盟委员会、欧洲理事会和欧洲议会的通过，并计划于 2027 年开始对从碳排放相对宽松的国家和地

区进口的商品征收"碳关税"，美国等其他国家有意跟进。尽管 CBAM 阻止了欧盟集团内部明面上的碳泄漏，但它也有可能导致国际贸易流的改变，在实质上无法实现阻止碳泄漏的目的。作为单边措施，CBAM 可能会成为新的绿色壁垒，对正在推进工业化的国家和尚未完成低碳转型的发展中国家的影响最为显著。

第三，地缘政治形势紧张，大国博弈直接影响了气候合作。拜登上台后，美国在对华政策上提出"竞争、对抗、合作"三分法，2022 年仍延续着"全面竞争、局部缓和，长期竞争、短暂妥协"的大势。在经贸、军事、科技、政治、文化等诸多领域，美国仍延续对华施压路线。气候领域是中美为数不多的合作领域。两国曾就气候变化问题积极开展务实合作，并推动落实了《中美关于在 21 世纪 20 年代强化气候行动的格拉斯哥联合宣言》中提出的建立"21 世纪 20 年代强化气候行动工作组"的工作。然而由于美国众议院议长佩洛西窜访中国台湾地区，中国宣布暂停中美双边气候变化商谈。① 离开了中美合作，全球气候治理的未来将更加难以预测。

第四，俄乌冲突改变了国际能源格局，重创欧洲能源市场，冲击了欧洲各国的短期气候政策。随着俄乌冲突的持续，俄罗斯和欧盟之间的相互制裁也在不断升级。由于化石能源供应重度依赖俄罗斯，欧洲能源安全受到严重威胁，为摆脱危机，欧洲各国能源政策逐步由"气候安全"向"能源安全"转变。一些国家已经宣布重启煤电，延长煤电服役年限，或者生产、进口更多煤炭，让已渐渐退出历史舞台的燃煤电厂重新满负荷运行。德国通过法令将煤电作为备用产能以降低能源短缺的影响。希腊不得不将淘汰煤电的时间推迟至 2028 年，并计划在目前基础上增加 50% 的褐煤产量。波兰继续投资煤炭行业，并考虑将煤炭使用时间延长到 2049 年以后。意大利和英国也推迟了燃煤电厂退役。从能源安全与经济替代性角度来看，煤炭是欧洲解决当下能源供应危机的重要依靠与抓手，各国政府的应对措施很大程度上是为了

---

① 外交部：《外交部宣布针对佩洛西窜台反制措施》，外交部网站，2022 年 8 月 5 日，https：//www.mfa.gov.cn/zyxw/202208/t20220805_ 10735604. shtml。

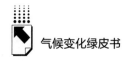

解决短期能源供应需求，但长期来看，本次危机也让部分国家意识到促进能源独立和低碳能源转型的重要性，开始大力开展全国性节能运动和积极发展清洁能源以降低对化石燃料的进口依赖，进而加速了欧洲的绿色转型。

第五，美国通过了"缩水"的气候法案。2022年8月16日，美国参议院通过了《通胀削减法案》（Inflation Reduction Act）。这一法案虽然名为《通胀削减法案》，但实际主要聚焦增税、减少温室气体排放、减少医疗成本举措，并承诺将7400多亿美元资金中的3690亿美元投资在气候变化和能源安全领域。① 该法案还涉及了美国的电动汽车、太阳能、风能和热泵、碳捕集和氢能、核能以及甲烷减排等诸多领域。根据学者的研究，这一法案的通过和实施或助推美国温室气体排放在2030年减排40%，已接近拜登提出的减排一半的承诺。尽管资金规模与美国总统拜登上任之初的设想"缩水"不少，但这一法案仍将会是美国的一个历史性的气候法案，对美国应对气候变化行动将产生重要的促进作用。

全球气候变化的严峻形势不断给人类提出越来越严厉的警告，国际社会需要团结起来应对气候变化。2022年9月13日，世界气象组织联合多家国际机构发布的《团结在科学之中2022报告》提出警告："气候行动在关键领域停滞不前，若不采取更加积极的行动，气候变化将对自然和社会经济产生更严重的破坏，强调气候科学的结论是明确的，需要全球采取紧急行动来减少排放和适应不断变化的气候"②。

三　中国落实"双碳"目标的政策和行动

自2020年9月22日习近平主席向国际社会郑重承诺"2030年前碳达峰、2060年前碳中和"以来，党中央、国务院高度重视"双碳"工作，在

---

① Jim Probasco, Inflation Reduction Act of 2022, Aug. 16, 2022, https：//www.investopedia.com/inflation-reduction-act-of-2022-6362263.

② WMO, United in Science, We are Heading in the Wrong Direction, Sept. 13, 2022, https：//public.wmo.int/en/media/press-release/united-science-we-are-heading-wrong-direction.

中央层面成立了碳达峰碳中和工作领导小组，由国家发改委履行领导小组办公室职责，在作出全面战略部署的同时强化组织领导和统筹协调，促进上下联动，推动各地区、各部门协同推进，克服国际形势动荡的不利影响，实现了良好开局。

（一）"1+N"政策体系基本建立

所谓"1+N"政策体系，"1"是中国实现碳达峰碳中和的指导思想和顶层设计，由 2021 年发布的《中共中央国务院关于完整准确全面贯彻新发展理念做好碳达峰碳中和工作的意见》[①] 和《2030 年前碳达峰行动方案》[②] 共同构成，明确了碳达峰碳中和工作的时间表、路线图、施工图。"N"是指一系列政策文件，包括能源、工业、交通运输、城乡建设等重点领域与钢铁、有色金属、石化、化工、建材等重点行业的实施方案，以及价格税收、金融、统计考核、科技支撑等方面的保障方案。这一系列文件构建起目标明确、分工合理、措施有力、衔接有序的碳达峰碳中和政策体系。目前，我国的碳达峰碳中和"1+N"政策体系已基本建立，标志着我国"双碳"行动迈入了实质性落实阶段。

2021 年 9 月 22 日发布的《中共中央国务院关于完整准确全面贯彻新发展理念做好碳达峰碳中和工作的意见》作为落实"双碳"目标的顶层设计，强调"三新"，即立足新发展阶段、贯彻新发展理念、构建新发展格局；提出了 5 大基本原则，即全国统筹、节能优先、内外畅通、双轮驱动、防范风险；还设定了到 2025 年、2030 年、2060 年的主要目标，提出了 10 方面 31 项重点任务，明确了碳达峰碳中和工作的路线图、施工图，并首次提出到 2060 年非化石能源消费比重要达到 80% 以上的目标。

2021 年 10 月 26 日发布的《2030 年前碳达峰行动方案》依据总体部署、

---

① 《中共中央　国务院关于完整准确全面贯彻新发展理念做好碳达峰碳中和工作的意见》，中国政府网，2021 年 10 月 24 日。http：//www.gov.cn/zhengce/2021-10/24/content_ 564 4613. htm。

② 《2030 年前碳达峰行动方案》，中国政府网，2021 年 10 月 26 日，http：//www.gov.cn/zhengce/content/2021-10/26/content_ 5644984. htm。

分类施策，系统推进、重点突破，双轮驱动、两手发力，稳妥有序、安全降碳的工作原则，提出到 2025 年，非化石能源消费比重达 20%左右，单位国内生产总值能源消耗比 2020 年下降 13.5%，单位国内生产总值二氧化碳排放比 2020 年下降 18%；到 2030 年，非化石能源消费比重达到 25%左右，单位国内生产总值二氧化碳排放比 2005 年下降 65%以上等具体目标。《2030年前碳达峰行动方案》确定了包含 10 大行动的重点任务，如能源绿色低碳转型行动、节能降碳增效行动等，涵盖工业、城乡建设、交通运输、循环经济、科技创新、固碳增汇、全民行动，以及各地区梯次有序碳达峰等不同领域。

此外，国务院印发的《"十四五"节能减排综合工作方案》①《关于加快建立健全绿色低碳循环发展经济体系的指导意见》②，国家发改委印发的《完善能源消费强度和总量双控制度方案》③，生态环境部印发的《关于统筹和加强应对气候变化与生态环境保护相关工作的指导意见》④ 等也都是指导"双碳"工作的重要文件。据"零碳录"（CCNT）不完全统计，自 2021 年以来，我国出台了国家级政策行动 159 项，省级政策行动 333 项，能源、交通、工业、建筑等行业制定了近 500 项政策行动。⑤ "1+N"政策体系不仅为落实"双碳"目标指明了方向，绘制了蓝图，更重要的是提供了可以具体操作的政策工具，促进各项工作落在实处。

（二）全社会积极支持和参与

在中央宏观"双碳"政策体系的引导下，各级地方政府也积极结合当

---

① 《"十四五"节能减排综合工作方案》，中国政府网，2022 年 1 月 24 日，http：//www.gov.cn/zhengce/content/2022-01/24/content_ 5670202. htm。

② 《关于加快建立健全绿色低碳循环发展经济体系的指导意见》，中国政府网，2021 年 2 月 22日，http：//www.gov.cn/zhengce/content/2021-02/22/content_ 5588274. htm。

③ 《完善能源消费强度和总量双控制度方案》，2021 年 9 月 14 日，http：//www.gov.cn/zhengce/zhengceku/2021-09/17/5637960/files/49c6c96c1384ed89c6e61269ee69da0. pdf。

④ 《关于统筹和加强应对气候变化与生态环境保护相关工作的指导意见》，中华人民共和国生态环境部网站，2021 年 1 月 11 日，https：//www.mee.gov.cn/xxgk2018/xxgk/xxgk03/202101/t20210113_ 817221. html。

⑤ 零碳录，https：//ccnt.igdp.cn。

地社会经济发展水平和资源禀赋特征，探索和制定适合本地实际情况、可有效实现"双碳"目标的政策和措施。参与低碳试点的 80 多个城市，以低碳经济为发展模式及方向，推动市民以低碳生活为理念和行动特征，政府公务管理层以低碳社会为建设标本和蓝图，不仅低碳城市建设成效显著，而且在落实"双碳"政策体系中也起到先锋示范作用。

企业是落实"双碳"政策体系的主力军。越来越多的企业开始关注气候变化和"双碳"政策，并结合本行业发展规划加强环境、社会和公司治理，调整企业发展战略，提出自己的"双碳"目标。其中，中央企业作为国民经济的重要支柱，在关系国家安全和国民经济命脉的主要行业和关键领域占据重要地位，在推动落实"双碳"工作中发挥着引领示范作用。2021年底，国资委印发《关于推进中央企业高质量发展做好碳达峰碳中和工作的指导意见》；2022 年 6 月 29 日出台《中央企业节约能源与生态环境保护监督管理办法》，将中央企业节约能源与生态环境保护考核评价结果纳入中央企业负责人经营业绩考核体系，将落实碳达峰碳中和目标作为中央企业重点工作之一。

推进落实"双碳"工作迫切需要"双碳"人才。2022 年 4 月 19 日，教育部印发了《加强碳达峰碳中和高等教育人才培养体系建设工作方案》，强调加强绿色低碳教育，为实现碳达峰碳中和目标提供坚强的人才保障和智力支持。各地科研院所纷纷成立碳中和研究院，编写"双碳"主题的图书，开设"双碳"相关的课程等。

此外，结合世界环境日、节能宣传周和全国低碳日等活动的科普宣传，倡导简约适度、绿色低碳、文明健康的生活方式，社会公众的"双碳"意识不断增强，绿色低碳理念日益深入人心。越来越多的人认同并积极践行"光盘行动"，反对食物浪费，自觉节电、节水、节纸、减少一次性用品的使用。全社会已初步形成积极支持和主动参与落实"双碳"目标的良好氛围。

（三）工作成效

我国生态文明建设已经进入以降碳为重点战略方向，推动减污降碳协同

增效、促进经济社会发展全面绿色转型、实现生态环境质量改善由量变到质变的关键时期。将"双碳"工作纳入生态文明建设整体布局，以"双碳"工作为牵引，降碳、减污、扩绿、增长协同推进，是我国落实"双碳"政策体系的总体战略和思路。

据统计，2021年我国煤炭消费占一次能源消费总量的比重由2012年的68.5%下降至56.0%，非化石能源消费占比比2012年提高6.9个百分点达到16.6%。2021年我国可再生能源装机规模已突破11亿千瓦，水电、风电、太阳能发电、生物质发电装机规模都位居世界第一；全国单位GDP二氧化碳排放同比下降3.8%，比2005年下降50.3%；全国城镇新建绿色建筑面积达到20多亿平方米，当年新建建筑中绿色建筑占比达到84%。我国新能源汽车产销量已连续7年位居世界第一，保有量约占全球的一半。我国森林覆盖率和森林蓄积量连续保持"双增长"，2021年森林覆盖率达24.02%。2022年5月，中国气候变化事务特使解振华在瑞士达沃斯世界经济论坛年会上代表我国宣布"700亿棵树"的目标，即2021～2030年我国将种植、保护、恢复700亿棵树，其中种植235亿棵树（含义务植树50亿棵），保护和恢复465亿棵树。①

北京冬奥会通过低碳能源、低碳场馆、低碳交通以及北京冬奥组委率先行动等4方面18项措施，尽可能地降低北京冬奥会所产生的碳排放，同时通过林业固碳、企业自主行动、碳普惠制等碳补偿措施最终实现冬奥会期间的碳中和目标。冬奥会赛时所有场馆100%使用绿色电力，在保障车辆中，节能与清洁能源车辆占比达84.9%。北京市政府和张家口市政府分别完成71万亩新一轮百万亩造林绿化工程和50万亩京冀生态水源保护林建设工程，折合碳汇分别为53万吨二氧化碳当量和57万吨二氧化碳当量。这些举措令世界瞩目，也借助大型体育赛事对全社会进行了碳中和的宣传教育。

---

① 章轲：《"10年内植树700亿棵"能做到吗？国家林草局详解》，第一财经网，2022年5月27日，https://m.yicai.com/news/101426007.html。

中国政府一向言必行、行必果，以实际行动落实承诺。2021年9月习近平主席在第76届联合国大会上承诺中国不再新建境外煤电项目，这一举动得到了国际社会的高度关注。能源和清洁空气研究中心（CREA）和"亚洲人民气候解决方案"（PACS）对受到这一承诺影响的中国100多个海外煤电项目进行了回访梳理和评估，得出的结论是7%的产能已经完成，但同时仍有一部分项目可以正式取消或转换为可再生能源项目，这样每年可避免3.41亿吨二氧化碳排放，对减缓全球气候变化具有重要意义。①

（四）发布新的国家适应战略

"适应"是指通过加强自然生态系统和经济社会系统的风险识别与管理，采取调整措施，充分利用有利因素、防范不利因素，以减轻气候变化产生的不利影响和潜在风险。"减缓"是指通过能源、工业等经济系统和自然生态系统较长时间的调整，减少温室气体排放，增加碳汇，以稳定和降低大气温室气体浓度，减缓气候变化速率。根本性地减轻气候变化要靠"减缓"，但"适应"也是必不可少的，并且是解决眼前问题的重要措施。气候变暖已经对自然生态系统和人类社会经济系统造成了很大影响，如果不通过"适应"手段来加以调整，就无法将不利影响降低。另外，减排措施发挥实效需要一段时间，并且气候系统存在惯性，气候系统中一些缓变过程显现出来后果会经历很长时间。正是基于对气候变化的这种认识，我国一直将"适应"和"减缓"并重。适应气候变化不仅是应对气候变化挑战的被动调整，还是对推动经济高质量发展和社会可持续发展的主动投入和作为。开展适应气候变化工作有助于全面提高经济社会发展的气候韧性，推动建设气候适应型社会，促进和支撑经济高质量发展和社会可持续发展。

2013年，我国首次发布《国家适应气候变化战略》；2022年6月我国

---

① CREA and PACS, 1 - Year Later: China's Ban on Overseas Coal Power Projects and Its Global Climate Impacts, Sept. 21, 2022, https://energyandcleanair.org/publication/china-coal-ban-anniversary/.

又发布了《国家适应气候变化战略2035》①。作为适应气候变化的中长期战略，《国家适应气候变化战略2035》与《中华人民共和国国民经济和社会发展第十四个五年规划和2035年远景目标纲要》相衔接，兼顾近期、中期和长期，分别提出了2025年、2030年和2035年的阶段性战略目标，从长远的角度部署适应气候变化的工作，力求与中国2035年基本实现社会主义现代化与基本建成美丽中国相协调。

《国家适应气候变化战略2035》在充分评估气候变化影响风险和适应气候变化工作基础及挑战机遇的基础上，提出新阶段中国适应气候变化工作的指导思想、基本原则和主要目标，并依据各领域、区域对气候变化不利影响和风险的暴露度和脆弱性，进一步明确中国适应气候变化工作的重点领域、区域格局和保障措施，提升适应气候变化的能力。同时，中国将进一步加强与国际社会在适应领域的交流合作，分享适应经验，为提升全球气候韧性作出积极贡献。与2013年的《国家适应气候变化战略》相比，《国家适应气候变化战略2035》更加强调以预防为主，树立底线思维，提升自然生态系统和经济社会系统的气候韧性；更加强调适应行动应注重科学评估，强化系统布局，与经济社会发展规划、国土空间规划、城乡建设规划等重大规划有机衔接；更注重统筹联动，坚持适应和减缓协同并进。

《国家适应气候变化战略2035》突出强调了气候变化监测预警和风险管理，强化了气候变化监测预警和风险管理的重要性。明确了长期、稳定、连续和完备的气候变化观测网络在气候风险评估中的作用，明确了监测精密、预报精准、评估精细的重要价值，明确了综合防灾减灾能力是防范化解重大风险的保障；明确了水资源、生态系统、海洋、粮食安全、健康、基础设施等重点领域的适应任务；明确了构建适应气候变化区域格局，明确构建适应气候变化的国土空间，强化地理区域、重大战略区域的适应气候变化能力。在实施层面，提出了应综合考虑气候类型、地域特征、城市定位、工作基础

---

① 《国家适应气候变化战略2035》，中国政府网，2022年5月10日，http：//www.gov.cn/zhengce/zhengceku/2022-06/14/content_ 5695555. htm。

等因素，加强因地制宜、分类指导，开展气候适应型城市建设试点工作，继续探索在重点脆弱领域和区域开展适应气候变化试点示范，总结推广可复制经验，提高我国适应气候变化的能力。

适应气候变化的政策体系不断完善、内容不断深化，从最初的应对气候变化总体方向性的政策越来越多地趋向于转变为多领域更具针对性的政策法规，内容涵盖气象、林业、农业、水利、海洋、金融、旅游、住建等各个领域及区域。2021 年国家发改委、水利部印发《"十四五"水安全保障规划》，围绕防洪减灾、水资源优化配置、水生态保护修复等方面提高水资源领域适应气候变化的能力。不同部门和地区在极端天气气候事件防御、水资源管理、陆地和海洋生态系统保护和修复、粮食安全保障、公共健康、城市适应气候变化等方面都开展了大量行动。

2022 年夏季罕见的持续高温干旱警示我们，适应气候变化、提升应对极端天气气候事件风险能力极其重要和紧迫。具体措施包括以下几个方面。

一是构建气候变化风险早期预警体系。深化极端天气气候事件变化时空规律及其影响机理研究，加强极端天气气候事件综合实况监测，提高无缝隙、全覆盖精准预报预测水平，大力发展极端天气气候事件和复合型灾害预警技术，强化预警信息发布和风险防范体系。

二是开展气候变化综合影响评估，提升重点行业领域对极端天气气候事件的适应韧性。包括加强对高温干旱等气象灾害对农业生产影响的研究，大力推进高标准农田建设，提高精细化气象为农服务技术水平；加强高温事件对电力系统供需两侧的影响研究，解决高温条件下光伏组件运行效率下降，以及用电需求激增等问题，提升新型电力系统应对高温的韧性；构建气候变化对水资源和极端水文事件的影响和风险评估指标体系，发展耦合气候模式的流域水文模型、水库调度和水能模型；大力发展气候变化对城市敏感行业影响和风险的定量化、动态化评估技术，创建城市气候变化诊脉平台；研发基础设施与重大工程极端事件影响监测和风险预警技术，推动构建全面覆盖、重点突出的适应气候变化区域格局，提高全社会的气候韧性水平。

三是建立高温与人体健康预警平台和跨部门适应行动试点。深入开展气

候变化健康风险科学研究，评估当前和未来的气候变化健康风险，识别气候敏感疾病和脆弱人群；加快明确气候变化背景下高温健康风险的区划、标准和适应实施方案，评估复合型极端高温事件对人体健康的影响，提高健康高温预警产品的准确性、提前量和针对性，有效降低热环境引发的热射病伤亡事件风险。结合区域差异，分别在城市、农村、社区和重点场所（学校、医院、养老机构等）建立高温健康适应的跨部门行动试点，显著提升全民适应高温风险的能力。

四　全球应对气候变化前景展望

（一）沙姆沙伊赫气候大会的焦点问题

全球气候变化导致的最明显的结果是极端天气气候事件频发，损失日益严重，应对气候变化作为全球共识已毋庸置疑。格拉斯哥气候大会完成了《巴黎协定》实施细则的最后"一片拼图"，这也意味着气候治理的方向明确，框架清晰。但大会也同样遗留了众多问题，如发达国家对减缓问题置之不理，对适应问题避重就轻，对发展中国家承诺的支持至今没有完全兑现等。气候治理进入实施阶段后，具体行动更能反映各方应对气候变化这一公共危机的决心和互信。2022年11月，COP27在埃及的沙姆沙伊赫举行。作为由发展中国家主办的缔约方大会，COP27能否在关键问题上有所突破是各方关注的焦点。

1. 减缓是否还有突破

《巴黎协定》温控目标与各国行动力度之间存在很大差距，如何弥补是国际社会需要共同面对的核心问题。COP26保住了1.5℃的温升目标，并在行动上提出了降低煤炭消费等一系列措施，而下一步能否在此基础上进一步提高减缓力度，能否就落实减缓行动的路径作出详细安排并不明确。通过分析格拉斯哥一揽子决议可以看出，尽管发达国家在气候雄心上不断地加码，但在弥补行动力度和目标之间差距上并没有作出实际表率。发达国家无论是2020年前的减缓力度，还是2050年实现碳中和的政治承诺，均与其所力推的 1.5℃温升目标之间存在巨大差距，但发达国家在施压发展中国家上却不遗余力。由于缺乏发达国家承诺的履约支持（资金、技术和能力建设），发展中国家的减缓承诺能否实现仍存在很大的不确定性。与气候雄心相比，落实现有的承诺更是当务之急。但从磋商层面来看，各方立场与分歧并没有太多变化。在 2022 年 6 月的波恩气候大会上各方已就减缓的工作方案展开了磋商，但最终仍因分歧太大放弃了汇集各方意见的工作草案。当前国际政治经济形势严峻，推动气候谈判的核心力量中美两国搁置合作，欧洲深陷能源危机，东道国埃及能否推动 COP27 在减缓问题上取得进展值得各方期待。

2. 适应议题更受重视，内容仍需要细化

回顾格拉斯哥气候大会一揽子政治成果可见，发展中国家加强适应行动和能力的诉求并没有得到充分回应。真正扭转气候治理"重减排、轻适应"的现状，为适应提供更多支持，依然任重道远。面对细化"全球适应目标"的呼声，格拉斯哥气候大会仅决定启动相关工作计划，后续仍有大量的务实工作亟待展开。在 2022 年 6 月的波恩气候大会上各方开始就全球适应目标开展磋商。谈判主要聚焦全球适应目标的定义、如何追踪和衡量实现全球适应目标的全球盘点、如何增强对落实全球适应目标的支持和全球适应目标的机制建设等。然而当前适应目标的量化仍存在困难，很难有适用于全球的指标框架，同时数据上也缺乏支撑，这也为发达国家反对全球适应目标提供了依据。发达国家一直反对将全球适应目标进行量化和分解。欧盟特别反对共同但有区别的责任原则，而伞形集团则强调建立地方与国家的互动机制，强调监测和私营部门的参与。但发展中国家也没有提出统一量化的全球适应目标和框架细则。尽管从会议安排来看，全球适应目标会议场次相对密集，但磋商立场间的分歧很大，需要技术方法学的支撑。另外，备受发展中国家关注的损失与损害议题也面临类似的困境。不过值得一提的是，非洲国家一直力推全球适应目标，在非洲召开的 COP27 也被称作"适应的大会"，各方对适应可能取得的进展抱有较高的期待。

3. 资金议题仍是"老大难"

资金问题是发展中国家的核心关切，关乎发达国家与发展中国家间政治

互信和发展中国家应对气候变化的有效性。缔约方从2009年就开始围绕资金问题展开谈判，但到目前发达国家仍未完成到2020年的气候资金承诺。在资金的来源上，发达国家也一直在通过私营部门的融资来稀释公共资金的出资义务。在格拉斯哥气候大会上，资金问题同样没有得到解决，会议相关成果多为程序性、原则性内容。如何切实弥补发达国家出资缺口，确保气候资金的可预测性、可获得性任务依然艰巨。在2021年6月由中国、加拿大、欧盟三方牵头的气候行动部长级会议上，各方再次就资金问题展开了商讨。尽管德国和加拿大在牵头协调落实该问题，但考虑到当前欧洲深陷能源危机，它们能否真正落实其政治承诺仍有待观察。

4. 全球盘点是热点问题

依据《巴黎协定》的规定，每5年对全球应对气候变化行动进行盘点。全球盘点在2021年11月至2023年6月开展信息收集和准备，在2022年6月至2023年6月开展技术评估和对话。对盘点的成果将在2023年11月也就是COP28上进行考量。盘点的成果将促进各缔约方以国家自主贡献的方式，根据《巴黎协定》提高其行动和支持力度。IPCC作为全球盘点的重要信息来源，第六次评估报告一经发布就受到了广泛关注。在2022年6月的波恩气候大会上，《联合国气候变化框架公约》附属科学与技术咨询机构（SBSTA）就组织了多场IPCC报告解读活动。与此同时，《联合国气候变化框架公约》下的各个机制机构也在准备各议题的全球盘点报告。目前，各方决定在全球盘点的各项进程中将公平原则与利用最佳科学结论纳入考虑。但在盘点的内容上各方仍有争议，如资金、损失与损害都是各方争论的焦点。尽管全球盘点机制构建是由缔约方来驱动的，但也需要作为非缔约方的各利益相关方有效且公平地参与。各方也同意缔约方应为作为非缔约方的利益相关方的参与提供支持。全球盘点目前仍在进行中，其未来走向和影响仍存在不确定性，最终成果也极具可塑性。

（二）影响未来国际气候治理的不确定性因素

国际气候治理进程可能受到世界经济和国际政治很多因素的影响，不确定性增强是快速变化的当今世界的一个突出特点。

第一，俄乌冲突的走向和影响。俄乌冲突从 2022 年 2 月 24 日普京宣布在乌克兰顿巴斯地区采取特别军事行动以来已经延续 9 个多月，战事瞬息万变，情况日趋复杂，并有不断升级的趋势，可能会演变为一场旷日持久的战争。俄乌冲突的一个突出特点是围绕能源开展制裁与反制裁。各方以能源作为战争武器，不仅在能源贸易中激烈博弈还攻击核电站、发电厂、输气管道等能源基础设施，造成地区性能源危机和全球能源市场动荡。2022 年 9 月27 日，"北溪" 1、2 号两条输气管道爆炸，各方相互指责，使欧洲已经十分紧张的能源供应雪上加霜，欧洲与俄罗斯暂时缓和的可能性破灭。俄乌冲突的未来走向和影响如何，还有待观察。

第二，欧洲应对能源危机的对策。欧洲以往高度依赖俄罗斯廉价的石油和天然气，而俄乌冲突爆发后，俄罗斯与欧洲处于敌对状态，能源贸易受到极大影响，德国首当其冲。欧洲连续多轮制裁俄罗斯，俄罗斯也以管道需要维修为名，大幅度降低输气量，使得欧洲各国能源价格短时间内暴涨 10 倍，不仅居民怨声载道，一些工业企业也被迫限产、停产，甚至不得不将生产能力转到海外。意大利极右翼政党胜选，法国爆发大规模示威游行，英国特拉斯政府执政仅 45 天就被迫下台由苏纳克接任英国首相，欧洲各国都面临很多棘手问题。目前 "北溪" 两条管道遭到破坏，而且短期内不可能修复。普京提出使用北溪 2 号 B 管线供气，却遭到德国拒绝。在俄罗斯天然气供应中断的艰难形势下，欧洲如何通过深化节能和加速能源转型自救，如何寻求其他能源合作伙伴，都将影响国际能源格局和气候治理进程。

第三，美国中期选举对后续气候政策的影响。拜登政府上台后的对内对外政策引起很多争议。《通胀削减法案》的通过来之不易，但该法案以降低通胀为主要目标，应对气候变化只是手段，具体实施效果还有待观察。2022 年 11 月，美国迎来中期选举，拜登政府面临巨大的考验①。一旦中期选举失利，拜登政府行政权力收缩，立法能力进一步降低，一系列气候和能源政策的实施都将面临

---

① 本书出版前美国中期选举结果已揭晓，民主党守住了参议院，但在众议院失去了多数党地位。

更大的阻碍，推行效果大打折扣。如果下一任总统上台后，全面调整或废弃现有政策，美国又将陷入更长周期的气候政策摇摆之中。

总体而言，全球关于努力使 1.5℃温控目标可及、21 世纪中叶实现碳中和、提高未来十年行动力度、限制化石能源使用、推动绿色复苏等已形成了基本共识，但如何实现低碳转型的路径依然不够清晰，支撑雄心的资金、技术依然不足①。如何实现全球气候治理与经济社会发展的双赢，仍受到很多不确定性因素的影响，因此国际社会和各方仍需共同努力，在竞争博弈中寻求合作机会，在探索中不断前行。

---

① 本书出版前 COP27 已于当地时间 2022 年 11 月 20 日在埃及沙姆沙伊赫闭幕。各方同意批准设立"损失与损害基金"成为此次会议最重要的成果。作为国际气候治理进程中一次过渡性会议，COP27 在许多关键议题上难有实质性进展似乎也在意料之中。

气候变化的科学新认识

New Scientific Understanding of Climate Change

G.2

对气候变化影响、适应和脆弱性的新认识

——IPCC第六次评估报告第二工作组报告解读

韩振宇　王蕾　秦云　张百超　石英　陆波*

摘　要： IPCC第六次评估报告（AR6）第二工作组（WG Ⅱ）报告系统性地描述了研究人员观测和预估的气候变化影响和风险、气候变化适应措施，以及对气候恢复力发展等内容的最新科学认识。报告指出，气候变化已对自然和人类系统造成了广泛而普遍的不利影响，且更多证据显示与极端事件相关的影响可归因为人为排放等人类活动；适应措施的有效性因系统而异，且随着气候变暖水平的提升而降低。AR6指出气候恢复力发展（CRD）需要减缓和适应措施并举，并强调CRD要支持公平的可持续发展。WG Ⅱ报告指

---

* 韩振宇，国家气候中心气候变化影响适应室副主任、正高级工程师，研究领域为区域气候变化及模拟；王蕾，国家气候中心工程师，研究领域为气候变化影响适应；秦云，国家气候中心工程师，研究领域为气候变化影响适应；张百超，国家气候中心工程师，研究领域为气候变化影响适应；石英，国家气候中心研究员，研究领域为区域气候变化及模拟；陆波，国家气候中心气候变化影响适应室主任、研究员，研究领域为短期气候预测和气候变化。

出，相对第五次评估报告（AR5），AR6更加重视气候变化的解决方案，且在多个方面取得了新进展，例如对气候变化风险框架做了进一步扩展、全面评估了最新的气候变化适应措施、详细阐述了CRD的实现路径等。AR6的评估结果对于加深气候变化影响和适应方面的科学认识，以及及时制定系统性的对策具有重要意义。

关键词： 气候变化　风险　适应　气候恢复力发展

IPCC在2015年启动了第六次评估报告（AR6），并在2017年9月的IPCC第46次全会上正式确定各工作组报告的大纲。2022年2月28日发布的《气候变化2022：影响、适应和脆弱性》是第二工作组（WGⅡ）报告，参与编写的作者共有270位，报告编写期间完成对34000多篇文献的综合评估，历经数稿的反复修改以及两次专家和政府评审。AR6 WGⅡ报告以最新的数据、翔实的证据、多元的方法，评估了气候变化的已有影响和未来风险、气候变化适应措施及其实施条件，以及气候恢复力发展的现状和前景等，为加强风险管理和区域适应、促进气候恢复力发展提供了重要的科学基础。[①] 本文梳理了报告的核心结论和最新认识。

一　报告的核心结论

（一）气候变化的已有影响

目前已广泛存在气候变化所造成的不利影响，涉及水、生态系统、健康

---

① IPCC, *Climate Change 2022：Impacts, Adaptation, and Vulnerability*, Contribution of Working Group II to the Sixth Assessment Report of the Intergovernmental Panel on Climate Change, H. -O. Pörtner, D. C. Roberts, M. Tignor, E. S. Poloczanska, K. Mintenbeck, A. Alegría, M. Craig, S. Langsdorf, S. Löschke, V. Möller, A. Okem, B. Rama（eds.）, Cambridge University Press, 2022, In Press.

和生计、经济等自然系统和人类系统的多个方面。自 20 世纪 50 年代以来，全球受强降水、干旱增加影响的人口都约占 10%。全球约有 40 亿人每年至少会经历 1 个月的严重缺水。全球超过 4000 个物种中的约一半受气候变化影响已发生迁移，并且有 2/3 的春季物候提前发生。气候变化对气候敏感疾病、营养不良以及精神心理健康等的威胁正在增加。海洋热浪、洪水和干旱使得粮食产量降低，进而引发粮食价格上涨，危及粮食安全。

AR5 发布以来的诸多证据显示，人类活动，包括不可持续的发展模式（如不断增大的人口压力，不可持续的自然资源使用和管理、消费和生产）和人类对自然的破坏活动等，增加了当前生态系统对于气候变化的脆弱性和暴露度。气候变化的脆弱性在全球存在显著的区域差异。全球有约一半人口生活在气候变化高脆弱区域中，即存在城市规划不合理、保障制度不完善、资源贫瘠等诸多问题的区域。2010~2012 年，风暴、干旱和洪涝在非常低脆弱区域造成的人口死亡率仅是高脆弱区域的 1/15。而社会系统脆弱性的区域差异，受殖民主义造成的不平等、不可持续的海洋和土地利用、社会经济发展模式，以及治理能力的差异等诸多方面的影响。

以往，第一工作组（WG I）报告主要关注气候变化归因，即研究海气耦合过程等自然变率和温室气体排放等人类活动对气候变化的贡献程度；而 WG II 报告主要关注气候影响归因，即研究气候变化对观测到的自然和社会系统变化的贡献程度。AR6 的 WG II 报告不仅关注气候影响归因，也开始外延到气候变化归因方面，即研究温室气体排放等人类活动通过对气候变化的贡献最终对自然和社会系统的影响程度。目前已有一些研究可直接将气候变化影响与人为排放导致的气候变化直接关联起来。

（二）气候变化的未来风险

未来自然和社会系统面临的多种气候变化相关的风险将进一步增强。AR6 评估了未来不同全球温升水平下陆地生态系统中面临灭绝高风险的物种比例，预计在升温 1.5℃时，这一比例最高达 14%，而升温 2℃和 3℃时这一比例将扩大为 18% 和 29%。同时 AR6 也评估了假设不采取适应措施，未来不同全球温升水平下的粮食损失情况，相比温升水平1.5℃，温升水平为2℃和3℃时的粮食损失将分别扩大1.4~2.0倍和2.5~3.9倍。此外，AR6还特别评估了过冲路径下的风险，认为过冲风险会更加严重，如一些极端天气气候事件更多更强，海平面上升、海洋酸化、含氧量降低和海冰损失的速度增快等。同时，过冲风险也会对水资源和生态系统等造成一些不可逆转的风险，如低海拔冰川的消融、超过生物的耐受阈值、使生物多样性和生态系统服务丧失等。

未来自然和社会系统的脆弱性，将受自然的气候恢复力和社会经济发展路径等的影响。例如，不可持续的自然资源利用等将会导致生态系统功能部分丧失，进而产生对人类社会的潜在影响，且这些影响多是连锁性的、难以消除的。同时，应对气候变化将带来新的潜在风险，气候和非气候风险之间存在相互作用，多种气候风险跨行业、跨区域并发且产生级联效应，未来新型、复合型风险的增多不容忽视。风险的等级不仅取决于暴露度、脆弱性和温升水平，也受到适应措施和社会经济发展水平的共同影响。因此，控制温升水平、降低气候变化风险需要减缓和适应并重的协同应对行动。

（三）适应气候变化的措施

适应气候变化是人类社会应对气候变化不利影响和关键风险的主要行动，目的是减少气候变化已有影响带来的风险，且为应对未来气候变化的潜在影响做准备。提高适应能力可有效降低气候变化脆弱性，通过与减缓措施相结合，共同促进可持续发展。[①]

个人、地方、区域和国家各级的多种适应措施都已存在，并服务于管理预估的气候变化影响。这些措施已经在健康、粮食安全、生物多样性保护等多领域中产生了积极作用，并带来协同效益。例如，农业和渔业的改善适应措施中，保护性农业和林业等耕作方式的变化可以对生物多样性和大自然产

---

① 丁永建、罗勇、宋连春等：《中国气候与生态环境演变：2021［第二卷（上）领域和行业影响、脆弱性与适应］》，科学出版社，2021。

生积极的影响；减小生态系统压力适应措施中，可持续森林管理可以降低森林遭遇病虫害和野火的风险；建筑规范的适应措施中，强制执行建筑的效率标准，采用可步行城市的设计，可以提高成本效益。

AR6 评估显示，当前的适应措施依然无法满足降低气候风险所需。例如，全球至少 170 个国家以及很多城市在气候政策和规划中考虑了适应行动，但仅有少数城市付诸实施；即使把现有的和规划的适应措施都考虑在内，也无法消除气候变化的相关风险。适应差距由技术、资金、社会、制度等多方面的适应能力缺乏所导致，最大的适应差距存在于低收入群体中。

目前全球大多数区域和行业的转型适应（Transformational Adaptation）程度较低，往往只是在应对极端事件所采取的常规措施上进行微小修改，即增量适应（Incremental Adaptation）。AR6 评估指出，要想消除适应差距，需要从增量适应过渡到转型适应，并辅以雄心勃勃的减缓行动，选择可实现所有人可持续发展的气候恢复力发展路径（Climate Resilient Development Pathways，CRDP）。但是，低收入国家因缺少技术和资金等难以实现转型，高收入国家则因文化、经济利益和管理等方面的惯性而不愿转型。可见，适应转型在各国普遍面临着巨大的挑战，未来与近期的应对气候变化进程将会面临诸多困难。

（四）具有气候恢复力的发展

在 AR6 中，CRDP 被定义为趋向更高气候恢复力发展（Climate Resilient Development，CRD）水平的路径，包括同等地提升各方应对气候变化的能力、努力消除贫困和减少不平等、不断加强可持续发展等。AR6 WG Ⅱ 报告重点评估了应对气候变化的适应行动，指出 CRD 的选项和实现范围将受到全球变暖水平的限制。例如，保护生物多样性可通过提高自然环境的恢复力来促进 CRD，但是随着温升超过一定阈值，基于自然系统的适应行动效果将会大幅度减小。若全球温升水平超过 2℃，在某些区域将不可能实现 CRD；即使低于 1.5℃，要实现 CRD 也具有一定挑战。总体而言，相比 AR5 的时间节点，全球 CRD 行动比之前认为得更为紧迫。实现气候目标的时间

窗口正在缩小，同时考虑到全球城市化进程的推进，未来十年将是推进可持续发展的关键时期。实现 CRD，需要强力减缓措施和有效适应措施并举，这些措施还要确保所有人实现宜居未来。因此，CRD 的实现途径伴随着巨大的行业转型和社会变革，将面临行动策略可行性、公平和伦理等方面的诸多问题。

二 报告的新内容和新认识

（一）扩展了气候变化风险的内涵，加深了对新型、复杂风险的认识

长久以来 IPCC 各工作组对风险的定义并不相同，AR6 首次在工作组间统一了风险的定义。气候变化对自然和社会系统的影响日益加剧，且呈现复杂和级联的特征。在规划和实施应对气候变化措施时，需充分考虑气候因素间以及气候和非气候因素间的相互作用，否则可能会带来新的潜在风险，即不良适应和不适当的减缓所产生的风险。面对这些新现象和新认识，相对AR5，AR6 评估风险的范围更加广泛，增加了对应对气候变化措施产生的新型风险的评估，也对风险的复杂性、复合性和级联性进行了深入评估。①

AR6 确定了 127 个关键风险、8 类具有代表性的关键风险和 5 个关注理由（Reasons For Concern，RFC）。气候风险在全球各地普遍存在，因此确定的代表性关键风险既有全球尺度的也有区域尺度的。相比 AR5，代表性关键风险中新增了和平与迁移，并扩展了生活水平和人类健康风险的内涵，基本不变的是陆地和海洋生态系统、低洼沿海地区、关键基础设施和网络、粮食安全和水安全。代表性关键风险的未来变化，同时取决于自然系统的变化以及社会的暴露度和脆弱性的变化，也与适应措施的有效性相关。随着全球变暖，RFC 的风险等级会升高，AR5 评估显示高风险转为非

① 王蕾、张百超、石英等：《IPCC AR6 报告关于气候变化影响和风险主要结论的解读》，《气候变化研究进展》2022 年第 4 期。

常高风险的 RFC 有 2 个，而 AR6 评估的风险更高，所有 5 个 RFC 都将出现此种转变。

（二）回顾了在气候变化适应方面取得的最新进展，对适应的可行性和局限性等进行了更全面的评估

AR5 发布以来，全球已有许多适应计划和策略，但适应证据和相关评估研究都有限。AR6 WGⅡ报告全面评估了适应措施在应对气候变化风险中的作用，集中展示了适应措施的积极作用和可行性、不良适应、适应的局限性（包括柔性和刚性上限）等内容。①

AR6 从经济、技术、制度、社会、环境和地球物理 6 个维度，对 23 个适应措施的可行性进行了评估。AR6 对于适应的局限性进行了更加全面的评估，强调适应的局限性由气候灾害等级、脆弱性和暴露度、社会承载力和适应措施的选择等共同决定。自 AR5 发布以来，研究人员发现了越来越多的适应局限性和不良适应的证据，例如财政资金缺乏是亚洲农业领域适应措施达到柔性上限的主要原因。同时，自 AR5 发布以来的一个关键进步领域是研究增量适应和转型适应如何与适应局限性联系起来，近期研究也阐述了如何加速推进更广泛的系统转型、可持续性转型和社会技术转型。

（三）更新了气候恢复力发展的含义，更强调其公平性、紧迫性和不可逆性

CRD 的概念最初由 AR5 引入，AR6 对其定义进行了更新，定义为"协同实施温室气体减缓和适应措施的过程，以支持所有人的可持续发展"，新的定义更加强调公平性原则。并且 AR6 在评估内容中对不同社会选择进行了细致的描述，增强了 CRD 的可操作性，也强调了其紧迫性与不可逆性②。

---

① 秦云、徐新武、王蕾等：《IPCC AR6 报告关于气候变化适应措施的解读》，《气候变化研究进展》2022 年第 4 期。

② 张百超、庞博、秦云等：《IPCC AR6 报告关于气候恢复力发展的解读》，《气候变化研究进展》2022 年第 4 期。

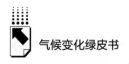

受益于 AR5 发布后与 CRD 相关研究的增多，AR6 对 CRD 中减缓、适应、发展和公平间的关系进行了详细评估。同时，AR6 也针对 AR5 未涉及的联合国 2030 年可持续发展目标和《巴黎协定》相关目标进行了讨论。自 AR5 发布以来，越来越多的证据表明，政治、社会和经济行为者以多种形式参与到适应气候变化和可持续发展的行动和研究中，包括社会和人文相关学科的参与、公民和企业的参与、多种形式知识的加入等，但仍缺少政治经济学的相关研究。

相比 AR5，AR6 在对未来世界的描述上，更加强调人类行动可通过 CRD 路径上的决策点来影响未来的发展方向。在决策点上，人类可通过生态、文化、政治、知识与技术、经济金融、社区等多个领域的适应性行动，促进社会发展路径趋向更高水平的 CRD。AR6 讨论了系统转型和社会转型的问题，认为在决策点上还要重点关注区域间与行业间的协同合作，及其对 CRD 发展方向的影响。AR6 还评估了 CRD 发展路径与 IPCC 情景间的关系，如评估显示 CRDP 与共享社会经济路径（Shared Socioeconomic Pathways, SSPs）在未来与近期具有高度相关性，且受气候变化和发展程度的影响，不同 SSPs 下各个系统恢复力的差异很大。

三　对我国推进气候适应行动的启发

2022 年 7 月，生态环境部等 17 部门联合发布《国家适应气候变化战略 2035》，确立了未来我国适应工作的战略目标和方向。IPCC 报告的主要结论和发现，对于我国推进各行业和地方的适应行动具有一些有益的启示。[①]

（一）需全面关注 IPCC AR6 确定的代表性关键风险

IPCC 报告一直以来都是各国和各级政府制定应对气候变化方案的依据。

---

① 宇如聪：《中国气象局副局长宇如聪：积极应对气候变化　推动气候韧性发展》，《中国气象报》2022 年 3 月 4 日。

AR6确定的关键风险和代表性关键风险可以在区域到全球尺度内发生，涉及粮食安全、水安全、生态安全、人类健康、沿海地区和关键基础设施安全等，对许多地区和系统都具有广泛的潜在意义。我国气候类型复杂多样，高温和强降水等灾害性天气频发，山区、高原、沿海等部分地区属于气候变化高脆弱性地区。我国的粮食、水和生态安全、人类健康和生计、关键基础设施等都受到了气候变化的潜在威胁，因此需全面关注和防范这些关键风险，继续推进实施气候变化适应措施，以最大限度地实现"趋利避害"。

此外，鉴于自然和社会系统面临的多种气候变化风险在未来有进一步增强的可能，我国需加强对气候变化及其影响的监测和早期预警，强化适应气候变化科技和资金支持，完善多部门、跨领域的适应气候变化合作机制，进而提升自然和社会系统的适应气候变化能力，同时建立适应气候变化措施的实施效果监测评价体系。

（二）因地制宜加强面向长期发展目标的前瞻性适应规划

近年来我国适应气候变化工作取得积极成效。例如，构建社会保障体系，通过住房补贴、社会医疗保险、气象保险、灾后重建和搬迁规划等，提高了社区的适应能力；建设低碳城市、海绵城市和气候适应型城市，通过城市空间布局的优化规划，破解了环境污染、产能过剩等城市发展问题，也提升了城市的恢复力。但无论是对影响和风险的综合评估能力，还是对适应气候变化的重视程度和行动力度，都有待进一步提升。

同时，当前的一些适应措施由于缺少长期规划已经显露弊端，潜在的不良适应措施也将会产生诸如温室气体排放增多、脆弱性增加、不平等加剧等负面影响。如人工堤坝就可能影响海岸带生态系统完整性，且随着海平面进一步上升，其有效性将逐步丧失，会对生态产生负面影响，同时人工堤坝的暂时保护还会促使人口和财产暴露度增加，增大了未来转型适应的难度。AR6的科学结论、评估指标和方法，都可为中国规划和实施适应行动提供指导。中国首要解决的是气候变化复杂性、长期性等特点所对应的适应措施不足问题。充分挖掘适应措施的积极作用，突破资金、技术和制度等方面的

限制以解除适应措施的柔性上限。适应措施还需注意一事一策、因地制宜、面向长期目标进行规划，避免无序规划、一刀切和同质化的措施。同时要充分考虑气候变化的复杂性，进行科学决策，避免出现无效甚至不良适应，造成适应资金的浪费。适应措施的规划和实施中也要充分考虑多方参与、加强部门协作，促进各区域和行业的增量适应尽快向转型适应转变。

（三）加强气候变化相关人才培养和关键问题科学研究

我国是 IPCC 评估报告的重要贡献者，但参与力度和影响力有待提高。以 IPCC 报告作者数量为例，第一工作组 234 名主要作者中仅有 1 名联合主席和 15 位作者来自中国；第二工作组 270 名主要作者中仅有 10 位中国作者。因此，建议加强 IPCC 工作机制建设，扩大气候变化影响和适应领域的人才队伍，着力培养科学研究和全球气候治理的复合型人才，进一步提高我国参与全球气候治理的贡献力和影响力。

对于温控目标和减排路径选择，以及"2℃目标和1.5℃愿景""单一的1.5℃目标""1.5℃过冲或始终低于1.5℃"等观点，各国始终存在争议。目前关于"1.5℃过冲"影响的讨论，其背后其实缺少大量科学研究的支撑。由于风险的复杂性和传导性，过冲风险可能涉及自然和社会系统的多个方面，同时，过冲路径所依赖的负排放技术也可能有潜在负面作用。因此，在我国选择排放路径以及参与全球气候治理各方博弈时，都需要相关领域强有力的科研成果作为支撑，需要提前布局相关科研专项计划。重点关注过冲强度（即温升水平的峰值）和过冲持续时间（即温升水平超出1.5℃阈值的时间）对自然和社会系统的影响，以及温升水平达峰期间及前后的适应措施规划以及适应有效性等问题。

G.3

在可持续发展背景下加强
气候变化减缓行动

——IPCC 第六次评估报告第三工作组报告解读

陆春晖*

摘　要： 2022 年 4 月，联合国政府间气候变化专门委员会（IPCC）发布
了 IPCC 第六次评估报告第三工作组报告《气候变化 2022：减缓
气候变化》。报告全面归纳和总结了第五次评估报告发布以来的
最新科学进展，为国际社会进一步了解气候变化减缓行动、全行
业减排和系统转型、实现可持续发展提供了重要的科学依据。该
报告进一步确认了全球温室气体排放近况、趋势和主要驱动力，
近期、中期和长期的未来发展路径，以及可持续发展背景下的气
候变化减缓和适应行动。第三工作组报告更多地从决策者视角出
发编写而成，对我国应对气候变化政策制定，积极推进绿色低碳
高质量发展，扎实推动落实"双碳"目标等都有着重要的参考
和借鉴作用。

关键词： 减缓气候变化　全球温室气体排放　可持续发展

　　2022 年 4 月，经过约两周激烈的政府讨论，联合国政府间气候变化专
门委员会（IPCC）最终审议通过了第三工作组报告《气候变化 2022：减缓

＊ 陆春晖，国家气候中心气候变化战略研究室副主任、研究员，研究领域为气候和极端气候变
化的检测和归因。

气候变化》的决策者摘要（SPM），并接受了底报告全文。IPCC 第六次评估报告（AR6）第三工作组报告，由来自全球 65 个国家的 278 位作者，历时 7 年，通过对近 2 万篇科技文献进行综合分析后编写而成。报告全面总结了 IPCC 第六周期中减缓气候变化领域的最新科学进展，提供了全球和主要区域、行业对气候变化减缓的最新研究认识，其结论将为全球开展气候行动、实现可持续发展目标、落实《巴黎协定》提供重要科学依据。

第三工作组（WGⅢ）报告①发布后，IPCC 第六次评估周期接近尾声。本次评估正式发布了三个工作组报告，以及《全球升温 1.5℃特别报告》、《气候变化与土地特别报告》和《气候变化中的海洋和冰冻圈特别报告》三份特别报告。其中，第三工作组报告共 17 章，主要包含了五个方面的内容：全球温室气体排放近况、趋势和主要驱动力；近期、中期和长期的未来发展路径；全行业的减排和系统转型以限制全球变暖；加强国际合作、技术转让、金融投资等以帮助全球范围减缓气候变化；在可持续发展背景下，加强气候变化减缓和适应行动。

一　报告的核心结论

（一）全球温室气体的排放

人为温室气体净排放总量持续上升，其历史累积和未来排放量决定全球温升水平。2019 年全球温室气体净排放量为 590 亿吨。2010~2019 年，年平均温室气体净排放量为 560 亿吨，高于以往任何一个十年，但温室气体净排放量增长速度有所下降，相比 2000~2009 年，年均增长速度从 2.1%减少到 1.3%。自 1990 年以来，所有种类温室气体的人为排放量都持续增长，但有着不同的增长速度。到 2019 年，温室气体排放量增长主要来自化石燃料使用产生的二氧化碳，其次是工业过程中释放的甲烷。1850~2019 年的历史

---

① IPCC，Climate Change 2022：Mitigation of Climate Change（Summary for Policymakers），2022.

累积净二氧化碳排放量约为 24000 亿吨，其中超过一半（58%）的排放发生在 1850~1989 年（约为 14000 亿吨），在 1990~2019 年二氧化碳净排放量约为 10000 亿吨（占历史累积量的 42%），最近十年（2010~2019 年）的净二氧化碳排放量约占历史累积量的 17%（4100 亿吨）。决定未来全球温升水平的是温室气体的历史累积和未来排放量，因此如果从 2020 年开始计算剩余的碳排放空间，基于中值估计，若想将全球的温升限制在 1.5℃，剩余的温室气体排放量约为 5000 亿吨，实现的概率约是 50%；若将全球的温升限制在 2℃，则剩余的温室气体排放量约为 11500 亿吨，实现的概率约是 67%。同时，剩余的碳排放空间还进一步受到地球物理不确定性的影响。

自 2010 年以来，全球主要行业的温室气体净排放量都有所增加，越来越多的排放来自城市地区的活动。在能源部门，能源强度和能源碳强度的提高减少了化石燃料使用和工业过程中二氧化碳的排放，但这远远不及工业、交通、建筑和农业等部门增加的二氧化碳排放量。2019 年，大约 33.9%（200 亿吨）的温室气体净排放来自能源部门，约 23.7%（140 亿吨）来自工业部门，约 22.0%（130 亿吨）来自农业、林业和其他土地利用，约 14.7%（87 亿吨）来自交通部门，5.6%（33 亿吨）来自建筑部门。与 2000~2009 年相比，2010~2019 年能源和工业部门的年平均温室气体排放量增长速度有所放缓，增长速度分别从 2.3%、3.4%下降到 1.0%、1.4%，而交通部门年平均温室气体排放量的增长速度则基本维持在 2%左右。这些增长可归因于城市地区的全球排放份额正迅速增加。2015 年，城市排放的温室气体约为 250 亿吨，约占全球的 62%，到了 2020 年排放量增加到 290 亿吨，占全球的比例为 67%~72%。城市温室气体排放的驱动因素很复杂，包括人口规模、收入、城市化状况和城市形态等。

各区域在不同时期对全球温室气体排放的贡献仍然存在很大差异，不同地区、国家和家庭的人均净温室气体排放量相差较大。全球人均净温室气体排放量从 7.7 吨二氧化碳当量增加到 7.8 吨二氧化碳当量，人均净温室气体排放量最高的区域仍在北美，达到 19.0 吨二氧化碳当量，而最不发达国家和小岛屿发展中国家的人均净温室气体排放量分别为 1.7 吨和

4.6吨二氧化碳当量，远低于全球平均水平。区域的温室气体排放差异在一定程度上反映了地区发展阶段的差异。但在收入水平相近的情况下，人均温室气体排放量也千差万别。统计表明全球人均温室气体排放量最高的前10%的家庭所排放的温室气体，占全球所有家庭温室气体排放量的比例远高于10%。报告同时也指出，至少有18个国家实现了二氧化碳的持续减排，且持续时间超过10年。一些国家在温室气体排放达到峰值后，将基于生产端的温室气体排放量减少了1/3或更多，一些国家已连续多年实现约每年4%的减排率，这与将全球温升限制在2℃情景下的减排量相当。但总的来说，现阶段这些减排量仅仅能部分抵消全球持续的温室气体排放增长。

尽管全球温室气体的排放还在持续，但人类社会已经从多方面开始努力促进减排。低排放技术的进步、气候政策和法律的发展、国际合作和资金规模的扩大、国家自主贡献（NDC）的更新都有利于未来温室气体的减排。2010年以来，光伏、风电、集中式太阳能、锂电池等多种低排放技术的单位成本持续下降，并且全球范围内一大批的创新政策也使得这些新能源的使用成本持续降低。同时，新能源的发电量占比越来越高，2020年全球范围内光伏和风力发电量占总发电量的比例约为10%。在气候政策和法律方面，第五次评估报告发布后，针对减缓问题的政策和法律不断扩充，避免了一些原本可能发生的排放，并增加了对低温室气体排放技术和基础设施的投资，但不同行业的排放政策覆盖范围并不均衡。此外，针对性和综合性政策领域的创新也帮助了低排放技术在全球范围的扩散，带来了良好的环境和社会影响。在气候资金方面，2013/2014年至2019/2020年，用于减缓和适应气候变化的总资金量增加了60%，但自2018年以来平均增长速度放缓。这些气候资金仍然主要集中在减缓领域，并且在不同地区和部门之间的分配并不均衡。《联合国气候变化框架公约》和《巴黎协定》提出"发达国家每年向发展中国家提供1000亿美元的气候资金"，2018年发达国家提供的资金远低于这一数字。而用于化石燃料的公共和私人资金仍多于用于应对气候变化的减缓和适应资金。

（二）推动系统转型以控制全球变暖

在《全球升温 1.5℃特别报告》的基础上，第三工作组报告开发了更多的未来减缓路径（Illustrative Mitigation Pathways，IMP）。这些减缓路径通过设计全球不同的减缓策略组合来实现深度和快速减排，以将全球温升控制在不同水平。例如，逐渐增大减排力度的 IMP-GS、通过改变发展路径加速减缓的 IMP-SP、通过发展可再生能源促进减缓的 IMP-Ren、通过采取大量净负排放技术实现全球减缓的 IMP-Neg 等。这些全球减排路径的设计对全球气候治理具有重要的参考意义。

在全球模拟路径中，若将变暖幅度限制在 1.5℃，则全球二氧化碳排放将于 21 世纪 50 年代初期达到净零，而如果将变暖幅度限制在 2℃，那么全球二氧化碳排放将在 21 世纪 70 年代初期达到净零。这些模拟路径中包括了许多全球二氧化碳排放达到净零后仍将继续实现二氧化碳的净负排放路径，还包括了其他温室气体的深度减排路径。全球升温的峰值水平取决于达到二氧化碳净零排放时的累积二氧化碳排放量，以及峰值时非二氧化碳的气候强迫因子的变化。到 2030 年和 2040 年，温室气体深度减排，特别是甲烷排放减少，会降低变暖峰值，降低过冲的可能性，从而降低要在 21 世纪下半叶逆转全球变暖现象对二氧化碳净负排放的依赖性。达到并维持全球温室气体的净零排放将有利于全球变暖幅度的逐步下降。如果不加强减排政策的推进和实施，按照当前的排放情景，温室气体排放量将继续上升，到 2100 年全球变暖幅度将达到 3.2℃。

所有将全球变暖幅度限制在 1.5℃或 2℃的模拟路径都指出，所有部门需要立即开展迅速且深入的温室气体减排行动。其中能源部门的减排贡献最为重要：若要实现全球温室气体净零排放，74%的减排贡献来自能源生产和需求部门的二氧化碳减排。若要实现全球温升不超过 2℃的目标，到 2050年全球对煤炭、石油和天然气的使用量需在 2020 年基础上分别下降 85%、30%和 25%；而若要实现全球温升不超过 1.5℃的目标，则分别需要下降95%、60%和 45%。要实现上述目标，需要能源部门整体进行重大的转变，

包括使用低碳或零碳的能源替代化石燃料、发展碳捕集碳封存技术、管理需求和提高能效、采用碳移除技术等，以实现能源系统的深度减排。

工业部门的二氧化碳净零排放虽然具有挑战性，但也是有可能实现的。减少工业排放需要在整个价值链中采取协调行动，以促进所有减缓方案的平稳运行，包括需求管理、能源和材料效率、循环材料流，以及生产过程的减缓技术和转型变化。使用低排放或零排放的电力、氢、燃料新生产工艺，推动工业温室气体的近零排放。

在交通领域，低温室气体排放技术和需求侧的改变可以减少发达国家交通部门的温室气体排放，并限制发展中国家交通部门温室气体排放的增长。以需求为重点的干预措施可以减少发达国家对所有交通服务的需求，并支持发达国家转向更节能的交通方式。由低排放电力驱动的电动汽车为陆路交通提供了最大的脱碳潜力，可持续的生物燃料可在短期和中期为陆路运输提供额外的减缓效益，可持续的生物燃料、低排放氢和衍生物（包括合成燃料）可支持减少海运、航空和重型陆路运输的二氧化碳排放，但需要改进生产工艺并降低成本。交通部门的很多减缓措施还可以带来多种共同利益，包括改善空气质量、健康利益、公平获得运输服务、减少拥挤和减少物质需求等。

在农业、林业和其他土地利用领域实施可持续的减缓方案，可以实现大规模温室气体的减排，但不能完全弥补其他部门的延迟减排。此外，可以使用可持续性的农业和林业产品，来代替其他部门的高度温室气体密集型产品。气候变化的影响、对土地的相互竞争的需求、土地所有权和管理系统的复杂性，以及文化因素等都可能会形成减缓行动实施的障碍。

在建筑领域，无论是尚未建成的建筑还是现有建筑（如果经过改造），都有很大的潜力对所有区域的可持续发展目标作出贡献，同时使建筑物适应未来的气候。在模拟的全球未来情景中，如果结合了充分、高效率的可再生能源措施，并消除了脱碳的障碍，那么现有建筑（如果经过改造）和尚未建成的建筑预计可以在2050年接近温室气体净零排放。在城市领域城市地区通过推动基础设施和城市形态向低排放发展路径系统转型，可以提高资源使用效率，显著减少温室气体排放。老牌的、快速发展的城市和新兴城市的减排努力包括减少或改变能源和材料消费、电气化，加强城市环境中的碳吸收和储存等。城市可以实现净零排放，并且还可以对其他部门产生有益的级联效应。

这一次评估报告还创新性地从需求侧角度评估了减缓行动，包括基础设施使用、社会文化和行动的改变、技术的应用等，评估表明到 2050 年，需求侧措施和服务方面的新方法可以使得终端部门的全球温室气体排放量减少 40%~70%，并且需求侧减缓应对方案与改善所有人的基本福祉是一致的。

（三）在可持续发展背景下加强气候行动

气候变化是几十年来不可持续的能源使用、土地使用以及消费生产模式所导致的结果。没有气候行动，就无法实现可持续发展。加速公平的减缓和适应气候变化行动对全球可持续发展至关重要。但应对气候变化行动也可能导致一些权衡取舍。《联合国 2030 年可持续发展议程》通过的可持续发展目标（SDGs）可作为评估可持续发展背景下气候行动的基础。WGⅢ报告明确指出了在近期加强减缓气候变化的行动是必要的，并且可以减少或避免今后为实现长期目标而开展的加速减缓行动所带来的风险和挑战。减缓气候变化的行动包括：完善制度设计、加强气候立法和气候政策制定、促进全球气候资金流动、发展国际合作和技术创新等。这些减缓行动在不同的地区和部门实施的速度和规模是不同的，因此，需要全球所有的国家提高减排的速度、深度和广度，以实现适应、减缓气候变化行动和可持续发展目标的协同。有限的经济、社会和体制资源往往导致高度脆弱性和低适应能力，特别是在发展中国家。应对方案既能带来减缓效果，又能带来适应效果，尤其是对居住区、土地管理以及生态系统相关的效果更明显。土地和水生生态系统可能受到某些减缓行动的不利影响，这取决于气候减缓行动的执行情况。

WGⅢ报告进一步指出有些减缓方案在近期大规模部署是可行的，这种可行性因部门和地区，以及实施的能力、速度和规模而异。必须减少或消除相关障碍，以改善大规模部署减缓方案的条件。影响大规模部署减缓方案的因素包括地球物理、环境生态、技术和经济因素，特别是体制和社会文化因素。若所有国家都将减缓努力纳入更广泛的发展背景下则可以加快减排的步伐、深度和广度，若将发展途径转向可持续性的政策则可以增加现有减缓对策的种类，并能够实现与发展目标的协同。现在各个国家可以采取行动，改变发展路径，加速跨系统的减缓和转型。同时，也可根据自身情况开展气候治理，通过法律、战略和制度开展行动，提供各种行为体相互作用的框架，并为政策制定和执行提供基础，从而支持减缓。气候治理最有效的方法是将多个政策领域整合起来，帮助发挥协同作用和最大限度地减少权衡，并将国家和地方决策水平联系起来。① 有效和公平的气候治理有赖于与民间社会行为体、政治行为体、企业、青年、劳工、媒体、土著人民和地方社区的合作。

二　第三工作组报告呈现的新特点

首先，WGⅢ报告对未来的减缓路径有了更清晰的认识。在《全球升温1.5℃特别报告》的基础上，WGⅢ报告综述了基于减排力度、发展路径、能源转型、资源利用率、负排放技术等的说明性减缓路径，这些路径通过设计全球不同的减缓策略组合来实现深度快速减排。路径的设计对于全球温升目标的达成、全球气候治理和气候行动的开展都具有重要的参考意义。

其次，阐释了不断变化的全球格局，以及新出现的气候减缓行动。WGⅢ报告反映了自第五次评估报告以来《联合国气候变化框架公约》（UNFCCC）进程的发展，包括了《京都议定书》的成果、《巴黎协定》的目标、联合国2030年可持续发展的议程和目标。强调了国际合作、金融和创新在气候减缓行动中的重要作用，特别是气候政策的全球传播、气候资金

---

① Grassi G., Stehfest E., Rogelj J., et al., "Critical Adjustment of Land Mitigation Pathways for Assessing Countries' Climate Progress", *Nature Climate Change*, 11.

金融的发展、全球技术合作的增加，以及新兴低排放技术的进步及成本的下降。赞赏了不同类型和发展水平的国家持续加强的减缓努力，以及一些国家实现了温室气体排放量的持续减少。首次提出包括城市、企业、公民、跨国倡议和公私实体在内的非国家或次国家行为者在应对气候变化的全球努力中起到了日益重要的作用。

再次，客观分析了气候变化减缓和发展路径之间的密切联系。报告指出，处于经济发展不同阶段的国家所选取的发展路径会影响温室气体排放，从而对减缓气候变化带来了挑战和机遇。WG Ⅲ 报告从机构能力、政策、技术、金融以及人类行为和生活方式等方面分析了发展路径和减缓行动，阐述了二者既需共同促进减排也需权衡取舍的关系。报告还评估了不同减排目标的可行性和成本，强调了在可持续发展、公平和消除贫困的背景下，结合社会发展目标来设计和实施的减缓行动，将更容易被接受、更持久和更有效。

最后，WG Ⅲ 报告使用了大量跨领域、多学科的评估方法。报告采用了包括社会科学在内的跨领域多学科分析方法，确定了减缓气候变化的驱动因素、挑战和备选方案的综合评估框架，涉及经济、技术和社会等多层面的路径选择，这些层面的评估有助于明确减缓行动面临的机遇和挑战，有助于在全球、国家和地方层面实现公正和公平的转型。在减缓路径方面，报告除了对传统部门和行业进行评估，还首次增加专门的章节评估人们生活方式和服务需求的改变对减缓行动的影响，并设立专门章节评估创新、技术开发和转让。

三 相关思考和建议

当前全球气候治理面临着新的挑战，WG Ⅲ 报告再次指出加强减缓气候变化行动的紧迫性和重要性，也就全球未来的发展路径、不同部门的系统转型，以及减缓、适应等气候行动和可持续发展的协同提出了科学建议，这都将对全球气候治理和我国的气候行动产生重要影响。

（一）报告更加侧重未来行动，具有较强的政策相关性

WGⅢ报告综合运用跨领域、多学科的分析方法，从减缓措施选择、政策行动力度和限制不同的全球温升水平等多种角度评估了全球未来的减缓路径。同时，给出了在可持续发展背景下，体制机制、法律法规、气候融资、创新和治理等政策工具在减缓气候变化中的作用。这对未来全球的发展路径具有很强的指导作用，对全球的气候行动提出了新的要求和约束。

（二）正确研判报告对全球气候治理的影响，做好舆论引导，避免误导

WGⅢ报告对于全球未来的发展路径、各国不同的减排政策、不同部门的系统转型对全球温升水平的影响，以及如何在全球可持续发展的背景下开展气候行动等的评估，将对全球气候治理进程产生重要影响。因此，建议深入分析、加强研判。针对报告，应该加强专业解读，针对"未来不同的减排路径"开展多种形式的解读，让更多公众有所了解，并进而展示我国的政策、行动以及成效。应坚持促进报告所提出的加强应对气候变化减缓行动和追求可持续发展目标的平衡。正确引导国际治理方向，避免过度强调减缓措施，各国发展阶段不同，资源禀赋存在差异，应该在可持续发展、公平和消除贫困的背景下设计和实施减缓行动。同时，积极开展报告的科学、客观解读，做好舆论引导，避免舆论压力。

（三）科学谋划，扎实推进落实"双碳"目标

WGⅢ报告提出，要实现将全球温升水平控制在 1.5℃或 2℃以内的目标，需在 21 世纪 50 年代初期或 70 年代初期实现碳中和。我国提出在 2060 年前实现碳中和的目标，这与 IPCC 科学评估的减缓路径，以及《巴黎协定》设定的全球温升目标是一致的。WGⅢ报告中明确提出推动煤炭的深度大幅减排是实现温升目标的最主要手段，而我国的能源结构中煤炭消费的占比最高，要在能源领域实现低碳化任重道远。另外，我

国可再生能源的技术可开发潜力巨大，可以在今后大力发展水电、风电、光伏发电等可再生能源电力，并且全力构建以可再生能源电力为主体的新型电力系统。我们要坚定信心推进绿色低碳转型和高质量发展，加快构建碳达峰碳中和"1+N"政策体系，积极应对气候变化。建议加强针对性科学和政策研究，加大相应学科气候变化人才的培养，探索适合我国国情和不同发展阶段的可持续发展道路。

（四）加强针对性科学研究和应对气候变化人才培养，增强国际话语权

第三工作组提出的一些核心科学问题在我国尚处于起步阶段，特别是关于未来发展路径的情景设计，报告中对于未来不同地区和部门减缓行动力度、温室气体减排要求、减缓资金和技术需求等的评估都是基于这些发展路径的。然而我国和大部分发展中国家对于未来发展路径设计的各个流程都近乎零参与。因此针对此类重要科学问题，建议加强针对性研究，加大相应学科气候变化人才的培养力度。此外，应对气候变化的减缓和适应行动，需要与可持续发展、公平和消除贫困紧密联系，因此我国应该根据国情和不同发展阶段的需求，探索一条适合自己的可持续发展道路。深度参与全球气候治理，围绕 IPCC 评估的焦点问题集中力量进行攻关，进一步提高我国在全球气候治理中的话语权和影响力。

G.4
IPCC 第六次评估报告中的中国
贡献及影响分析

刘东贤　马旭玲　张定媛　李婧华*

摘　要： IPCC 第六次评估报告汇集了第五次评估报告发布以来全球气候变化研究领域的最新科研成果。本文基于 IPCC 第六次评估报告（AR6）第一、第二、第三工作组报告各章节所引用的参考文献，统计中国作者的文献引用情况，分析研究当前中国学者在气候变化领域的研究贡献和影响力。结果表明，IPCC AR6 的中国引文量显著增加，比例明显提升；从中国引文分布来看，第一工作组的中国引文量显著高于第二、第三工作组；报告中关于"亚洲"的研究主题方面，中国引文量占总引文量的 24.6%，是中国引文最为集中的主题，表明中国学者在该主题领域内的研究影响力最为突出。分析表明，中国学者还需加强对亚洲以外区域的气候变化研究，并加强对社会经济、生态环境等交叉领域的应用研究。

关键词： IPCC 评估报告　中国引文　中国贡献

一　引言

世界气象组织（WMO）和联合国环境规划署（UNEP）于 1988 年建立

---

* 刘东贤，中国气象局气象干部培训学院中国气象局图书馆（气象科技史研究中心）馆长，研究领域为气象科技情报；马旭玲，中国气象局气象干部培训学院高级工程师，研究领域为气候变化信息；张定媛，中国气象局气象干部培训学院高级工程师，研究领域为气候变化信息；李婧华，中国气象局气象干部培训学院高级工程师，研究领域为气候变化信息。

了政府间气候变化专门委员会（IPCC），旨在定期为决策者提供气候变化科学基础知识、气候变化影响与未来风险、适应与减缓方案的评估报告。[①] IPCC 每五年左右发布一次评估报告，汇集上一轮评估报告发布以来全球最新的气候变化研究成果。评估报告已成为国际社会建立应对气候变化体制机制、采取应对气候变化行动最重要的科学基础，也是各国政府制定应对气候变化政策的主要科学依据。[②] 作为全球气候治理的重要参与者、贡献者、引领者，中国始终高度重视应对气候变化，深度参与历次评估报告编写，在确保评估报告的科学性、全面性和客观性，以及为全球气候治理贡献中国智慧等方面，发挥了积极的作用。

IPCC 核心评估报告由第一、第二、第三工作组报告组成，即《气候变化 2021：自然科学基础》《气候变化 2022：影响、适应和脆弱性》《气候变化 2022：减缓气候变化》。本文主要基于 IPCC 第六次评估报告（AR6）第一、第二、第三工作组报告各章节所列参考文献，统计所有引文篇次（不同章节引用同一篇文献时分别统计），重点分析第一作者为中国作者（即第一作者的第一责任机构来自中国，包含港澳台地区）的引文（以下简称"中国引文"）的分布情况，分析中国学者在气候变化领域的研究贡献和影响力，并提出相关意见建议。

二　IPCC 第六次评估报告的中国贡献分析

（一）中国作者参与报告编写情况[③]

为确保 IPCC 报告的全面性、代表性和客观性，IPCC 在遴选作者时要保

---

① 肖兰兰：《中国对 IPCC 评估报告的参与、影响及后续作为》，《国际展望》2006 年第 2 期。

② 《中国气象局有关负责人解读 IPCC 第六次评估报告的第一工作组报告——为全球气候治理提供坚实科学支撑》，环球网，2021 年 8 月 24 日，https://baijiahao.baidu.com/s? id = 1708938302751796588&wfr = spider&for = pc。

③ 资料来源：https：//www.ipcc.ch/。

证适当的地域平衡和性别平衡，并确保作者具有各个专业和主流观点的代表性，同时还要考虑作者的知识水平和能力。入选作者数量基本上代表了一个国家在气候变化科学研究方面的综合实力。①

IPCC AR6 第一、第二、第三工作组评估报告由 782 位作者共同完成，与第五次评估报告相比，报告作者减少了 37 位。其中共有 38 位中国作者参与了编写（第一工作组 15 位，第二工作组 10 位，第三工作组 13 位），占全部作者的 4.9%。IPCC AR6 中国作者数量比 IPCC AR5 减少 5 位，占比下降了 0.4 个百分点（见图 1）。

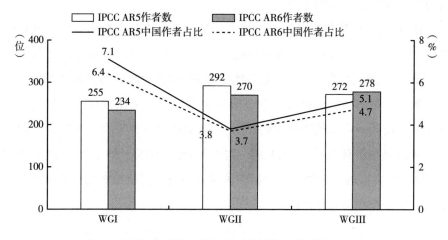

图 1　IPCC AR5 和 IPCC AR6 中国作者数量及其占比

注：WGⅠ、WGⅡ和WGⅢ分别表示第一、第二和第三工作组报告。

在第六次评估报告总章节数减少、参与国家和地区增多、参与作者总人数减少的情况下，我国入选作者人数仍位居前列。另外，截至目前，中国专家已连续 4 次担任 IPCC 第一工作组联合主席，这些都体现了我国在全球气候变化研究领域的重要作用。

---

① 周波涛、孙颖、王长科等：《IPCC 评估报告的编写规则和评估流程以及主要结论介绍》，载王伟光、郑国光主编《应对气候变化报告（2010）》，社会科学文献出版社，2010。

（二）中国引文量

被引用文献（以下简称"引文"）的数量，在某种程度上可体现某一个国家在气候变化领域科学研究的影响力。① AR6 第一、第二、第三工作组报告总引文量达 67668 篇，是 AR5 的 1.8 倍。其中，中国引文 2429 篇，占总引文量的 3.6%，AR6 中国引文量是 AR5（730 篇）的 3.3 倍，AR6 中国引文占比比 AR5 增加了 1.7 个百分点（见图 2）。无论是绝对数量还是总占比，中国引文都呈快速增长趋势，说明中国学者的科研成果和观点被更多地吸纳到了评估报告中，中国的学术贡献越来越大。

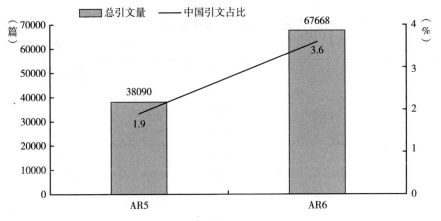

图 2　AR5 和 AR6 总引文量和中国引文占比

2429 篇中国引文主要来自高校、中国科学院和中国气象局，引文量分别为 1562 篇、575 篇和 111 篇，其中来自中国科学院大气物理研究所的引文达 202 篇，该机构为引文数量最多的中国机构。可以看出，高校的研究优势明显，中国科学院系统和中国气象局系统也是中国气候变化研究的重要力量。

---

① 郑秋红、巢清尘、吴灿等：《气候变化研究的中国知识贡献及其影响局限》，《中国人口·资源与环境》2020 年第 3 期。

（三）中国引文的国际合作情况

开展国际合作也是中国科学家的成果被世界认识的重要途径，通过国际合作可以使科学家在科研思路和方法上互相了解、互相借鉴，共同提升科研能力，也能够扩大我国科学家和科研成果的影响力。AR6第一、第二、第三工作组报告的2429篇中国引文中，有1238篇来自国际合作，占中国引文量的51.0%。在共计75个合作对象国家中，有13个国家的合作引文量超过30篇（见表1）。美国是中国学者合作最多的国家，合作引文量达657篇，占国际合作引文量的53.1%。

表1　中国引文国际合作情况

单位：篇

排名	国家	合作引文量
1	美国	657
2	英国	215
3	澳大利亚	189
4	法国	119
5	日本	117
6	德国	113
7	加拿大	105
8	荷兰	77
9	西班牙	51
10	瑞士	48
11	瑞典	46
12	挪威	40
13	意大利	34

除国际合作论文外，中国科学家的论文更多地发表在一些具有国际影响力的刊物上。国际权威的综合性期刊 *Nature*、*Science* 和 *PNAS* 分别发表了15、17、24篇中国科学家的论文，使得这些科研成果的关注度得到大幅提

升。同时，中国刊物的国际影响力也与日俱增。AR6 中引自中国科学院大气物理研究所主办的 *Advances in Atmospheric Sciences* 的中国作者论文达 25 篇，该期刊是被引用最多的国内期刊。

三　IPCC 第六次评估报告的中国影响力分析

（一）中国在第一工作组研究领域的影响力明显高于第二、第三工作组

AR6 的 2429 篇中国引文中，第一工作组报告《气候变化 2021：自然科学基础》共 12 章，有中国引文 1039 篇，占第一工作组报告总引文量的 6.1%；第二工作组报告《气候变化 2022：影响、适应和脆弱性》共 25 章，有中国引文 808 篇，占第二工作组报告总引文量的 2.6%；第三工作组报告《气候变化 2022：减缓气候变化》共 17 章，有中国引文 582 篇，占第三工作组报告总引文量的 3.0%。

从引文占比看，第一工作组报告中中国引文占比最高，其次是第三工作组和第二工作组，这与 AR5 相一致。与 AR5 相比，AR6 的中国引文量和引文占比均有所增加，尤其在第一工作组报告中，中国引文量是 AR5 的 4.0 倍，占比提高了 3.3 个百分点。由此可见，在 AR5 至 AR6 的评估周期中，中国气候变化研究成果的影响力有较大提升，在第一工作组报告中的影响力尤为突出。

（二）报告1/3以上章节的中国引文占比达到或超过5%，关于"亚洲"部分的研究成果影响力最为突出

AR6 三个工作组评估报告共 54 章，其中有 19 章的中国引文占比达到或超过 5%（见图 3）。

第二工作组报告的第 10 章"亚洲"，共有 199 篇中国引文，占比达 24.6%，是中国文献引用最为集中的研究领域。在 AR5 中，该章节也是引用

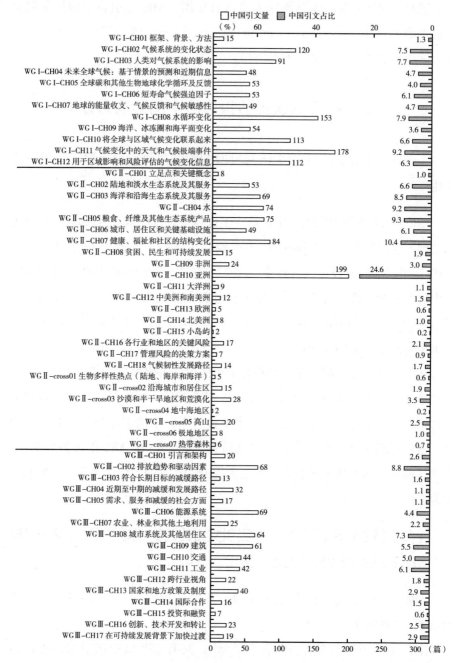

图 3　AR6 各章中国引文量和中国引文占比

中国文献最多的部分。与 AR5 相比，该章节中国引文占比增加了 12.2 个百分点，说明在 AR5 至 AR6 的评估周期中，中国保持并且扩大了在该领域的研究优势。

第一工作组报告的第 11 章"气候变化中的天气和气候极端事件"（9.2%）、第 8 章"水循环变化"（7.9%）、第 3 章"人类对气候系统的影响"（7.7%）和第 2 章"气候系统的变化状态"（7.5%），第二工作组报告的第 7 章"健康、福祉和社区的结构变化"（10.4%）、第 5 章"粮食、纤维及其他生态系统产品"（9.3%）、第 4 章"水"（9.2%）和第 3 章"海洋和沿海生态系统及其服务"（8.5%），以及第三工作组报告的第 2 章"排放趋势和驱动因素"（8.8%）和第 8 章"城市系统及其他居住区"（7.3%）的中国引文占比都在 7% 以上。中国研究成果在这些领域相对具有优势，也具有一定的影响力。

（三）中国引文的优势研究领域分布较为集中，研究成果影响面偏窄

对中国引文占比达到或超过 5% 的章节的引文进一步进行分析，发现以下两个特点。

一是大部分章节引文分布高度集中（见表 2）。如引文量和占比均最高的第二工作组报告的第 10 章（亚洲）的 199 篇中国引文中，有 143 篇集中在第 10.4 节（关键系统以及相关影响、适应和脆弱性），第一工作组报告的第 2 章（气候系统的变化状态）的 120 篇中国引文中，有 91 篇都集中在第 2.3 节（大尺度气候变化），说明这些领域中国的研究成果比较集中，是研究优势突出的领域。但研究领域集中也反映出中国的研究成果在该领域其他研究主题下的影响力有限，影响面偏窄。

二是部分章节引文分布相对比较均衡。如第三工作组报告的第 10 章（交通）的 44 篇中国引文相对均衡地分布在该章的 8 个小节中，说明在这个领域中国研究优势相对突出，且研究成果覆盖面较广，但影响力还有待提高。

表2 AR6中国引文集中分布情况

单位：篇

工作组-章	该章中国引文	该节中国引文	节标题
WG I-2	120	91	2.3 大尺度气候变化
WG I-3	91	40	3.3 人类对大气和地表的影响
		30	3.7 人类对气候变化模式的影响
WG I-6	53	15	6.2 SLCF排放的全球和区域时间演变
		16	6.3 大气SLCF丰度的演变
		14	6.6 空气质量和气候对SLCF减缓的反应
WG I-8	153	62	8.3 水循环是如何变化的？为什么？
WG I-10	113	33	10.3 使用模型构建区域气候信息
		35	10.6 构建区域气候信息系统步骤的综合示例
WG I-11	178	48	11.3 极端温度
		45	11.6 干旱
WG I-12	112	80	12.4 为区域影响和风险评估提供气候变化信息
WG II-2	53	26	2.4 观察到的气候变化对物种、社区、生物群落和关键生态系统的影响
WG II-3	69	33	3.4 观测到和预测的气候变化对海洋系统的影响
WG II-4	74	27	4.2 气候变化引起的水循环变化
WG II-5	75	29	5.4 生物系统
WG II-6	49	25	6.2 影响和风险
		16	6.3 适应路径
WG II-7	84	51	7.2 观察到气候变化对健康、福祉、移民和冲突的影响
WG II-10	199	143	10.4 关键系统以及相关影响、适应和脆弱性
WG III-2	68	27	2.4 按地区和部门划分的经济驱动力及其趋势
WG III-8	64	14	8.3 城市系统和温室气体排放
		20	8.4 城市减缓方案
		14	8.6 整合不同城市化类型的减缓战略路线图
WG III-9	61	24	9.9 部门壁垒和政策
WG III-11	42	13	11.3 技术发展和选择
		15	11.6 政策措施和战略

（四）在极地、生物多样性、气候韧性、风险管理等方面的研究较为薄弱

有 21 章的中国引文占比低于 2%，占总章数的 38.9%，主要集中在第二工作组报告和第三工作组报告。

共有 11 章的中国引文占比在 1%~2%，包括第一工作组报告的"框架、背景、方法"（1.3%），第二工作组报告的"贫困、民生和可持续发展"（1.9%）、"沿海城市和居住区"（1.9%）、"气候韧性发展路径"（1.7%）、"中美洲和南美洲"（1.5%）、"大洋洲"（1.1%），第三工作组报告的"跨行业视角"（1.8%）、"符合长期目标的减缓路径"（1.6%）、"国际合作"（1.5%）、"近期至中期的减缓和发展路径"（1.1%）、"需求、服务和减缓的社会方面"（1.1%），可以看出中国在这些行业和区域的研究还亟待加强。

共有 10 章的中国引文占比小于或等于 1%，除第三工作组报告的"投资与融资"（0.6%）外，其余 9 章全部分布在第二工作组报告中，包括"极地地区"（1.0%）、"北美洲"（1.0%）、"立足点和关键概念"（1.0%）、"管理风险的决策方案"（0.9%）、"热带森林"（0.7%）、"生物多样性热点（陆地、海岸和海洋）"（0.6%）、"欧洲"（0.6%）、"地中海地区"（0.2%）、"小岛屿"（0.2%）。这几章主要集中在区域气候变化研究领域，与第二工作组报告的第 10 章"亚洲"的引文量和引文占比形成鲜明对比，反映出中国在这些区域的气候变化研究方面较为薄弱。

四 结论

自 IPCC 启动评估报告编制工作以来，中国政府积极推进报告编写进程，深度参与报告的编制流程和制度改革，在 IPCC 评估报告进程中发挥了积极的建设作用。

中国作者入选情况显示，中国在气候变化研究领域的总体贡献和影响力

在不断提高。从 IPCC 评估报告的中国作者人数来看，越来越多的中国科学家参与 IPCC 的评估工作。在第六次评估报告总章数减少、参与作者总人数减少的情况下，中国仍有 38 位作者入选，作者人数仍位居前列，并且 IPCC 第一工作组联合主席连续四年来自中国，这些都体现了中国在气候变化研究领域的总体贡献和影响力在不断提升。中国科学家在为国际科学评估作出贡献的同时，也成为推进我国气候变化科学研究、应对机制建设和科学普及的核心力量。

中国文献引用情况显示，中国学者在气候变化研究领域的总体贡献和影响力正得到更多认同。从 IPCC 评估报告的中国引文总量来看，无论是绝对数量还是占比都呈快速增长趋势，中国科学家的科研成果和观点被越来越多地吸纳到了评估报告中，中国的总体贡献和影响度在不断提升。

同时，中国科学家在第一工作组报告中的总体影响力在不断扩大，在第二工作组报告的"亚洲"等研究领域优势明显。从 IPCC 评估报告中国引文的研究领域分布来看，自然科学基础领域研究成果延续第五次评估报告的优势，引文占比增长了一倍多，影响力在不断扩大，且显著高于影响、适应和脆弱性及减缓气候变化领域。第二工作组报告的第 10 章为"亚洲"，关于亚洲的研究是中国引文影响力最突出的领域，其延续了第五次评估报告中的影响力，且扩大了研究优势。

中国学者还需要关注亚洲以外区域的气候变化研究，并加强对社会经济、生态环境等交叉领域的应用研究。从中国引文分布关联的区域看，中国对极地、热带、北美洲、欧洲、地中海、小岛屿等区域的气候变化研究不足。从中国引文分布的领域看，中国在生物多样性、气候韧性、风险管理、投融资等对社会经济、生态环境等领域有影响的交叉学科研究方面比较薄弱，影响力有限，是未来需要加强研究的领域。

G.5
中国未来风能、太阳能资源预估现状及展望

吴 佳 闫宇平*

摘 要： 大力开发风能和太阳能资源是缓解和适应全球变暖的有效途径。中国"双碳"目标提出后，"十四五"规划也为风电和光伏发电设定了与国家战略相适应的目标。在此背景下，开展中国未来风能、太阳能变化预估尤为关键，可为区域级能源发展规划提供科学指导。然而，目前中国地区风电和光伏发电量预估还缺乏高时空分辨率结果的支持，导致精细化预估未能开展，并且已有的研究结果之间存在较大的差异和不确定性，难以给出较为精确的结论。本文综述了我国在"双碳"背景下对风能、太阳能预估的迫切需求、技术瓶颈、最新结果以及面临的挑战，并探讨当前预估结果对产业规划的可能影响以及不确定性。在此基础上提出加强风能太阳能资源的短期服务能力、中长期服务保障，进一步提高预估技术水平，协调资源开发利用的季节性和区域性差异，以更好地助力实现"双碳"愿景的短期和中长期气候服务目标。

关键词： 气候变化 风能 太阳能

---

* 吴佳，国家气候中心气候变化监测预估室研究员，研究领域为动力降尺度和区域气候变化；闫宇平，国家气候中心气候变化监测预估室主任，正研高工，研究领域为清洁能源与气候变化。

一 "双碳"背景下对风能太阳能预估的迫切需求

目前，风能发电和光伏发电已经成为我国清洁能源产业发展的重要战略方向。根据"双碳"目标"三步走"的路线，我国非化石能源消费比重将在2025年、2030年和2060年三个时间点不断提升，最终比重达80%以上。完成这一目标，离不开未来风电、光伏发电装机容量的大规模提升。近年来，清洁能源发电产业迅猛发展，年均新增装机容量持续增加，技术进步带来成本的大幅度下降，产业规模不断扩大。2010~2019年，全球范围内陆上风电、海上风电和光伏发电的平均成本已经分别下降了39%、29%和82%。[①] 未来考虑我国生态环境优势，我国对清洁能源的需求将进一步增加，清洁能源将逐渐发展为能源行业的主流。

当前，我国风电装机容量多年位居世界第一，根据国家能源局的报告，2020年中国风力发电量为466.5TWh。2021年上半年，我国风电新增并网装机容量达10.84GW，同比增长71.52%，其中陆上风电新增装机并网装机容量达8.69GW，同比增长65.2%，海上风电新增并网装机容量达2.14GW，同比增长101%，累计并网装机量已达11.13GW。从新增装机分布来看，中、东部地区和南方地区占比约59%，"三北"（东北、华北、西北）地区占比约为41%。目前，我国风力发电量高于太阳能发电量，但远低于燃煤发电量，市场渗透率也偏低，未来发展空间巨大。2020年我国风电行业投资在电源工程中占比已经达50.1%，成为全球可再生能源发展的主力军[②]。

另外，可以肯定的是，我国光伏产业未来也具备极大的增长空间。根据国家发改委能源所预测数据，到2025年，光伏总装机规模约为7.3亿kW，2035年，将达到30亿kW，至2050年将达到600GW。2050年，我国可再生能源的电力装机规模预计将占全国电力装机规模的25%，其中光伏发电装机规

---

① IRENA, Renewable Power Generation Costs in 2019, https://www.irena.org/publications/2020/Jun/Renewable-Power-Costs-in-2019.

② 资料来源：《中国能源大数据报告（2021年）》。

模占比将达 5%。到 2030 年，预计可再生能源在总能源中的占比将超过 30%，光伏发电量在世界总电力供应中的占比也将超过 10%，而到 2040 年，可再生能源将占总能源的 50%以上，光伏发电量将占总电力供应的 20%以上。[①]

可见，未来风电和光伏产业发展前景巨大，可期待性颇高。然而，未来气候变化对风能、太阳能资源本身将产生直接影响，这种影响会对应对气候变化而采取的政策措施，如"双碳"目标的实施等造成间接影响。例如，气候变化将改变我国平均风速的分布，从而对风力发电产生影响，对太阳辐射的分布也产生影响，进而影响区域尺度太阳能资源的开发和利用。未来极端天气气候事件如暴雨洪涝、台风、雷电、高温干旱、低温冰冻等的变化将具有明显的季节性和区域性特征，极端天气气候事件会直接影响风电场及太阳能内部装置的抗气象风险能力。因此，进行未来气候变化背景下风能太阳能变化的长期预估，对于未来风电场和光伏电站的宏观和微观选址，风电、光伏发电潜力预估以及风能太阳能开发利用与气候环境效应的科学评估等各个方面均具有重要的指导作用。[②]

二 风能、太阳能资源预估现状和技术瓶颈

（一）预估技术手段、最新结果

在全球变暖的背景下合理预估我国风速变化特征和趋势，对我国未来风能利用规划具有重要意义。目前，对于风速的未来预估主要是通过全球气候模式进行。最早基于耦合模式比较计划第三阶段（CMIP3）的多模式结果开展的中国地表风速变化预估结果表明，21 世纪中国的年平均风速呈微弱的减小趋势，且随着温室气体排放浓度的增加，中国年平均风速减小趋势显

---

① 《"十四五"可再生能源发展规划》，国家发展和改革委员会网站，2022 年 6 月 1 日，https：//www.ndrc.gov.cn/xwdt/tzgg/202206/t20220601_ 1326720.html？code＝&state＝123。

② 谢伏瞻、庄国泰主编《应对气候变化报告（2021）》，社会科学文献出版社，2021。

著。[①] 随后，采用耦合模式比较计划第五阶段（CMIP5）的多个全球气候模式考虑高、中、低3种温室气体排放情景下的预估结果显示，21世纪中国区域年平均风速呈减小的趋势，并且随着温室气体排放浓度的增加，年平均风速减小趋势的程度依次增大，模式预估风速减小趋势的一致性也依次增加。两个比较计划的模式预估结果均表明21世纪中国西部地区年平均风速呈减小的趋势，东部地区年平均风速则呈增加的趋势。[②]

目前，在中国，学者使用区域气候模式对风能和太阳能开展了一些研究，但数量仍然不够多。其中 Jiang 等基于三个区域气候模式模拟结果对中国未来地表风速变化进行了研究，指出到21世纪末，中国年平均风速和冬季平均风速都有所下降。[③] Guo 等基于区域气候模式集合预估的未来中等排放和高排放情景的结果指出，中国的风力资源略有减少（3%~4%）。[④] Wu 等基于25公里分辨率区域气候模式集合研究结果表明，中国地区四个季节的平均风功率密度在2020~2099年总体呈下降趋势，其中秋冬两季较显著，在高、中、低三种排放情景下，中国未来年平均风功率密度每10年下降0.36%~1.14%。[⑤]

在太阳能资源的预估方面，目前的研究还比较少，仅有少量基于全球气候模式和区域气候模式的结果。其中，基于多个全球气候模式集合，在RCP8.5情景下的预估结果表明，太阳辐射在中国东部和南部地区呈上升趋势，而在青藏高原和西北地区则呈下降趋势。[⑥] 基于区域气候模式进行高分

---

① 江滢、罗勇、赵宗慈：《全球气候模式对未来中国风速变化预估》，《大气科学》2010年第2期。

② 江滢、徐希燕、刘汉武等：《CMIP5和CMIP3对未来中国近地层风速变化的预估》，《气象与环境学报》2018年第6期。

③ Jiang, Y., Luo, Y., Zhao, Z. C., et al., "Changes in Wind Speed over China During 1956-2004", *Theoretical and Applied Climatology*, 2010, 99.

④ Guo, J., Huang, G., Wang, X., et al., "Projected Changes in Wind Speed and Its Energy Potential in China Using a High-resolution Regional Climate Model", *Wind Energy*, 2020, 23.

⑤ Wu, J., Han, Z. Y., Yan, Y. P., et al., "Future Changes in Wind Energy Potential over China Using RegCM4 under RCP Emission Scenarios", *Advances in Climate Change Research*, 2021, 12.

⑥ Xiao, Y. K., Ji, Z. M., Fu, C. S., et al., "Projection of Incident Surface Solar Radiation in China under a Climate Change Scenario", *The International Archives of the Photogrammetry, Remote Sensing and Spatial Information Sciences*, 2019, XLII-3/W9.

辨率动力降尺度（3组模拟）对低、中、高3种排放情景下中国未来太阳辐射及光伏潜力变化开展的研究指出，未来不同排放情景下，中国中、东部及西南地区太阳能资源增加，太阳能丰富区（西北和东北地区）资源减少，辐射减少和气温升高是未来太阳能资源潜力下降的主因，但对于青藏高原来说，风速下降也是一个重要的影响因素。[①]

以上研究的结果有助于了解风能和太阳能在何处以及在多大程度上可用于中国可再生能源系统的发展，以支持其长期的气候变化缓解承诺。

（二）预估技术瓶颈及未来展望

总体来看，基于全球海气耦合模式对中国区域风速变化进行的模式评估结果表明，耦合模式比较计划第五阶段（CMIP5）和第六阶段（CMIP6）的所有模式评估都倾向于低估中国区域地表风速的年际变化，无法再现观测中的下降趋势。研究还指出，尽管CMIP6比CMIP5具有更高的空间分辨率和更完善的物理过程，但其捕捉局部和区域强迫的能力仍然不足，特别是在中国等地形复杂的地区，而高分辨率区域气候模式（RCM）在中国区域小尺度强迫和地形方面有很大改进[②③]。基于区域气候模式对中国地区风资源的模拟预估研究表明与全球气候模式一样，区域气候模式对平均风速分布具有一定的模拟能力，但没有模拟出近50年来我国大范围风速减弱的趋势。然而，区域气候模式与全球气候模式相比，更能模拟出平均风速的分布和变化特征。[④] 因此使用区域气候模式对中国地区风速变化进行预估有望得到更多区域尺度的变化信息。此外，目前对中国区域未来太阳能变

① Wu, J., Han, Z. Y., Yan, Y. P., et al., "Future Projection of Solar Energy over China Based on Multi-regional Climate Model Simulations", *Earth and Space Science*, 2022, 9.

② Gao, X. J., Wang, M. L., Giorgi, F., "Climate Change over China in the 21st Century as Simulated by BCC_ CSM1.1-RegCM4.0", *Atmospheric and Oceanic Science Letters*, 2013, 6.

③ Li, D. L., Feng, J. L., Dosio, A., et al., "Historical Evaluation and Future Projections of 100-m Wind Energy Potentials over CORDEX-East Asia", *Journal of Geophysical Research: Atmosphere*, 2020, 125.

④ 吴佳、吴婕、闫宇平：《1961-2020年青藏高原地表风速变化及动力降尺度模拟评估》，《高原气象》2022年第4期。

化的研究较少。仅有的一些研究使用 CMIP5 全球气候模式预估了 RCP8.5 高排放情景下中国地表太阳辐射的未来变化，结果表明模式对中国地表太阳辐射存在明显高估。①

全球气候模式对中国区域地表风速和太阳辐射的模拟还存在较大的不确定性，很大程度上是因为其分辨率较低，对中国复杂地形区的模拟存在限制，导致对中国地区风能和太阳能资源的模拟不够理想。如天气尺度变化和局部地形对风的模拟普遍存在显著影响，因此风的模拟对分辨率的要求较高。研究表明，高分辨率区域气候模式（RCM）可以较好地获取高分辨率局地气候变化信息，如提供附加值和更可靠的气候变化信号等，成为气候变化研究的最重要工具。②

目前，在中国区域，学者使用区域气候模式对风能和太阳能虽然开展了一些研究，但总体仍然不够多。并且，区域气候模式对风速和太阳辐射的模拟仍然存在明显的高估③④，这可能与全球气候模式驱动场的模拟偏差被引入区域气候模式有关。另外区域气候模式本身物理过程的限制也是一个方面，因此需要对全球气候模式驱动场进行系统性评估优选以及对区域气候模式模拟能力进行改进和提高。高分辨率区域气候模式集合模拟有助于减少预估的不确定性。

三 当前预估技术下的初步结果

采用意大利理论物理中心开发的 RegCM4（http：//gforge. ictp. it/gf/project/regcm/）区域气候模式进行动力降尺度，开展多组水平分辨率为 25

① Yang, L. W., Jiang, J. X., Liu, T., et al., "Projections of Future Changes in Solar Radiation in China Based on CMIP5 Climate Models", *Global Energy Interconnection*, 2018, 1.

② Giorgi, F., Jones, C., and Asrar, G, "Addressing Climate Information Needs at the Regional Level: The CORDEX Framework", *WMO Bull*, 2009, 58.

③ Wu, J., Han, Z. Y., Yan, Y. P., et al., "Future Changes in Wind Energy Potential over China Using RegCM4 under RCP Emission Scenarios", *Advances in Climate Change Research*, 2021, 12.

④ Wu, J., Han, Z. Y., Yan, Y. P., et al., "Future Projection of Solar Energy over China Based on Multi-regional Climate Model Simulations", *Earth and Space Science*, 2022, 9.

公里的预估模拟，可望得到关于中国区域风能和太阳能资源变化的更可靠结论。其中，模拟区域为中国及周边地区，时段为1986~2099年，1986~2005年为历史对比时段，2030~2050年为本文重点分析的未来变化时段。

（一）中国2030~2050年风能资源变化

基于以上区域气候模式动力降尺度的多组模拟结果，本文分析了不同典型浓度路径（RCPs）情景下，中国2030~2050年风能资源变化的季节性和区域性差异。鉴于风功率密度是衡量风电场风能资源的综合指标，因此本文首先对中国区域四个季节及年平均的风功率密度变化百分率进行分析。可以看到，2030~2050年，中国地区春季、秋季、冬季及年平均的风功率密度表现为减少，其中春季的减少幅度最为显著，在RCP2.6、RCP4.5、RCP8.5三种情景下集合平均的减少值分别为25.2%、20.9%和26.5%，冬季次之，三种情景下集合平均的减少值分别为15.3%、11.3%和10.4%。而夏季的风功率密度则表现为增加，且增加的幅度随着排放浓度增加而减弱，三种情景下集合平均的增加值分别为13.1%、6.5%和5.3%。中国区域年平均风功率密度在不同情景下均总体表现为减少，减少值在9%~12%（见图1）。

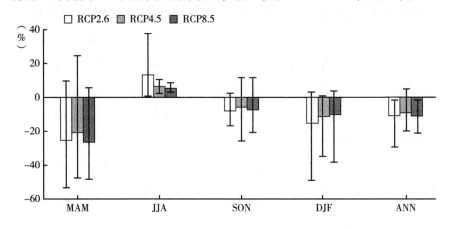

图1　2030~2050年中国区域四个季节及年平均风功率密度变化

注：MAM：春季；JJA：夏季；SON：秋季；DJF：冬季；ANN：年平均；竖线代表不同模拟结果的范围，柱体代表多个模拟的集合平均结果。

随后，本文进一步分析了未来风能资源变化的区域性差异，对中国东北、华北、东南、中南、华南、青藏高原、西南和西北 8 个子区域年平均的风功率密度变化百分率进行分析。可以看到，2030～2050 年，中国的东北、华北以及青藏高原地区年平均风功率密度均表现为减少，华北地区的减少幅度最为显著，在 RCP2.6、RCP4.5、RCP8.5 三种情景下华北地区集合平均的减少值分别为 19.7%、11.6% 和 20.3%，东北和青藏高原地区的减少幅度基本在 10% 以内。注意到，以上年平均风功率密度减少区均为风资源丰富区。中国东南、中南、华南、西南以及西北地区年平均风功率密度则表现为增加，其中华南地区的增幅最大，三种情景下集合平均的增加值分别为 61.3%、38.7% 和 40.8%[①]，东南、中南和华南地区为低风速区，而西北地区作为风资源丰富区，其年平均风功率密度增加幅度最小[②]，不同情景下的增幅仅在 2%～5%（见图 2）。

（二）中国2030～2050年太阳能资源变化

基于以上区域气候模式动力降尺度的多组模拟结果，本文分析了不同典型浓度路径（RCPs）情景下，中国 2030～2050 年太阳能资源变化的季节性和区域性差异。光伏发电量的计算考虑了太阳辐射、气温和地表风速对发电量的综合影响，因此，可用光伏发电量变化来描述太阳能资源变化。首先对中国区域四个季节及年平均的光伏发电量变化百分率进行分析，可以看到，2030～2050 年，中国地区春季、夏季、秋季、冬季及年平均的光伏发电量均表现为减少，其中冬季的减少幅度略大，在 RCP2.6、RCP4.5、RCP8.5 三种情景下集合平均的减少值分别为 1.8%、1.7% 和 2.2%。中国区域年平均光伏发电量在不同情景下均为减少，减少值在 1.1%～1.3%（见图 3）。总体来看，光伏发电量在各个季节均为减少，但总体的变化幅度不大。

---

① Wu, J., Han, Z. Y., Yan, Y. P., et al., "Future Changes in Wind Energy Potential over China Using RegCM4 under RCP Emission Scenarios", *Advances in Climate Change Research*, 2021, 12.

② 朱蓉、王阳、向洋等：《中国风能资源气候特征和开发潜力研究》，《太阳能学报》2021 年第 6 期。

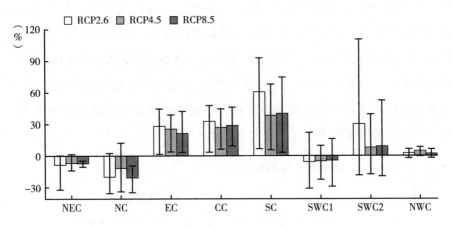

图 2 2030~2050 年中国 8 个子区域年平均风功率密度变化

注：NEC：东北；NC：华北；EC：东南；CC：中南；SC：华南；SWC1：青藏高原；SWC2：西南；NWC：西北；竖线代表不同模拟结果的范围，柱体代表多个模拟的集合平均结果。

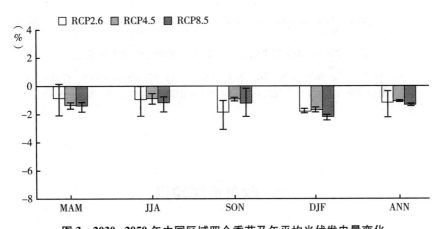

图 3 2030~2050 年中国区域四个季节及年平均光伏发电量变化

注：MAM：春季；JJA：夏季；SON：秋季；DJF：冬季；ANN：年平均；竖线代表不同模拟结果的范围，柱体代表多个模拟的集合平均结果。

进一步对中国未来太阳能资源变化的区域性差异进行分析。可以看到，2030~2050 年，除华南和西南地区外，中国包括东北、华北、东南、中南、青藏高原及西北 6 个区域在内的大部分区域年平均光伏发电量均表现为减少，但在 RCP2.6、RCP4.5、RCP8.5 三种情景下除西北外其余 5 个区域的减少幅度均不超过 3%。西北为减少最显著的区域，在 RCP2.6、RCP4.5、RCP8.5 三种不同情景下，西北区域年平均光伏发电量的集合平均减少值分别为 3.8%、3.1% 和 3.5%，应该注意到该地区为太阳能资源丰富区。[①] 而华南和西南地区光伏发电量的增加幅度也较小，集合平均增加值不到 3%，另外西南地区模拟的不确定性较大（见图 4）。

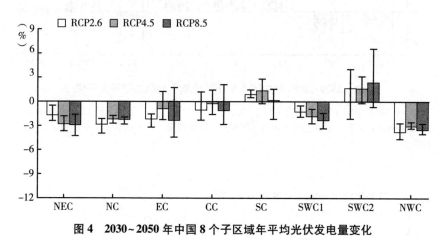

图 4　2030~2050 年中国 8 个子区域年平均光伏发电量变化

注：NEC：东北；NC：华北；EC：东南；CC：中南；SC：华南；SWC1：青藏高原；SWC2：西南；NWC：西北；竖线代表不同模拟结果的范围，柱体代表多个模拟的集合平均结果。

四　政策措施建议

（一）未来预估结果对产业规划的可能影响以及不确定性

当前技术水平下对气候变化背景下的风能和太阳能资源的预估结果表明，2030~2050 年中国地区总体的风能和太阳能资源趋于减少，中国区域平

---

① Wu, J., Han, Z. Y., Yan, Y. P., et al., "Future Projection of Solar Energy over China Based on Multi-regional Climate Model Simulations", *Earth and Space Science*, 2022, 9.

均风功率密度和光伏发电量的变化百分率分别在－12%～－9%和－1.3%～－1.1%，但考虑到风功率密度和光伏发电量的年际变率较大（均在±20%以上），其结果可能不会对中国未来的风能和太阳能资源规划产生实质性影响。此外，风能资源在不同季节和不同区域之间的未来变化差异与太阳能资源相比明显较大，总体来说，华南低风速区风能资源的增加对于该地区风电技术开发利用具有有利影响。

对于风功率密度未来变化的预估，不同季节、不同区域间模拟的不确定性存在明显差异。例如，春季和秋季风功率密度集合平均结果的变化虽然均表现为减少，但不同模拟结果之间的差异较大，个别模拟结果的变化符号和集合平均结果相反。对于不同区域而言，青藏高原和西南地区风功率密度预估的不确定性也相对较大，同样存在个别模拟结果的变化符号和集合平均结果相反的情况。对于太阳能资源未来变化的预估，就季节平均来看，不同的降尺度模拟结果对光伏发电量未来变化预估的一致性较好，模式间的离散度不大。但就不同的区域来看，模拟的不确定性还是存在一定的差异，例如东部、中南和西南地区模式间的不确定性相对明显，个别模拟结果的变化符号和集合平均结果相反。

当前风能和太阳能资源预估技术的不确定性来源于多个方面。第一，用于动力降尺度的全球气候模式驱动场对中国区域复杂下垫面以及物理过程的描述存在偏差[1]，且这种偏差会被引入区域气候模式，从而对降尺度结果造成一定影响。第二，区域气候模式本身物理过程的限制也是一个重要方面。[2] 未来可以通过提高区域气候模式分辨率、完善内部物理过程来减少未来风能和太阳能预估的不确定性，也可以针对中国地区地表风速开展模式数据订正工作。第三，由于包括了低、中、高（RCP2.6、RCP4.5 和 RCP8.5）三种情景的动力降尺度模拟个数有限，难以给出定量的结论，很难为未来中

---

[1] Wu, J., Shi, Y., "Changes in Surface Wind Speed and its Different Grades over China During 1961 - 2020 Based on a High-resolution Dataset", *International Journal of Climatology*, 2021.

[2] Wu, J., Gao, X. J., "Present Day Bias and Future Change Signal of Temperature over China in a Series of Multi-GCM Driven RCM Simulations", *Climate Dynamics*, 2020, 54.

国风能和太阳能开发给出较为明确的指导和建议。因此，未来有必要收集更多的模拟数据，以帮助减少集合预估的不确定性。此外，还应注意到，对于风能和太阳能的预估而言，不同模拟结果之间的不确定性明显比不同情景要大，可见全球气候模式驱动场的选取以及区域模式内部物理过程的改进对风能和太阳能未来变化预估至关重要。

（二）"双碳"目标下的政策建议

1. 加强风能和太阳能资源开发利用的短期气候信息服务能力

根据《气象高质量发展纲要（2022～2035年）》的目标，加强气候资源评估和规划，推进风能、太阳能资源的普查、区划、监测和信息发布等制度的建立，进一步精细化评估风电和光伏发电量资源，全面勘查和评价全国乃至不同区域可利用的风电和光伏发电资源。此外，风能和太阳能资源与气候条件密切相关，风电场、光伏电站等规划和选址必须充分考虑气候可行性，因此在风能、太阳能开发利用和安全运营阶段，需要提高气候监测、预测以及气候对开发和安全运行的影响和评估技术能力。同时，应针对短期气候变化进行分析研判，完善风能和太阳能的开发利用方案，促进风电和光伏发电的调峰、错峰，提高其开发和利用效率，提高电网智能化水平。

加强气候信息服务能力，全面提高对极端事件和风险变化的应对能力。未来极端天气气候事件如暴雨洪涝、台风、雷电、高温干旱、低温冰冻等的变化均具有明显的季节性和区域性特征，这将会直接影响风电场及太阳能内部装置的抗气象风险能力。例如，持续的高温、低温均将导致电力系统超负荷运转、光伏组件发电效率降低，电池寿命缩短；极端低温和雷暴可能对风力机组的运行造成影响；强沙尘天气会影响辐照的接受率，降低组件的发电量，增加发电成本。

2. 提高风能和太阳能高分辨率预估技术

当前的预估研究相对集中在对风速和太阳辐射本身的变化两个方面，对中国及其区域级的风能、太阳能，以及风能、太阳能技术可开发量的预估成果很少，关于未来碳中和情景下风能、太阳能发电对碳减排的贡献也未有定论，因此需要开展精细化预估，以期得到定性的结论，为生态环境效应的评估提供科学参考。目前关于风能、太阳能技术可开发量及风能、太阳能发电对碳减排贡献的研究较少的主要原因是缺乏高时空分辨率（1 小时）数据的支持，而日尺度或月尺度的数据将覆盖许多关键的风光变化信号，无法反映风能和光伏技术开发量的瞬时和局地尺度演变规律等。[1] 实际上，未来风能发电量和光伏发电量的精细化预估结果对于电力系统调度、电力负荷配合、区域风光互补、常规能源发电规划和风能光伏发电规划等具有重要指导意义。[2]

3. 协调未来风能、太阳能资源开发利用的季节性和区域性差异

"双碳"目标下，需要根据中国不同地区风光资源发电的季节性变化特征进行统筹安排，调整电力系统调度方案，打造新型电力系统，制定减碳降碳的相关政策。此外，还应该同时参考气候变化背景下风能、太阳能资源的区域变化特征，促进有条件的地区率先实现碳达峰。例如，未来中国东南、中南和华南低风速区的风能有增加趋势，这些地区经济发达，有明显的技术优势支撑，它们通过大力开发低风速技术有望率先实现碳达峰。而西部相对欠发达的地区，虽然技术和经济相对落后，但风能和太阳能资源丰富，并且在未来资源量相对变化幅度不大的情况下，这些地区的开发利用潜力仍然很大，可通过引进投资和技术创新，加强新能源开发利用效率。

4. 加强风能、太阳能资源的中长期气候变化服务保障

"双碳"背景下，除短期气候变化服务保障以外，中长期气候变化服务保障也不容忽视，应进一步加强气候变化服务与风能、太阳能发展规划的深度耦合。未来，气候变化及其导致的一些复合因素将会对风光资源开发、供需等带来更大的挑战，随着全球变暖背景下极端天气气候事件的增加，确保风光开发行业安全生产、稳定运行和维护等成为关键。因此除了短期开发运行、电力调度等方面的气候变化服务保障，中长期的气候变化服务，如提供

---

[1] Liu, L. B., Wang, Y., Wang, Z., et al., "Potential Contribution of Wind and Solar Power to China's Carbon Neutrality", *Resources, Conservation & Recycling*, 2022, 180.

[2] 关兴民等主编《风能太阳能开发利用》，气象出版社，2018。

碳中和气候变化背景下的中长期预估结果，可为电力行业制定发展规划提供科学指导，也有助于在"双碳"目标背景下，建立区域新能源发展路线和有效的适应战略，构建适应气候变化的新能源系统，实现区域资源的优化配置。此外，需要建立"双碳"目标下的风能和太阳能监测、预报、预估综合管理体系，深入研究"双碳"目标下未来大规模开发风能和太阳能资源带来的生态气候环境效应，这有利于未来风光布局的优化，进一步助力于气候变化减缓和适应行动，为实现"双碳"目标提出具有针对性的、适用于中国及区域级风能和太阳能发展规划的建议和措施。

全球气候与环境治理

Global Climate and Environment Govermance

G.6

俄乌冲突对全球能源格局和能源转型的影响分析

张莹 胡飞*

摘 要： 俄乌冲突的爆发扰乱了全球能源市场，并深刻地改变了能源地缘政治格局。俄罗斯是全球最重要的能源供应国之一，欧洲是俄罗斯化石能源出口的主要市场，能源问题成为俄乌冲突及相关的制裁与反制裁博弈的焦点。冲突爆发后，全球主要化石能源品种价格保持在高位波动，欧洲能源供应的可持续性面临严峻挑战。俄乌冲突的全球影响与能源转型的焦点均在化石能源方面，战争促使各国重新审视能源与气候政策。全球能源转型大方向虽然不会动摇，但为了保障能源供给，在短期内，部分国家退出化石能源的进程和战略或面临摇摆与倒退。在这样的背景下，我国应筑牢传统能源的供应和保障安全体系，保持推进能源低碳转型的战略

* 张莹，博士，中国社会科学院生态文明研究所副研究员，研究领域为可持续发展经济学、气候变化经济学与环境政策；胡飞，中国社会科学院大学投资经济系在读硕士研究生，研究领域为发展经济学、投资项目管理。

定力，加速各领域非刚性原油消费退出以及合理选择国际能源合作方向与方式。

关键词： 俄乌冲突 能源转型 能源格局 低碳转型

一 背景介绍

2022年2月24日，俄乌矛盾升级，俄罗斯决定在顿巴斯地区发起特别军事行动，这只地缘政治的"黑天鹅"推动全球能源价格急剧攀升。战争爆发当日，纽约商业交易所（NYMEX）原油期货价格和布伦特原油价格都一度创2014年6月和2014年9月以来新高，天然气价格也飙升到每千立方米超过1500美元的水平。尽管随着时间的推移，战争带来的恐慌情绪有所消退，但相比战争之前，全球能源价格仍有较大幅度的上涨。

能源产业对地缘政治因素高度敏感，而俄罗斯因其丰裕的化石能源资源禀赋成为当前全球能源系统不可或缺的重要组成部分。根据英国石油公司（BP）公布的2021年世界能源统计数据，俄罗斯的石油储量在全球中约占6.2%，是全世界储量第六多的国家，也是第三大原油生产国；俄罗斯同时还是全球第二大天然气生产国。2020年，俄罗斯的石油、天然气和煤炭出口总量分别约占全球总量的11.4%，19.1%和17.7%。[1] 并且2021年俄罗斯全年财政收入有接近一半来自油气出口收入。其中，欧洲是俄罗斯能源产品的主要进口地区，其对俄罗斯能源产品的依赖程度较高。[2] 与此同时，能源

---

[1] 《BP 世界能源统计年鉴 2021》，https://wenku.baidu.com/view/b404d47f00d276a20029bd64783e0912a3167c64.html。

[2] Mbah, Ruth Endam, and Divine Forcha Wasum, "Russian-Ukraine 2022 War: A Review of the Economic Impact of Russian-Ukraine Crisis on the USA, UK, Canada, and Europe", *Advances in Social Sciences Research Journal*, 9, 2022, 144-153.

贸易一直是俄乌关系的重要组成部分，21 世纪初以来，俄罗斯向欧洲出口的天然气中有 80%（每年约为 1200 亿立方米）要途经乌克兰。[①]

俄乌冲突及随后的制裁与反制裁的博弈对全球能源格局以及能源市场具有较大影响。双方始终难以就停战条件达成共识，冲突局势也被拖入长期消耗战的沼泽，这将对全球能源格局和应对气候变化的能源低碳转型进程产生深远影响。需要仔细研判，审慎应对。

二 俄乌冲突对全球能源格局的影响

（一）对能源价格的影响

俄乌冲突爆发后，美国和欧盟等西方主体迅速对俄罗斯采取了一系列制裁，尽管为了稳定能源供给和控制通货膨胀，直接针对能源和商品市场的措施还较少，但地缘政治风险和避险情绪仍然推动了以能源为代表的大宗商品价格迅速上涨。受战争影响，能源运输成本显著飙升，不少船东明确拒绝运输俄罗斯乌拉尔原油，这也推高了能源的整体价格水平。俄乌冲突爆发后，欧洲的天然气价格飙升到历史新高，而美国受益于其国内的生产能力与有限的出口能力，其天然气价格的上升幅度要略低于欧洲。2021 年 2 月至 2022 年 2 月，欧洲的天然气价格从 20 欧元/兆瓦时~80 欧元/兆瓦时，飙升至 180 欧元/兆瓦时的水平。能源价格的高位波动也推动了欧洲电价大幅提升。受地缘政治风险影响，国际原油价格呈震荡上行趋势，只在 2022 年 6 月之后略有回落。在俄乌冲突背景下，各国积极寻找俄罗斯出口化石能源的替代产品，这也促使煤炭价格随之上升，而主要煤炭出口国澳大利亚国内气候导致的煤炭供应中断与印度尼西亚针对资源产品的限制措施也助推煤炭价格不断攀升。图 1 展示了 2022 年以来全球主要化石能源期货价格变动情况。

[①] Nick Sitter, "UK in Changing Europe: European Energy Politics and Security after Russia 's Invasion of Ukraine", *Economy Politics and Society*, 29, 2022.

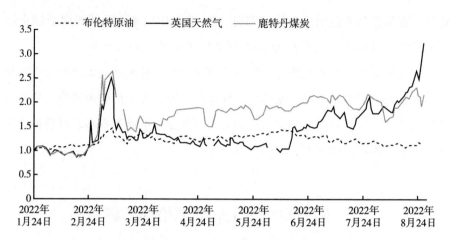

图1 2022年以来主要化石能源期货价格变化趋势

注：该指标度量了各能源品种当日价格/2022年1月24日的价格情况。

资料来源：Wind数据库期货交易数据。

战后数月，能源价格始终维持在高位波动的态势。预计全球能源商品的价格还将在更长时间内持续保持强势上涨劲头，世界银行在2022年4月发布的《大宗商品市场展望》报告中披露，据预测，全球能源价格在2022年将上涨50.5%，并将带动包括农产品和金属在内的非能源价格一起上升。[①]这无疑将进一步加剧欧美等国家和地区面临的通货膨胀问题，在新冠肺炎疫情尚未稳定的情况下，给全球经济复苏带来较大不确定性。尽管随着全球经济增速趋缓，能源产品需求或将有所下降，但俄乌冲突长期化的可能性仍将支撑各种能源产品价格在高位震荡。

（二）对能源供应情况的影响

俄乌冲突不仅推高了欧盟的石油和天然气价格，还导致欧盟的能源供应可持续性面临严峻挑战。欧盟要求各国降低对俄罗斯出口油气的依赖性，这必定是一个痛苦的过程。2021年，俄罗斯3/4的天然气出口和约49%的原

[①] World Bank Group, *Commodity Market Outlook：The Impact of the War in Ukraine on Commodity Market*, Washington, US, 2022.

油出口是销往欧洲国家（包括非欧盟成员国挪威、英国等）。[①]

俄罗斯的天然气主要通过苏联时期修建的一些管道以及北溪（Nord Stream）和土耳其溪（Turkish Stream）等新输气管道途经白俄罗斯和乌克兰境内输往欧洲各国。2009 年，俄罗斯通过乌克兰向欧盟和英国输送的天然气比例超过 60%；而到 2021 年，该比例降至 25%。俄乌冲突爆发后，欧盟各国对俄罗斯的制裁、俄罗斯的反制裁措施以及乌克兰境内管道受战争和乌政府决策影响无法正常运作都可能会影响到俄产天然气对欧的正常供应。[②] 2022 年 2 月，在俄乌冲突爆发之前，德国政府就已经宣布暂停对北溪 2 号管道的授权程序，撤回了之前向国家监管机构提供的管道供应安全报告。而俄方也减少了利用北溪 1 号管道输往欧洲的天然气量。俄罗斯负责北溪管道的运营商宣布在 2022 年 7 月 11 日到 21 日，临时关闭北溪 1 号管道的两条线路，对机械部件、自动化系统等进行测试，以确保天然气管道正常、安全运行。因此，2022 年 7 月，北溪 1 号管道的供气量相比 6 月的水平下降了60%，这无疑将进一步加剧欧洲市场的天然气短缺。

由于能源转型的压力和新冠肺炎疫情的影响，全球对于化石能源上游的整体投资水平呈下降趋势。主要产油国对于全球经济复苏缺乏信心和财政平衡压力较大，增产扩能意愿不强，也制约了其短期内油气供应能力的提升。因此，欧洲国家面临着非常严峻的能源供给风险。

（三）对能源安全的影响

国家能源安全是国家安全政策的基石。随着主要国际能源企业先后宣布退出与俄罗斯能源企业的合作，即便后期俄乌冲突有所缓和，俄罗斯的能源供应也会受到影响，这也迫使高度依赖俄罗斯能源的欧洲急切地寻找俄进口能源的替代品。能源安全意味着以消费者可承受的价格不受影响地持续提供

[①] Nick Sitter, "UK in Changing Europe: European Energy Politics and Security after Russia's Invasion of Ukraine", *Economy Politics and Society*, 29, 2022.

[②] Prohorovs Anatolijs, "Russia's War in Ukraine: Consequences for European Countries' Businesses and Economies", *Journal of Risk and Financial Management*, 15, 2022.

能源，俄乌冲突明显对全球能源安全产生了直接和间接的影响，全球对能源安全问题的关注空前，政策重心从"气候安全"转向"能源安全"。而气候安全事关全球人类的生存，人类应立即从化石燃料转向零碳的清洁能源。在全球能源转型的大背景下，气候安全与能源安全的本质本应是一致的，但俄乌冲突的爆发，使得欧洲国家在没有做好以可再生能源完全替代化石能源准备的条件下，不得不面对传统能源供给减少的冲击，在短期内将面临能源安全与气候安全相矛盾的困境，这也引发了各国对能源独立、能源安全问题的一次集体性反思。

三 各方针对能源格局变化的应对措施

（一）欧盟

俄乌冲突促使能源政治与安全问题成为欧盟议程的优先议题。欧盟委员会公布的统计数据显示，2021 年，欧盟从俄罗斯进口了 160 亿立方米液化天然气，占当年欧盟液化天然气进口总量的 20%；当年欧盟从俄罗斯进口的石油、煤炭量分别占到其能源消费总量的 27%、46%。

2022 年 5 月，欧盟委员会宣布了《重新赋能欧洲计划》（REPowerEU），其核心目标就是推动欧盟摆脱对俄罗斯的能源依赖。[1] 欧盟计划增加 2100 亿欧元的投资，到 2027 年全面淘汰俄罗斯提供的化石能源。但在冲突仍持续的背景下，欧盟内部针对俄罗斯能源政策出现明显意见分歧：立陶宛、爱尔兰等国外长要求欧盟对俄石油和天然气实施禁运，波兰已明确宣布在 2022 年 5 月前停止进口俄煤炭，并在年底前停止进口俄石油和天然气；但对俄能源依赖严重的德国、荷兰等国则以避免欧洲经济陷入衰弱为由保持审慎态度。为了应对能源价格飙升和能源供给短缺的危机，欧盟积极采取了多

---

① Jones C., and Borchardt K. D., "REPowerEU: Joint European Action for More Affordable, Secure and Sustainable Energy", *European Commission*, 8, 2022.

种措施，包括增加天然气、煤炭和核能供应，挖掘从美国、卡塔尔、埃及、以色列、阿塞拜疆、阿尔及利亚、挪威等国扩大天然气进口的潜力，并积极寻求以海湾地区的石油替代俄产石油。欧盟建议各成员国积极利用欧盟的集体优势与市场份额，采取自愿联合采购等方式，以具有竞争力的价格在全球范围内开展天然气采购。

为了防止能源供应中断，欧盟委员会更新了储气立法，规定成员国有义务增加各自的天然气储量，目标是使储气量达到第二年冬季用量80%的水平并逐渐将这一水平提高到90%。欧盟还提出在紧急情况下，将释放石油战略储备。针对能源供应不足的现实挑战，欧盟还在7月推出了一项应急计划，帮助成员国摆脱对俄能源依赖并克服能源价格上涨和供给不足等问题。

（二）俄罗斯

欧盟高度依赖俄罗斯的能源供应，而俄罗斯也同样依赖出售能源等资源所获得的收入。西方国家对俄罗斯发起的各种制裁，将削弱俄罗斯在全球能源体系中的地位。针对地缘政治剧变下新的国际形势，俄罗斯能源部设定目标：到2050年前，俄罗斯煤炭出口要占据世界煤炭出口市场的1/4，且煤炭出口额仍保持在世界前三位。在向欧盟的能源出口受挫后，俄罗斯正积极谋求将亚洲市场作为其能源的主要替代供给对象。俄罗斯驻印大使明确表示，希望印度能够增加对俄罗斯石油和天然气的投资，并且俄方也会扩大俄罗斯在印度的销售网络。据美联社报道，2022年3月，印度两大国企已经低价从俄罗斯购买了300万桶原油。6月，一家芬兰研究机构"能源与清洁空气研究中心"发布报告称，在俄乌冲突爆发后100天内，俄罗斯通过出口化石燃料获得了930亿欧元（约合人民币6530亿元）的收入。其中，最大的进口国为中国，总额约为126亿欧元，紧随其后的分别是德国、意大利、荷兰、土耳其、法国、波兰、韩国、印度和保加利亚等国。[①]

[①] Myllyvirta L., Thieriot H., and Ilas A., "Financing Putin's War: Fossil Fuel Imports from Russia in the First 100 Days of the Invasion", *Centre for Research on Energy and Clean Air*, 12, 2022.

目前，在全球煤炭出口市场，俄罗斯作为出口大国领先于澳大利亚和印度尼西亚，其市场份额为18%。俄罗斯对欧洲的煤炭出口额达到每年80亿欧元。俄罗斯能源部预测，由于欧盟2022年8月开始对俄禁运，2022年俄罗斯煤炭产量约为3.65亿吨，比2021年下降17%，出口量将由2021年的2.27亿吨降至1.56亿吨。俄罗斯业内人士已开始探讨通过海港将煤炭出口转向亚太地区国家的可能性。俄罗斯煤炭供应商正在重新调整方向发展亚洲市场，而当前面临的主要困难是物流问题。

（三）美国

美国是全球主要的液化天然气出口国，面对欧盟能源供应缺口，美国表示将会增加油气出口。在2022年3月美国总统拜登访欧期间，欧盟和美国宣布达成天然气合作协议。根据该协议，美国将在2022年底前，向欧盟市场额外供应150亿立方米的液化天然气，到2030年之前每年至少向欧盟额外供应约500亿立方米的液化天然气。但与此同时，国际能源价格的上涨也在不断推高美国国内通货膨胀水平，并逐渐提高消费者的通货膨胀预期，美国市场工资水平和产品价格都会受到巨大影响。美联储在2022年5月发布的《金融稳定报告》揭示："俄乌冲突对美国和全球经济的影响具有高度不确定性，与战争相关的事件可能会带来额外的通货膨胀水平提高压力，并给经济活动带来不利影响。"[1]

美国当前执政的拜登政府从竞选之日起就将应对气候变化列为其施政纲领的核心议题，面对国内针对高通货膨胀的不满，拜登及其所代表的民主党艰难地推动《通胀削减法案》在2022年8月获得参议院通过，提出未来十年将投资3700亿美元用于能源安全与气候变化领域，并通过税收抵免、贷款及补助等形式，降低能源成本，推动实现脱碳。[2]

---

① Federal Reserve System, "Financial Stability Report", 5, 2022.
② Edwards C., "Inflation Reduction Act", 2022.

（四）其他主要油气出口国

为了稳定国内物价和保障能源供应安全，欧美避免在对俄制裁中影响能源市场，但如果局势持续紧张导致俄罗斯油气出口量大幅下降或中断，将为其他传统油气出口大国带来机遇。伊朗、委内瑞拉、利比亚等国因遭受制裁或本国国内局势混乱，难以在短期内提升出口量，因此海湾地区、澳大利亚以及北欧最大的石油和天然气生产国挪威等将可能成为俄乌冲突爆发后的主要赢家。

四　俄乌冲突爆发后全球能源转型走势判断

俄乌冲突的全球影响与能源转型的焦点均在化石能源方面，战争的进展推动各国重新审视能源与气候政策。在能源转型过程中，结构清洁低碳、供应稳定安全、成本可接受的"不可能三角"问题愈加凸显。能源转型大方向虽然不会动摇，但转型必定道阻且艰，因此各国都需要为平衡这些目标而艰难地进行决策。

（一）短期走势

随着主要国际能源企业先后宣布退出与俄罗斯能源企业的合作，即便后期俄乌冲突有所缓和，俄罗斯的能源供应也会受到影响，这也迫使高度依赖俄罗斯能源的欧洲急切地寻找俄进口能源的替代品。

由于短期内，寻找俄罗斯能源的替代品的方案空间非常有限，欧盟国家不得不加大力度从其他地区购买天然气，甚至重新启动已退役的燃煤电厂以及核电厂以保障能源供应，这也使得中长期能源转型让位于短期能源安全考量。德国经济和能源部部长表示，德国将重新考虑其能源计划，并可能会扩大煤炭的使用以取代俄罗斯天然气。意大利总理德拉吉也表示，有必要考虑重启煤电项目以满足国家对能源的需求。希腊则宣布在 2024 年提升 50% 的煤炭产能，暂停关闭煤电厂，并将淘汰煤炭的时间延后至 2028 年。荷兰政

府要求该国仅存的 3 座煤电厂满功率运行。在其他非欧盟国家，如美国和澳大利亚，关于是否应扩大化石能源生产供应的争议又"死灰复燃"。

（二）长期走势

长期以来，欧盟都高度依赖俄罗斯所提供的油气等化石能源，而为了实现其所提出的雄心勃勃的气候目标，欧盟一直在酝酿降低对俄罗斯的能源依赖，俄乌冲突将进一步推动欧盟国家坚定信心加速能源转型。欧盟委员会在俄乌冲突爆发后立刻启动讨论制订脱离俄罗斯能源的战略计划，涉及推动欧盟国家能源多元化和加快推广清洁能源技术等具体规划，并考虑制定"更高的可再生能源和能效目标"。2022 年 3 月，欧盟委员会启动欧盟可再生赋能（REPowerEU）项目，国际能源署也发表了《减少欧盟对俄罗斯天然气依赖的 10 点计划》，明确提出了结束欧盟对俄罗斯天然气依赖的路线图，并迅速加大在发展可再生能源与节能领域的政策支持力度，消除冗长复杂的许可程序等障碍，支持供暖、交通和工业的电气化进程。欧洲和美国也都提出将氢能作为保障能源安全的新选项，加大对生物燃料、氢能、太阳能和海上风能的投资规模。

（三）对重要矿产资源的影响

除化石能源之外，俄乌两国还是对能源低碳转型至关重要的一些资源性产品的主要产地和出口国，如俄罗斯的铜、镍、铂族金属和铝等以及乌克兰的惰性气体化学元素氖和氪，这些都是制造电动汽车和可再生能源机械设备的不可缺少的资源性产品。俄乌冲突后，为了摆脱对俄能源依赖，欧盟确定了加快可再生能源发展的方针，但如果来自俄乌的重要资源性产品供应受到影响，将使欧盟的能源转型面临两难选择。

（四）社会影响

为了保护因能源转型而受到冲击的弱势群体或脆弱地区，公正转型议题在国际气候和能源治理中的重要性日益凸显。俄乌冲突已成为全球能源转型进程中的新变量，其引发的能源价格高企会进一步对部分低收入群体日常生活带来直接冲击。欧洲各国已经开始行动，向贫困家庭发放救济金、设定天然气和电价上限等，也考虑在目前的社会气候基金、工作转型基金和欧盟全球化调整基金之外，设立专门的补贴、财政激励等资金机制，帮助受到能源价格上涨严重影响的国家、地区和产业更好地适应，避免衍生出其他社会稳定性问题。

五　战略思考与政策建议

在"碳中和"的时代背景下，俄乌冲突导致全球能源格局处于剧烈变化之中。尽管冲突对我国能源供应安全的直接影响可控，但也使得我国能源转型与实现"双碳"目标任务极具复杂性和艰巨性。我国石油消费大部分依赖进口，2021年国内消耗的原油中，72%来自进口。俄乌冲突爆发后，国际原油市场的波动也推高了国内的油价，提高了消费终端的使用成本，消耗了部分外汇储备。2022年以来，我国前6次油价调整全部是油价上涨，尽管随后油价也略有下降，但下降幅度仍不足以将我国整体油价拉回到年初水平。油价的上涨还会导致聚烯烃、聚酯、合成橡胶等下游化工产品成本上升，出现成本推动型通货膨胀的压力将加大。应以推进保障国家能源安全与能源清洁转型并举为基本原则，在战略层面因势利导作出妥善应对。

（一）筑牢传统能源的供应和保障安全体系

能源安全事关国家安全，也是未来经济持续发展的重要基础。尽管能源市场的短期波动导致出现了一些认为能源安全重于气候安全的声音，但气候安全事关地球与全人类的未来，从长期视角看，能源安全与气候安全并不存在矛盾，且都是国家安全的重要基石。中央已经反复强调能源安全的极端重要性，但从我国能源资源禀赋的现实来考虑，我国对于石油和天然气等传统能源，很难实现完全的独立自主。而俄乌战争再次警示我们，石油和天然气等能源产品的进出口往往是地缘政治博弈中的焦点。因此，需要筑牢传统能

源的供应和保障安全体系：在国内方面，提高传统能源油气资源的勘探和生产供应能力；在国际方面，通过进口渠道的分散化，构建多元化的海外能源供给支撑体系，构建具有自主性、安全性的能源体系，避免能源供应受制于人。

（二）保持推进能源低碳转型的战略定力

尽管俄乌冲突带来的欧洲能源短缺危机与欧洲各国过于激进的减碳行动与目标有着直接的关系，但绝不能因噎废食，动摇长期推动能源低碳转型的决心。煤炭是保障我国能源自主的重要压舱石，但是能源结构向低碳、清洁的可再生能源方向调整的大势不可动摇。事实上，加快对本土可再生能源的利用，减少对化石能源的依赖，是真正构建自主、安全能源体系的关键所在。

"2030年前实现碳达峰、2060年前实现碳中和"的重大战略目标展现了我国主动承担应对全球气候变化责任的担当。实现"双碳"目标，本身就要求煤炭、石油、天然气等化石能源有序退出，只有在本土可再生能源占主体的能源结构下，才可避免传统化石能源国际市场的波动带来的各种影响。尽管目前处于俄乌冲突旋涡中心的欧洲重新出现一些为保障能源供给要求恢复煤炭使用的声音，但这不会影响全球能源转型大局。在我国的能源发展中，也要保持发展绿色低碳新能源的战略定力，减少对化石能源的依赖，行稳致远地向实现"双碳"目标方向前进，真正实现把能源的"饭碗"牢牢端在自己手里。

（三）加速各领域非刚性原油消费退出

在交通领域，要实现"双碳"目标，从燃油汽车主导的市场转变为电力或其他清洁能源驱动的汽车主导的市场是必经的历程。维持我国庞大规模的燃油机动车运转，意味着每年有高达数千亿美元的外汇支出，而一旦转为使用电能和氢能等其他清洁能源燃料汽车，燃料端的消费支出将流向国内生产端。2021年10月国务院印发的《2030年前碳达峰行动方案》明确提出要在交通领域开展绿色低碳行动，这为交通领域绿色发展勾勒出了清晰的目标。该行动方案要求，到 2030 年，当年新增新能源、清洁能源动力的交通工具比例达到 40% 左右。工信部也明确提出，国家将支持有条件的地方建立燃油汽车禁行区试点。许多国家和国际知名汽车企业也相继制定了明确的禁售、停止生产燃油汽车时间表。在这样的时代大潮下，比亚迪公司也正式宣布，从 2022 年 3 月起将全面停止生产燃油汽车。事实上，我国本土汽车制造品牌也较早地布局了新能源赛道，新能源汽车市场已经在全球范围内形成一定的先发优势，在新能源汽车的电机、电池等领域也自主研发出一系列领先国际水平的技术，在与国际汽车生产巨头的竞争中并不落下风。而新能源汽车过去常为人所诟病的续航里程短、充电设施少、充电时间长、冬天电池衰减问题也均随着技术的高速发展慢慢得以解决，如果充电基础设施能够与之配套，那么新能源汽车完全有基础全面替代传统的燃油交通工具。随着全球汽车巨头纷纷发力布局新能源汽车，中国企业在该领域与国际公司的竞争将全面展开，这场战役的成败，不仅关乎中国制造在造车领域能否实现弯道超车，更重要的是，还关系到我国能否通过市场力量推进交通领域的电气化进程，减少对进口原油的依赖，保障国家能源安全与助力"双碳"目标的实现。近期，欧美均已确定了明确的燃油车禁售、退出时间目标，我国也应适时制定分步骤、差异性的国家和地区燃油车退出时间表。

消费端的能源低碳转型面临的现实障碍之一是调整消费习惯需要时间，当前的高油价将成为我国电动车替代燃油汽车的重要推动因素。因此应加大政策引导力度，解决基础设施瓶颈问题，加速消费端的原油退出进程。

（四）合理选择国际能源合作方向与方式

俄乌冲突背景下，俄罗斯将积极寻找欧洲可能减少的油气消费量的替代购买者，而欧洲也将加大能源转型，并寻求能源转型和气候领域的国际合作者。俄乌冲突爆发后，德国明确提出中国和德国的能源与气候合作潜力巨大，希望通过合作推进能源转型进程和碳减排目标的实现。由此可见，中国目前充分掌握合作方向的选择主动权，因此应从国家长远利益出发，审慎研判国际形势，避免以非黑即白的零和博弈思维去决策，保持一定的战略灵活性，始终将气候领域作为一个重要的战略合作议题和平台，为其他外交议题争取到更多的主动权。加快发展可再生能源、推动绿色低碳转型无疑将是未来国际能源合作的大趋势，为了实现保障长期能源安全和低碳转型的目标，应有计划地逐步控制对俄罗斯煤炭的进口；在中长期内应加强非化石能源国际合作。

G.7
全球甲烷控排对中国的启示

马占云　李照濛　刘舒乐　营娜　高庆先　严薇*

摘　要： 甲烷是全球第二大温室气体，其排放量占全球温室气体排放总量的16%，仅次于二氧化碳。在全球变暖的背景下，甲烷控排对于各国达成气候目标意义重大。本文通过分析《联合国气候变化框架公约》（UNFCCC）附件一国家向联合国提交的国家信息通报（NC），以及中国最新的国家信息通报和两年更新报告（BUR），系统总结了国内外甲烷排放现状、来源特征和分领域政策措施（P&M）以及甲烷减排效果和目标。分领域归纳总结了主要附件一和非附件一国家在能源、农业和废弃物三个领域的主要减排政策和措施，分析了中国甲烷排放现状、控排政策措施及存在的问题，并通过对比分析国际经验提出了对中国甲烷控排的启示。研究结果显示，中国甲烷排放规律与全球基本一致。现阶段甲烷控排的关键技术和管理政策体系都需要进一步攻关健全，核算方法学及监测规范需要进一步研究。在加大控排力度的同时，应加强利用市场化手段促进甲烷减排。

关键词： 温室气体　甲烷控排　甲烷监测

---

* 马占云，中国环境科学研究院副研究员，研究领域为温室气体排放核算与应对气候变化；李照濛，中国环境科学研究院在读硕士研究生，研究领域为气候变化政策和全球气候治理；刘舒乐，中国环境科学研究院助理研究员，研究领域为农业空气质量与废物管理；营娜，中国环境科学研究院助理研究员，研究领域为大气污染物与温室气体排放与控制，地球系统（大气、环境）复杂性；高庆先，中国环境科学研究院研究员，研究领域为大气与应对气候变化；严薇，中国环境科学研究院在读硕士研究生，研究领域为自然地理。

甲烷（CH_4）是全球增温贡献仅次于二氧化碳的第二大温室气体。联合国政府间气候变化专门委员会（IPCC）2021年完成的第六次评估报告（AR6）指出，2019年大气中甲烷的浓度达1866.3±3.3ppb，是80万年来的最高值，较1750年以来增加了1137±10ppb（157.8%）；非二氧化碳温室气体约占全球人为温室气体排放量的25%，其中甲烷占18%，具有很强的温室效应，其20年全球增温潜势（GWP）为84。[①] 自工业革命以来，甲烷造成的升温高达0.5℃。大气中甲烷浓度的增长主要是由化石燃料开采、畜禽养殖和废弃物处理等人为活动推动的。甲烷作为短寿命的气候强迫因子（SLCFs），在大气中的寿命约为12.4年，有效控制甲烷等非二氧化碳温室气体能够实现减排增效，弥补全球减排差距。

在2021年召开的《联合国气候变化框架公约》第二十六次缔约方大会（COP26）上，美国与欧盟发起了由105个国家共同签署的"全球甲烷承诺"倡议，希望各方采取自愿行动，到2030年将甲烷排放量在2020年水平的基础上至少减少30%。中美两国同期也签署了《中美关于在21世纪20年代强化气候行动的格拉斯哥联合宣言》，两国均认识到加强行动控制和减少甲烷排放是21世纪20年代必须开展的事项，并明确了进一步开展合作的意向，计划在2022年共同召开会议，聚焦强化甲烷监测和减排等事宜。

表1 国际甲烷减排目标设定一览

国家/国际组织	温室气体减排目标	甲烷减排目标
美国	到2025年，较2005年减少26%~28%	到2030年，将包括CH_4在内的全行业温室气体减少50%
加拿大	到2020年，较2005年降低30%	承诺减少油气行业中的CH_4排放

---

① IPCC, Climate Change 2021: The Physical Science Basis. Contribution of Working Group I to the Sixth Assessment Report of the Intergovernmental Panel on Climate Change [Masson-Delmotte, V., P. Zhai, A. Pirani, S. L. Connors, C. Péan, S. Berger, N. Caud, Y. Chen, L. Goldfarb, M. I. Gomis, M. Huang, K. Leitzell, E. Lonnoy, J. B. R. Matthews, T. K. Maycock, T. Waterfield, O. Yelekçi, R. Yu, and B. Zhou (eds.)]. Cambridge University Press, Cambridge, United Kingdom and New York, NY, USA, In press, 2021.

续表

国家/国际组织	温室气体减排目标	甲烷减排目标
墨西哥	2026 年达到峰值,2030 年温室气体(包括 CH_4)较 2013 年排放减少 22%	全国温室气体减排目标包括 CH_4
澳大利亚	到 2030 年,全国温室气体排放较 2005 年降低 26%~28%	将 CH_4 纳入温室气体总体减排目标
日本	到 2030 年,温室气体排放量较 2013 年降低 26%	CH_4 排放量下降 12.3%
欧盟	到 2030 年比 1990 年温室气体排放量减少 55%	2020 年国家自主贡献中提出了对包括 CH_4 在内的全行业温室气体进行控制
"一个未来"(One Future)联盟	—	2025 年将成员公司的 CH_4 排放量减少到 1% 以下
全球油气行业气候倡议组织(OCCI)	—	将 CH_4 控排作为一项工作重点,承诺到 2025 年,该组织上游业务的平均 CH_4 强度降低至 0.25% 以下,并努力实现 0.2% 的目标
油气行业 CH_4 合作伙伴关系(OGMP)	—	到 2025 年将行业的 CH_4 排放量减少 45%,在 2030 年前减少 60%~75%

资料来源:①朱子涵:《国际油气公司甲烷减排及控制目标比较》,《国际石油经济》2021 年第 4 期。②张建宇、秦虎、汪维:《中国开展甲烷排放控制关键问题与建议》,《环境与可持续发展》2019 年第 5 期。③United Nations Environment Programme and Climate and Clean Air Coalition , Global Methane Assessment: Benefits and Costs of Mitigating Methane Emissions. Nairobi: United Nations Environment Programme, 2021. ④ EU 2030 Climate Target Plan Impact Assessment, https://eur-lex. europa. eu/resource. html? uri = cellar: 749e04bb−f8c5−11ea−991b−01aa75ed71a1. 0001. 02/DOC_2&format=PDF。

减少甲烷排放,不仅能减缓气候变暖,为实现碳中和赢得时间,还能促进协同治理,降低对流层臭氧浓度,改善空气质量。因此,甲烷控排的重要性不言而喻,控制甲烷排放刻不容缓。本文将系统总结国内外甲烷排放现状、来源、特征和分领域政策措施(P&M),以及甲烷减排效果和目标,对比分析中国甲烷减排存在的问题,为中国甲烷减排政策的顶层设计提供启示建议。

一 国际甲烷排放特征及控排政策和措施

根据《全球甲烷评估》报告数据，在过去的几十年中（1984~2019年），大气中甲烷的含量发生了巨大的变化。20世纪80年代，大气中甲烷含量急剧增加，但2000~2005年排放量和吸收汇大致平衡时放缓至接近恒定的水平。然而，在过去十年中，大气中甲烷含量再次迅速增加。中国的甲烷年排放量为4600万~7400万吨，居全球第一位，其他地区的年排放量分别为：拉丁美洲5000万~6000万吨，非洲地区4500万~5000万吨，南亚地区3500万~5000万吨，北美地区3500万~5000万吨，东南亚地区、韩国以及日本共排放2500万~3500万吨，西亚地区2300万~2900万吨，欧洲地区2200万~2600万吨，俄罗斯2000万~2500万吨。

《联合国气候变化框架公约》（UNFCCC）附件一国家（主要是发达国家和部分市场经济转型国家）2019年温室气体排放数据（不包含土地利用、土地利用变化和林业（LULUCF），下同）显示，甲烷排放主要来自能源活动、农业活动和废弃物处理三大领域，分别占甲烷总排放量的35.71%、40.21%和23.12%，三者合计达到总体的99.04%。

图1给出了2020年附件一国家甲烷排放量的分布情况，可以看出，2020年附件一国家甲烷排放总量为17.83亿吨二氧化碳当量。其中，美国、俄罗斯联邦、澳大利亚、加拿大、乌克兰、土耳其、法国、德国、英国和波兰10个国家甲烷的排放量合计占附件一国家甲烷排放总量的80%以上，从时间序列来看，附件一国家甲烷排放量总体呈现减少趋势。

截止到2022年7月，已有多个国家对能源活动、农业活动和废弃物处理三大领域出台甲烷相关的控排政策和措施，研发和推广减排技术。例如，2019年11月，新西兰通过"零碳排放"（Zero Carbon Bill）法案，目标确定为除农业等领域产生的生物源甲烷外的所有温室气体实现零排放，而生物源甲烷的排放总量，至2050年将实现减少24%~47%。欧盟委员会2020年10月发布了《欧盟甲烷减排战略》，提出了以能源、农业、废弃物领域为主

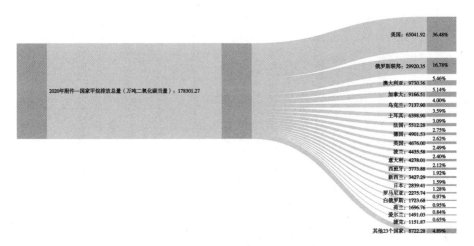

图 1　2020 年附件一国家甲烷排放分布

资料来源：UNFCCC 网站。

的 24 项甲烷减排行动，力求在全球甲烷减排行动中起到引领作用。巴西政府 2022 年 3 月公布了"国家零甲烷计划"（National Zero Methane Program），并在 5 月 13 日金砖国家应对气候变化高级别会议中介绍了巴西的气候行动。

　　另外，作为甲烷控排政策制定的基础，甲烷监测逐渐成为重点。国际上，甲烷监测主要集中在地基监测、卫星监测、无人机监测和排放源监测四个方面。在排放源监测方面，国外主要对废弃物填埋场、反刍动物、水稻田、煤矿、煤层气和页岩气等排放源的甲烷排放进行监测。

　　表 2 给出了主要国家重点领域的甲烷减排政策和措施。概括起来，能源活动领域包括安装泄漏检测与修复（LDAR）系统、强化生产及储存运输设备的密闭性、封闭废弃矿井等防止甲烷泄漏逸散的措施和安装甲烷回收装置等；农业活动领域包括改进畜禽养殖排泄物处理方式和水稻种植技术等措施；废弃物处理领域包括开展垃圾分类减少垃圾填埋比例、改进废水处理技术、安装甲烷回收利用装置等措施。这些政策措施将在未来对各个国家实现其减排承诺作出重要贡献。

表2 主要国家在重点领域的甲烷减排政策和措施

国家/地区	能源活动	农业活动	废弃物处理
美国	● 油气行业目标：2012～2025年实现甲烷减排40%～45%； ● 环境保护署（EPA）制定了油气行业新建甲烷排放源标准，涵盖完井、气阀泄漏及逸散泄漏等过程； ● 美国内政部土地管理局（BLM）制定了防止油气资源浪费的规定，要求油气企业严格实施LDAR，在钻井之前必须制定天然气捕获方案，需要采用新技术将放空和燃烧率降低约40%	● 2000年，美国农业部、环境保护署和能源部联合启动了"农业之星"（AgSTAR）项目； ● 2014年6月，美国农业部、能源部和环境保护署联合发布了"沼气路线图"，利用甲烷分解器以及其他减排技术措施，使得美国乳制品行业的温室气体排放量减少25%；美国农业部根据2014年《农业法案》通过"美国农村能源（Rural Energy for America）"项目提供了107笔赠款，环境保护署也在推广该项目，2019年美国共拥有254个农业沼气池	● 自1994年起美国启动垃圾填埋场甲烷利用推广计划（LMOP），为城镇垃圾填埋场的填埋气项目提供技术支持； ● 2005年美国的州和地方政府通过立法令禁止对庭院修剪物进行填埋处置，这样会减少填埋处理的甲烷排放； ● 2009年通过《垃圾强制分类法》，规定居民须严格遵守废弃物品分类规定； ● 2016年美国修订《新污染源执行标准》，以减少新建、改造和重建的城市固体废物填埋场垃圾填埋气排放
欧盟①	● 支持企业自愿减排，通过立法消除天然气放空和燃烧，推动立法建立能源相关甲烷排放监测、核算、报告与核查体系（MRV）； ● 扩展油气甲烷合作伙伴关系（Oil and Gas Methane Partnership, OGMP）框架，使其覆盖油气行业上游、中游、下游和煤炭行业	● 支持研究农业全生命周期甲烷排放方法学； ● 2021年底完成农业部门最佳减排实践和科技术清单编制； ● 2022年完成农场温室气体排放和移除核算方法及模块研究； ● 2021年开始部署发展"富碳农业"，推广减排技术	● 加强监管，向成员国和各区域提供技术援助； ● 2024年核修订《垃圾填埋气指令》，改善填埋气的管理； ● 在2021～2024年"欧洲地平线"计划中，设立项目研究垃圾产生生物甲烷技术

续表

国家/地区	能源活动	农业活动	废弃物处理
加拿大[②]	• 解决石油和天然气行业甲烷问题的法规，是广泛加拿大框架的一部分，以省级行动和天然气行业目标为基础，到 2025 年将石油和天然气行业的甲烷排放量在 2012 年的基础上减少 40%~45%； • 不列颠哥伦比亚省燃烧和排放减少指南，适用于井场、设施和管道的天然气燃烧、燃烧和排放，预计每年可减少 8000 万立方米的甲烷排放	• 通过环境农场计划和环境管理激励计划支持农场行动，与减缓气候变化相关的有益管理实践包括：改善粪便储存方式，使用生物消化器，提升能源利用效率，覆盖作物、精确施肥，减少耕作播种设备和提高灌溉效率	• 出台《不列颠哥伦比亚省垃圾填埋场气体管理条例(2009)》，提出受管制的填埋场必须进行填埋气体评估，如果填埋场产生超过 1000 吨的甲烷，必须安装并运行垃圾填埋场气体收集和销毁系统； • 哥伦比亚省废物资源化：将从垃圾填埋场转移 90% 的有机废物，并将减少 30% 的厨余废弃物
英国[③]	• HGV (High Goods Vehicle，重型货车) 天然气政策 • 燃料转换 政府已采取措施鼓励使用替代燃料的HGV，包括降低道路燃料税率，以及根据可再生燃料义务增加对可再生体燃料的奖励	• 农业行动计划 • 减少农业排放 • 出台一系列资源效率和土地管理措施，以减少农业排放，满足英国的碳预算 • 农业科技战略 • 减少农业排放	• 制定了垃圾填埋场津贴交易计划(LATS)，设置垃圾填埋税，目前税率为 72 欧元/吨垃圾填埋废物； • 修订《英国废物战略》，将废物从等级中移出，并远离垃圾填埋场； • 减少供应链中的食品和包装浪费； • 《酒店和餐饮服务协议》是政府与多部门达成的自愿协议，支持部门防止产生和回收食品和包装废弃物

续表

国家/地区	能源活动	农业活动	废弃物处理
日本④	—	● 减少农业土壤温室气体排放的措施； ● 减少与水稻种植相关的甲烷排放； ● 在甲烷排放因子较大的稻草犁耕转为对排放因子较低的堆肥的基础上，推进整地工作，减少稻田甲烷排放	● 3R 废物管理倡议（减少、再利用、回收），减少最终处置废物的数量； ● 在最终废物处理场采用半有氧垃圾填埋技术
巴西	—	● 在供应方面，巴西生物天然气和生物甲烷最大的潜力来源于来源是农业和城市的固体废弃物和污水。此外，生物天然气的生产过程中还会产生生物肥料这种副产品	● 巴西国家零甲烷计划紧密围绕生物甲烷（Biomethane）和生物天然气（Biogas）的利用展开
南非⑤	● 《南非共和国国家能源效率战略》； ● 能源效率（绿色）协议和能源效率领导网络； ● 《综合需求侧管理计划》	● 农业、林业和渔业气候变化部门计划草案：农业、林业和渔业部门的制度安排，以及缓解和适应措施	● 国家废物管理战略，实现国家环境管理；废物法的目标：城市垃圾部门计划，特点是废物的燃烧再利用和回收以及垃圾填埋气的燃烧或回收

续表

国家/地区	能源活动	农业活动	废弃物处理
印度⑥	●第九个五年计划（1997~2002年）：煤层气的勘探开发	●基于沼气的分布式/电网发电方案 ●促进沼气发电，特别是在小容量范围内（基于大量动物废物和林业废物、农村工业废物、厨余垃圾的可用性）	●《国家沼气和粪便管理计划》（NBMMP）：提供清洁沼气燃料，以减少使用液化石油气（LPG）和其他常规燃料； ●工业废弃物能源回收计划

注：①The European Union, EU Strategy to Reduce Methane Emissions, Brussels: The European Union, 2020. ②Environment and Climate Change Canada, Canada's 7th National Communication and 3rd Biennial Update Report, Bonn: United Nations Framework Convention on Climate Change, 2018. ③Department of Business, Energy and Industrial Strategy, United Kingdom, 7th National Communication, Bonn: United Nations Framework Convention on Climate Change, 2017. ④Japan's Seventh National Communication under the United Nations Framework Convention on Climate Change, Bonn: United Nations Framework Convention on Climate Change, 2019. ⑤Department, Environment Affairs, Republic of South Africa , South Africa's Third National Communication Under the United Nations Framework Convention on Climate Change, Bonn: United Nations Framework Convention on Climate Change, 2018. ⑥Ministry of Environment & Forestry, India, India Second National Communication to the United Nations Framework Convention on Climate Change, Bonn: United Nations Framework Convention on Climate Change, 2012.

二 中国甲烷排放及控排政策和措施

（一）中国的甲烷排放情况

中国提交 UNFCCC 的两年更新报告（BUR）数据显示，2014 年中国甲烷排放总量为 5529 万吨（包括 LULUCF），即 11.61 亿吨二氧化碳当量，占全国温室气体排放总量的 9.15%。其中，能源活动甲烷排放量为 2475.6 万吨，占甲烷排放量（不含 LULUCF）的 46.21%；农业活动排放量为 2224.5 万吨，占甲烷排放量（不含 LULUCF）的 41.53%；废弃物处理排放量为 656.3 万吨，占甲烷排放量（不含 LULUCF）的 12.25%。[①] 图 2 给出了 2014 年中国甲烷分领域的排放流向，可以看出，中国甲烷的关键排放源是能源活动领域的燃料的逃逸排放以及农业活动领域的肠溶发酵、粪便管理水稻栽培，废弃物处理领域的固体废物填埋处理和废水处理，关键排放源的甲烷排放量之和超过甲烷排放总量的 95%。

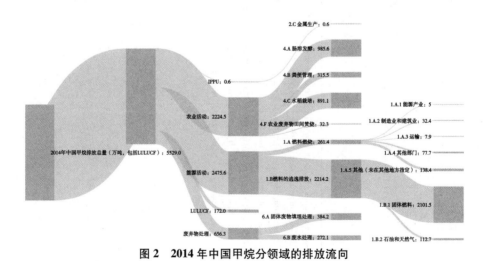

图 2　2014 年中国甲烷分领域的排放流向

---

① 《中华人民共和国气候变化第二次两年更新报告》，2018 年 12 月，https：//www.mee.gov.cn/ywgz/ydqhbh/wsqtkz/201907/P020190701765971866571.pdf。

我国是煤炭生产和消费大国，煤炭开采领域产生的甲烷逃逸排放一直以来都是中国温室气体排放清单中的关键排放源之一。2014 年，我国煤炭开采领域甲烷逃逸排放量为 4.4 亿吨二氧化碳当量，是当年甲烷排放占比最大的排放源细类。而排放量的大小主要取决于采煤量、矿后活动管理水平等。

水稻在中国粮食安全中占有重要地位，水稻栽培产生的甲烷排放是我国温室气体排放清单中甲烷的关键排放源之一。中国水稻栽培产生的甲烷排放总体呈增加趋势，且在 1960~1975 年增加迅速，直到近年才增加缓慢。

畜禽养殖业的甲烷排放主要来自肠溶发酵和粪便管理，且总量呈波动变化趋势。而该领域的甲烷排放总量取决于反刍动物饲养量和畜禽粪便的管理方式，受饲养周期、饲料成本上涨、畜禽疫病及气象灾害等多种因素影响。

废弃物处理领域甲烷排放仍有一定的增长。废弃物处理领域的甲烷排放主要来源于城市生活垃圾填埋处理、焚烧和堆肥生物处理，以及生活污水和工业废水处理。废弃物处理活动产生的温室气体排放变化与人口增长、经济发展水平、垃圾分类、填埋情况紧密相关。

（二）中国甲烷控排情况分析

"十三五"以来，中国逐步加大对各行业甲烷排放的管控力度，先后发布多份国家层面的文件明确工作任务和目标。中国除发布国家层面目标外，还发布了行业层面的目标和政策，同时不断开展相关控排行动，在能源活动、农业活动、废弃物处理等领域均有很大进展。

在煤炭行业，我国发布了《煤炭工业发展"十三五"规划》和《煤层气（煤矿瓦斯）开发利用"十三五"规划》，这两份规划旨在通过统筹布局煤层气管道、建设煤矿瓦斯抽采规模化矿区和抽采利用示范工程，提升资源综合利用效果。但由于技术和市场环境等方面的原因，实施效果并未达到预期。我国煤矿瓦斯抽采的首要目的是保障生产安全，减少与煤矿瓦斯等相关的事故发生，而对甲烷减排与应对气候变化问题的关联性认识还需要提升。

2015 年，中国石油天然气公司加入油气行业气候倡议组织（Oil and Gas Climate Initiative，OGCI），承诺到 2025 年将油气供应链上游的甲烷排放强度降至 0.25% 以下，2020 年制定《甲烷排放管控行动方案》。"十三五"期间，油气系统甲烷逃逸排放量随着天然气产量和消费量的快速增长呈现显著增长态势。石油天然气行业的甲烷逃逸排放量目前在我国的温室气体排放清单中并不是关键排放源，但是由于其增长较快，因此也是甲烷排放源细类中非常值得关注的一类。随着国内能源结构调整和生态环境高质量保护的内在需求的增长，天然气的消费量快速增长，油气系统的甲烷逃逸排放量将显著增加。

农业活动领域的甲烷排放较难管控，目前主要通过增加养殖废弃物和畜禽粪污利用率的方式，从末端进行排放管理。《国务院办公厅关于加快推进畜禽养殖废弃物资源化利用的意见》中提出，到 2020 年全国畜禽粪污综合利用率达到 75% 以上，规模养殖场粪污处理设施装备配套率达到 95% 以上；《全国农村沼气发展"十三五"规划》提出，沼气总产量由 2015 年的 158 亿立方米提高到 2020 年的 207 亿立方米。

废弃物处理领域尚未对甲烷提出减排目标，但在垃圾分类、回收利用等方面提出的部分要求对于甲烷减排具有协同作用。2021 年 5 月，国家发展改革委、住房城乡建设部出台的《"十四五"城镇生活垃圾分类和处理设施发展规划》提出到 2025 年底，全国城市生活垃圾资源化利用率达 60% 左右，城市生活垃圾焚烧处理能力占比达 65% 左右。同年 6 月印发的《"十四五"城镇污水处理及资源化利用发展规划》提出到 2025 年，全国城市生活污水集中收集率达 70% 以上，县城污水处理率达 95% 以上，城市污泥无害化处置率达 90% 以上。这些措施虽然能从源头上有效减少甲烷的产生或有利于甲烷的集中收集和减排，但大都围绕环保和资源再利用展开，对于相关领域甲烷排放增势暂未起到有效抑制作用。

重点领域（能源活动、农业活动、废弃物处理）甲烷排放的 MRV 建设是评估减排政策措施的关键，可为甲烷减排政策制定、监管和碳市场的正常运行提供科学支持。中国甲烷监测技术经过近二十年的发展取得了长足的进步，探测手段、研发投入、应用产出等都有了较大的提升，并逐渐形成了"天地一体化"监测体系，同时在地基遥感探测和卫星遥感探测方面的一些研究成果也达到了国际先进水平。但是，由于起步较晚，国内在高废弃物处理领域的减排措施精度分析仪器，尤其是在测量精度、环境适应性和长期稳定性等技术指标方面仍落后于西方发达国家，核心部件出现"卡脖子"现象。此外，目前中国甲烷排放的监测标准还不够完善，与国际标准还有一定的差距，难以形成被国际认可的数据。

"十三五"以及"十四五"时期出台的控排政策对控制甲烷排放的增长起到了一定的作用，但总体而言，我国甲烷排放在未来还将保持缓慢增长的趋势，部分领域甲烷排放量增长较快，甲烷控排的形势依然严峻。中国始终高度重视甲烷管控。2021年4月22日，习近平主席在"领导人气候峰会"上的讲话中进一步强调①，中国计划在"十四五"期间推出中国甲烷排放控制行动方案，建立煤炭、油气、废弃物处理等领域的甲烷减排政策、技术和标准体系，适时修订煤矿瓦斯排放标准，强化标准的实施，同时加强石油天然气开采等领域甲烷排放控制和回收利用。

三　中国甲烷控排存在的问题

（一）甲烷排放清单核算和监测方法学需进一步完善

《2006年IPCC国家温室气体清单指南》给出了从层级1到层级3的准确性和精度不断提高的三种层级方法学，大部分国家采用层级1（IPCC的缺省排放因子）或者层级2（IPCC的排放因子和国家参数的活动水平）的方法，而更高级的层级3（通过更复杂模型方法和实测方法获取国家所特有的参数）的方法只在部分国家的关键排放源领域得到使用，还需进一步深

---

① 习近平：《共同构建人与自然生命共同体——在"领导人气候峰会"上的讲话》，《人民日报》2021年4月23日。

入研究。在不同领域，各国不同程度地开展了甲烷的监测，特别是从安全保障的角度考虑了对煤炭行业甲烷含量的检测。目前，中国已建立安全报警检测系统，但还需采取地面、飞机、观测塔或卫星等手段，将观测的甲烷浓度数据与大气传输模型相结合，开展反演估算区域排放量研究。中国在甲烷排放监测方面起步较晚，亟须加强。

（二）甲烷控排关键科研基础薄弱，技术研发投入不足

人为活动的甲烷排放在不同领域的产生机制复杂，某些排放源的排放机理研究和控排技术研发亟待加强。目前，低浓度通风瓦斯（甲烷浓度低于0.75%）利用技术和油气泄漏回收利用技术已有长足进展，但由于规模、成本和地理环境限制，经济效益较低，无法实现大规模商业化和推广利用。现有通风瓦斯利用项目采用的是国外技术，其建设成本和运行维护成本较高，难以广泛推广。此外，畜禽养殖、水稻种植等行业甲烷排放量大，但却缺乏有效的减排技术，导致减排难度大。在污水处理和生活垃圾处理方面的甲烷回收利用技术相对较多，且比较成熟，但依然受国外技术制约严重，需要进行设备和技术的自主研发。

（三）甲烷控排相关政策缺乏

相对欧美发达国家和地区而言，目前中国各重点领域还处于甲烷排放"摸家底"的阶段，国家层面的宏观甲烷控排政策和针对重点领域的调控措施较少，在财政补贴、市场机制、标准体系、管理措施等方面缺乏足够的政策以及法律法规的支持。现有的甲烷管控主要是基于安全生产和提高能源利用的层面，缺乏激励自主甲烷减排行动的纲领性政策指导。因此，加快甲烷控排相关制度设计与机制建设，是未来推动甲烷减排的重要条件。

（四）甲烷排放尚未被纳入碳核查体系

目前，只有美国、加拿大、墨西哥、澳大利亚等少数几个国家明确将甲烷控排纳入其国家自主贡献（NDC）。而在中国提出的 NDC 中，"2030 年碳

达峰目标"并没有涉及甲烷，现有碳核查体系也不包括甲烷等非二氧化碳类温室气体。因此在未来总量目标核查过程及碳中和路径研究中，需将甲烷等非二氧化碳类温室气体排放纳入，并充分考虑其影响。

四 国际经验对中国甲烷控排的启示

（一）加强甲烷排放核算方法学和监测规范研究

加强开展排放因子研究和基于监测的甲烷排放核算方法研究，完善甲烷排放核算统计制度，对国家、地方和企业等各个层级的甲烷排放清单数据进行整合和验证，形成统一、完整的国家排放清单数据库和信息化平台，提高甲烷排放核算方法学的一致性和温室气体排放清单编制的透明度。加强研究甲烷的车载监测、航测和卫星遥感监测，建立规范的重点源甲烷监测和报告机制，加快出台相关技术指南和核算规范，从重点领域和行业开始，将甲烷的监测规范化，并提出 MRV 建设的具体要求。

（二）加快甲烷控排关键技术攻关及产业化

加快关闭煤矿瓦斯资源抽采利用、低浓度煤矿瓦斯减排、油气开采LDAR、农业反刍动物养殖和动物粪便管理、水稻种植甲烷减排、生物甲烷资源化利用、垃圾和废水处理甲烷回收利用等一系列技术攻关。通过产学研用等不同途径，推动围绕甲烷利用所形成的咨询服务、技术、产品、装备等的产业化发展。

（三）尽快研究制定甲烷控排中长期规划

虽然中国已明确提出 2060 年含甲烷在内的全口径温室气体的碳中和目标，但仍需尽快研究设定科学合理的甲烷分阶段减排目标、时间表和路线图，编制并出台甲烷减排行动计划，提出具体的减排量以及减排途径和措施。尤其是能源活动和废弃物处理领域的甲烷排放，因减排技术相对成熟，

而具有巨大的甲烷减排效益。农业活动领域的甲烷排放源相对分散复杂，且控制技术和可以实现的减排成效有限，短期内更适宜以鼓励为主。

（四）建立健全甲烷减排政策和管理体系

推进各行业及部门甲烷排放现状与减排能力评估，研究建立不同领域甲烷减排成效评估考核和监管体系。构建多元化投资模式，探索多元合作开发模式，在重点领域开展甲烷回收利用项目开发和示范，出台相关政策加强引导和支持。建议建立多部门联合的甲烷控排管理机制，涵盖审批、监测、标准、监管和资金支持等方面，通过标准和规范来减少化石能源和废弃物处理行业的甲烷排放，通过激励措施和项目减少农业的甲烷排放。

（五）借助市场化手段促进减排

开展将甲烷纳入碳市场的相关研究，积极推进温室气体自愿减排交易机制改革，进一步加强金融财税政策对甲烷控排的支持，激励政府资本和社会资本合作推进甲烷控排等工作。欧美在碳税和碳交易市场以及新技术的应用等方面做得比较好，鉴于此，我国应该推动甲烷减排进入自愿减排交易体系，修订《温室气体自愿减排交易管理暂行办法》等相关法规和措施。推广最佳减排路径，增强对甲烷的测量和控排等新技术的研发与利用，以市场化手段来促进甲烷减排。

G.8
塑料治理与气候治理及中国应对策略分析

种 珊 朱松丽*

摘 要: 塑料产业具有资源密集型和能源密集型特征,碳排放贯穿塑料从生产到废弃的全过程。我国"双碳"目标的提出和全球塑料治理进程开启对塑料低碳转型提出更高要求,塑料需求增长与减量、降碳之间的关系亟待统筹协调。本文系统梳理了塑料治理全球协议的谈判进程及未来可能的塑料治理框架,深入剖析塑料治理全球协议约束下我国塑料治理面临的挑战,并提出针对性的应对策略。我国是最大的塑料生产国和消费国,未来应积极参与塑料治理国际谈判,坚持公平、"各自能力"和"参照国情"原则,推动建立公平有效的塑料治理体系。同时,国内要加快制订塑料可持续管理计划,推行生产者责任延伸制度,推动建立塑料循环经济。

关键词: 塑料治理 全球协议 气候治理

塑料是重要的有机合成高分子材料,广泛应用于社会生活各个领域。人类社会对塑料的依赖性越来越强,过度使用和浪费现象日益严重。研究表明,自从塑料制品进入人类生活之后,塑料的累积产量已经远远超过了地球上所有现存动物(包括人类)的重量。塑料污染和相关碳排放问题成为全球关注的焦点问题,2022年3月,全球塑料治理进程正式开启。而塑料全

---

* 种珊,中国宏观经济研究院能源研究所助理研究员,研究领域为全球塑料治理及塑料产业政策;朱松丽,中国宏观经济研究院能源研究所研究员,研究领域为全球气候治理和减缓政策。

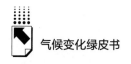

生命周期都会产生温室气体排放，因此，积极参与全球塑料治理将对我国实现"双碳"目标具有显著助推作用。

一 塑料治理的必要性

（一）塑料造成的环境污染日益严峻

从1950年到2017年，人类已经生产了92亿吨塑料，其中仅31.5%仍在使用，其余68.5%成了塑料垃圾。这些塑料垃圾通过河流、湖泊汇入海洋，导致海洋塑料污染非常严重。全球每年约有1000万吨塑料垃圾进入海洋，目前有9.3万~23.6万吨塑料垃圾漂浮在海面上，其中94%的塑料垃圾通过化学作用、机械性磨损以及光降解作用分解成塑料微粒，进而沉入海底[1]，海洋最深处的马里亚纳海沟已检测到大量微塑料。疫情以来进入海洋的塑料废弃物飞速增长，截至2021年8月，全球与疫情直接相关的塑料废弃物达850万吨，其中约20%已经直接进入水环境[2]；按目前趋势发展下去，2040年进入大海的塑料废弃物将是现在的3倍。[3]

而土壤中的塑料污染程度可能是海洋的4~23倍，塑料微粒不仅会改变土壤结构，由于其具有吸附富集有毒有害物质的特性，还会危害到土壤中生物的存活环境。塑料焚烧造成的大气污染也不容忽视。塑料焚烧过程产生的二噁英、重金属等有毒有害物质会进入大气，而且将塑料转化为燃料的化学回收过程与焚烧过程无异，也会造成环境污染。同时，塑料过度使用造成微塑料泛滥成灾，世界各地的自来水和饮用水中都检测到了微塑

① Rhodes, C. J., "Solving the Plastic Problem: From Cradle to Grave, to Reincarnation", *Science Progress*, 2019.

② Peng, Y., Wu, P., Schartup, A. T., et al., "Plastic Waste Release Caused by COVID-19 and Its Fate in the Global Ocean", *PNAS*, 2021.

③ Keating, C., "Study: Amount of Plastic Spewed into Ocean on Track to Triple by 2040", https://www.businessgreen.com/news/4018188/study-plastic-spewed-ocean-track-triple-2040.

料的存在，平均每升自来水含微塑料 4.62~6.85 粒，而瓶装水的塑料含量则是自来水的 2 倍左右（平均 10.4 粒/升）。[①] 此外，塑料制造过程中使用的增塑剂、阻燃剂等化学添加剂，可能通过食物链富集，严重威胁生物多样性和人类健康。

（二）塑料全生命周期都会产生温室气体排放

除日益严重的塑料环境污染问题之外，塑料产业还产生量大面广的温室气体排放，产能持续扩张将加剧气候危机。第一，塑料生产原料主要来源于石油、天然气和煤炭，它们的开采和运输会产生大量的温室气体，例如，2015 年美国塑料生产引起的原料开采排放的温室气体在 950 万~1050 万吨二氧化碳当量[②]。第二，石油精炼是温室气体排放最密集的阶段之一，既有能源活动排放，又有工业过程排放。研究表明，2015 年全球乙烯生产的裂解过程排放的温室气体在 1.843 亿~2.13 亿吨二氧化碳当量。塑料废物焚烧产生的碳排放很高，初步估计 2015 年全球塑料包装焚烧所产生的二氧化碳排放量共计 1600 万吨。此外，废弃在海洋表面的塑料垃圾会持续释放甲烷和其他温室气体[③]，但这些排放目前还难以量化。从预计增速看，到 2050 年全球仅塑料生产、处置的温室气体排放总量便接近 560 亿吨二氧化碳当量，相当于 1.5℃目标下全球剩余碳预算的 10%~13%。

（三）塑料治理将助力"双碳"目标实现

2020 年 9 月，习近平主席在第 75 届联合国大会一般性辩论上正式提出我国的"双碳"目标。碳达峰、碳中和是一场广泛而深刻的经济社会系统

---

① 侯军华、檀文炳、余红等：《土壤环境中微塑料的污染现状及其影响研究进展》，《环境工程》2020 年第 2 期。

② Centre for International Environmental Law, "Plastic & Climate: The Hidden Costs of a Plastic Planet", https://www.ciel.org/reports/plastic-health-the-hidden-costs-of-a-plastic-planet-may-2019/.

③ Royer, S. J., Ferrón, S., Wilson, S. T., et al., "Production of Methane and Ethylene from Plastic in the Environment", *Plos One* 13, 2018.

性变革，对各行各业转型升级都提出了更高要求，尤其是对高耗能、高排放行业的约束更为明显。然而，按照国内需求和炼化项目的产能规划，未来中国塑料生产量将进一步增加，相应碳排放量也会继续增加。此外，2021年12月中央经济工作会议明确表示，原料用能不纳入能耗总量控制范围内，这一方面有利于稳定生产，另一方面也可能会造成塑料产能的进一步增长。[①] 制定和实施塑料减量化、无害化和循环化治理方案，会显著降低我国对新增塑料产量的需求，进而降低塑料全生命周期的碳排放总额，有利于推动我国"双碳"目标的实现。

塑料全生命周期碳排放的分析边界从原材料（原油、天然气、煤炭）开采开始，到废塑料处置为止，主要涉及能源利用排放、工业过程排放和废塑料处置排放。能源利用排放是指化石能源直接燃烧形成的碳排放，同时也包含购入电力、热力的间接排放；工业过程排放是指生产过程中化学反应产生的碳排放；而废塑料处置排放包括废塑料焚烧和回收再生部分的碳排放，暂不涵盖废塑料填埋的排放[②]。上述三种排放，可分别根据政府间气候变化专门委员会（IPCC）发布的《2006年IPCC国家温室气体清单指南》中的排放因子法、碳平衡法和废弃物焚烧碳排放方法进行计算[③]。笔者团队前期的研究结果显示，2018年我国塑料（合成树脂）总消费量为1.07亿吨，塑料全生命周期碳排放量为4.8亿吨，平均每吨塑料排放4.4吨二氧化碳。从全生命周期碳减排来看，塑料需求减量、能源结构低碳、原料进口优化、末端回收利用提升是促进塑料减排的四大路径。其中，到2050年塑料需求减量的碳减排贡献度为56%，位居其他减排路径之首；末端回收利用提升的碳减排贡献度为4%，二者对塑料全生命周期碳减排的贡献度可达60%，是需要重点实施的减排路径。从长远看，降低塑料消费量、发展循环经济是塑

① 朱松丽：《碳达峰碳中和目标背景下的二氧化碳排放核算关键问题分析》，载谢伏瞻、庄国泰主编《气候变化绿皮书（2021）》，社会科学文献出版社，2021。
② 文中的碳排放指二氧化碳排放，而填埋产生的温室气体主要是甲烷，因此暂不进行计算。
③ IPCC, *2006 IPCC Guidelines for National Greenhouse Gas Inventories*, Prepared by National Greenhouse Gas Inventories Programme, Eggleston, H. S., Buendia, L., Miwa, K., Ngara, T., and Tanabe, K., (eds.), Published：IGES, Japan, 2006.

料治理的必然趋势，需要塑料上下游产业链的创新合作与发展，实现塑料需求与碳排放的完全"脱钩"。

二 全球塑料治理进程开启

（一）塑料治理全球协议形成目标年：2024年底

2022年3月2日，第五届联合国环境大会第二阶段会议顺利达成题为"终结塑料污染：制定具有法律约束力的国际协议"的决定，正式启动了塑料治理进程。政府间谈判委员会（INC）于2022年下半年开展工作，预计在2024年底之前形成具有法律约束力的协议草案。这项协议将涵盖塑料的整个生命周期，包括其设计、生产、使用和处置，以及加强国际合作以促进获得技术转移、能力建设和资金支持。政府间谈判委员会初步计划召开5次会议，第一次会议于2022年11月底在乌拉圭召开，第二次、第三次、第四次和最后一次会议预计分别在2023年4月底、2023年11月底、2024年5月和2024年12月初召开。2022年5~6月，相关谈判预备会议已经在塞内加尔召开，对INC磋商日程及管理INC工作的议事和决策规则进行了磋商，但仅对会议暂定时间表初步达成一致，对管理INC工作的议事和决策规则未达成一致，需要在乌拉圭会议上进一步讨论。[①]

在政府间谈判委员会完成授权工作后，联合国环境规划署将召开一次外交会议，通过谈判会议的成果并开放签署。这意味着塑料治理公约将在两年内形成，对各国塑料产业和贸易都会产生重要影响。

---

① Earth Negotiations Bulletin, Summary of the Ad hoc Open-ended Working Group to Prepare for the Intergovernmental Negotiating Committee to Develop an International Legally Binding Instrument on Plastic Pollution, Including in the Marine Environment: 30 May – 1 June 2022, https://enb.iisd.org/sites/default/files/2022-06/enb3601e.pdf.

（二）各方态度和争议焦点

在第五届联合国环境大会第二阶段会议上，会员国代表共提交了三份关于塑料污染治理的决议草案。卢旺达和秘鲁提出的草案致力于解决从生产到废弃物处置的塑料全生命周期污染问题，最终形成一项具有法律约束力的塑料治理国际协定；日本提出的草案旨在建立一个国际谈判委员会就海洋塑料污染全球协议案文进行磋商；印度提出的草案聚焦应对一次性塑料等塑料制品污染。

各方的争议主要体现在三个方面①。一是，未来协议可能覆盖的塑料类型和空间范围。对于涉及的塑料类型，欧盟、智利、泰国、乌拉圭、哥伦比亚等国家和地区支持明确提及微塑料，但遭到巴西、古巴和美国的反对，厄瓜多尔建议泛指"所有类型的塑料"。对于印度提交的特别针对一次性塑料等塑料制品的草案，欧盟、澳大利亚和秘鲁指出，该草案的某些内容可以作为全球协议谈判的一部分，日本也提出该草案的某些内容已经在全球海洋垃圾平台下得到解决，而印度表示全球协议并不是在这个问题上取得进展的唯一途径，并强调冗长的条约谈判将推迟进展。为化解僵局，协调员提议与印度和其他有关代表团进行非正式磋商。最终，印度默许将其草案与协调员草案合并。对于涉及的空间范围，在欧盟的支持下，小岛屿国家联盟和非洲集团提议政府间谈判委员会制定一项关于"塑料污染，包括海洋环境"的文书。而中国倾向于允许政府间谈判委员会自己决定范围。二是，是否涉及塑料全生命周期。卢旺达、秘鲁作为决议草案的提交国，要求制定一项针对塑料整个生命周期的具有法律约束力的协议，欧盟也强调自愿倡议不能解决目前严峻的污染问题，敦促各国支持针对全生命周期的国际协议，并采用循环经济的解决方法。同时，欧盟提出协议要涉及塑料产品设计，改善其材料和化学成分以延长产品寿命，这得到了泰国、英国和加拿大的支持。而印度呼

---

① Earth Negotiations Bulletin, Summary of the Fifth Resumed Sessions of the Openended Committee of Permanent Representatives and the United Nations Environment Assembly and the Commemoration of UNEP @ 50: 21 February – 4 March, https://enb.iisd.org/sites/default/files/2022 – 03/enb16166e.pdf.

吁删除"塑料的整个生命周期"的提议，遭到赞比亚、挪威、乌拉圭、加拿大、韩国、澳大利亚、哥斯达黎加、肯尼亚、英国、萨摩亚和泰国的反对。三是，关于国际协议的性质。美国建议政府间谈判委员会负责制定协议，包含制定"具有法律约束力和非约束力的承诺"，欧盟更支持制定"条款"而不是"承诺"。秘鲁建议使用水俣会议商定的语言，即国际协议可以包括"具有法律约束力和不具有法律约束力的规定"，得到了瑞士、赞比亚、挪威、刚果、泰国、俄罗斯联邦、厄立特里亚、冰岛、卢旺达和乌拉圭的支持。最终，大会同意政府间谈判委员会制定一项"关于塑料污染（包括海洋环境）的具有法律约束力的国际协议"，既包括具有约束力的条款，也包括自愿性质条款，同时考虑里约宣言的原则，基于综合方法解决塑料整个生命周期的污染问题。

（三）塑料治理框架：以《联合国气候变化框架公约》为重要参考

塑料治理进程几乎与气候治理进程形成"镜像"。首先，两个进程都是"科学研究先行，政治谈判在后"。2021 年 10 月，联合国环境规划署（UNEP）就发布了评估报告《从污染到解决方案：海洋垃圾和塑料污染全球评估》，从污染和温室气体排放两个角度对塑料的危害进行了深入分析。[1]事实证明，该报告对塑料治理全球协议的达成起到了重要作用，在第五届联合国环境大会第二阶段会议上，各国代表对于最终决定的通过没有任何异议，全场起立欢呼。而在气候治理中，IPCC 起到了巨大的推动作用。IPCC在 1990 年 10 月发布了第一次评估报告并对"气候公约"框架提出建设性科学建议之后，1991 年 2 月关于气候治理全球协议的政府间谈判委员会随即形成。经过五轮六次谈判，1992 年 5 月 9 日达成《联合国气候变化框架

---

[1] United Nations Environment Programme, From Pollution to Solution: A Global Assessment of Marine Litter and Plastic Pollution, https://www.unep.org/resources/pollution-solution-global-assessment-marine-litter-and-plastic-pollution.

公约》这一全球合作应对气候变化的国际政治基础。①

其次，预判塑料治理全球协议的内容将充分借鉴《联合国气候变化框架公约》的内容，但也将尽可能避免《联合国气候变化框架公约》的缺憾。即使已经过去了三十年，《联合国气候变化框架公约》依然是一个内容相对全面的框架协议，成为之后气候变化法律文件的"母法"。塑料治理公约应追随其脚步，一步到位形成相对全面的法律框架。但同时，《联合国气候变化框架公约》形成之初没有明确的全球目标，也没有要求发达国家缔约方提出具有约束力的减限排目标，这成为之后科学研究和谈判不断弥补的环节。而此次塑料治理进程启动时，就特别强调明确的全球目标和法律约束力，提高治理效率的目标非常清晰。同时，塑料治理全球协议也特别注意对相关原则的把控，避免出现多重解读的情况。

最后，吸取《联合国气候变化框架公约》谈判经验教训，在塑料治理谈判正式启动之前，先就谈判规则进行磋商，显示了各国提高谈判效率的倾向。《联合国气候变化框架公约》谈判效率一直被诟病，提高磋商效率的呼声一直存在，但至今难以形成共识。② 塑料治理进程在正式谈判会议进行之前召开了塞内加尔会议，就议事规则进行磋商，虽然成果有限，但显示了政府间谈判委员会制定合理规则以提高效率的意图。

三　我国塑料治理现状和挑战

（一）我国塑料的生产和消费现状

我国塑料累计消费量约占全球的1/10，远超其他国家。从消费角度看，近20年来，我国塑料消费量剧增。2000年我国塑料消费量仅为1750万吨，约

---

① 朱松丽、高翔：《从哥本哈根到巴黎：国际气候制度的演变和发展》，清华大学出版社，2017。

② Earth Negotiations Bulletin, Bonn Highlights：Wednesday, https：//enb. iisd. org/sites/default/files/ 2022-06/enb12804e. pdf.

占全球的 8.8%，而到 2019 年已超过 1 亿吨，约占全球的 28.8%，远远超过了美国（0.55 亿吨，15.1%）、欧盟（0.5 亿吨，13.8%）和日本（0.1 亿吨，2.8%）等发达国家和地区。从累计角度看，截止到 2019 年底，我国的初级形态塑料产量已累计达 10 亿吨，累计进口废塑料达 1.7 亿吨，累计塑料消费量已超 11 亿吨，约占全球累计塑料消费量的 10%。随着消费量逐年走高，超出其他国家的幅度不断抬升，累计消费量比例将快速上升。2020 年以来，受疫情的影响，口罩等一次性防护用品需求量大幅增加，且基本都是用后即弃，导致塑料消费量迅猛增加，进一步提高了塑料垃圾的产生速度和处理难度。

我国塑料产量和消费量仍将高速增长，且减排难度加大。从国际对比情况看，我国人均年塑料消费量为 76 千克，与欧盟等发达国家相比还有一定增长空间。从我国自身发展需求看，虽然一次性包装塑料消费的增长可能逐步趋稳，但建筑低能耗、汽车轻量化、电子电器高端化的发展，仍将持续拉动相关塑料的消费需求。目前我国石化行业发展进入新的高峰期，按照目前发展情景，未来我国塑料消费量将达 1.5 亿~1.7 亿吨，人均塑料消费量将达到发达国家水平，这将加大我国塑料需求减量和温室气体减排的难度。

（二）塑料产业链发展情况分析

从全生命周期角度来看，塑料产业链应涵盖上游原料生产、中游制品生产销售及下游废塑料处置，即从化石原料开采（原油、天然气、煤炭）开始，到加工为中间原料（石脑油、甲醇），精炼为"四烯三苯"（乙烯、丙烯、丁二烯、苯乙烯、苯、甲苯、二甲苯），聚合为树脂（聚乙烯、聚丙烯、聚氯乙烯、聚苯乙烯、ABS、聚酯），注塑成型为塑料制品，再到最后末端处置（回收、焚烧、填埋）为止。其中，废塑料回收（物理回收和化学回收）到处置的全流程也涵盖在内。我国于 2020 年 1 月发布的《关于进一步加强塑料污染治理的意见》提出的政策措施基本涵盖了塑料制品生产、流通、使用、回收、处置全过程和各环节，强化了塑料产业链全链条管理。

然而，我国塑料产业链需进一步完善，目前还无法真正做到闭环管理。国际塑料污染治理形势要求对材料的可持续性进行管理，确保塑料可回收、塑料

产业链的信息传递更加透明、塑料材质及添加剂等相关信息具有可追溯性。目前我国塑料产业链依然是以线性经济模式为主，塑料回收设计、基础设施及信息透明度有待提升。塑料管理体系也有待完善，消费阶段并没有明确生产者和消费者应承担的责任，处置阶段的回收设施并不完善，且监管和责任明晰困难，真正做到塑料治理全球协议可能要求的塑料闭环管理难度很大。

（三）塑料末端治理情况分析

2019 年我国废塑料处置量为 6300 万吨，其中焚烧占 31%，回收占 30%，填埋/废弃占 39%。我国废塑料的回收方式主要是物理回收，回收的废塑料经过分选、清洗、破碎、熔融、造粒后直接用于成型加工。近年来，我国塑料回收发展迅速，废塑料回收量达到 1890 万吨/年资源化再利用水平远超日本、欧盟等国家和地区。日本的塑料垃圾回收体系相对完善，2019 年废塑料产生量为 851 万吨，其中回收利用的废塑料约占 47%，焚烧（包含能量回收）的废塑料占 45%，回收利用量约为 400 万吨/年。欧盟 2019 年废塑料产生量为 2910 万吨，其中回收利用和焚烧的废塑料分别占 33% 和 43%，回收利用量约为 960 万吨/年。目前，全球很多国家制订了塑料治理计划或实施方案，规定了产品中再生塑料的使用比例，极大地推动了塑料回收行业的发展，未来塑料回收利用水平将会大幅提升。从长远看，发展循环经济、建立塑料闭环管理体系是全球塑料治理的必然趋势。当绝大部分塑料原料需求来自回收再利用的废塑料时，塑料需求将与碳排放"脱钩"。这是塑料低碳发展的远景目标，面临的挑战和难度非常大，需要塑料上下游产业链的创新与合作发展。

四　我国应对塑料治理全球进程的政策建议

（一）参照《联合国气候变化框架公约》进程，坚持公平、"各自能力"和"参照国情"原则，积极推动建立公平有效的治理体系

全球塑料治理进程的开启得到了大多数发达国家和众多发展中国家的

支持，我国作为塑料生产和消费大国，应积极参与和引导塑料全产业链国际标准制定，全面评估新协议对我国经济、社会和环境的影响，争取更大话语权。同时，也要积极进行全球海洋塑料垃圾治理合作，代表发展中国家立场，不盲从、不跃进，推动建立公平有效的治理体系。但由于塑料消费的普遍性，不宜机械照搬《联合国气候变化框架公约》下的"共同但有区别责任"的表述，可呼吁在坚持公平、"各自能力"和"参照国情"等原则基础上制定相应目标和措施，谈判必须遵循公平、透明和协商一致的原则。同时，还应呼吁发达国家加大对发展中国家（特别是最不发达国家）在技术和资金方面的支持。

（二）加快制订塑料可持续管理计划，推动建立塑料循环经济

首先，加大"禁限塑"实施力度，加快实现塑料源头减量。扩大禁限政策的覆盖范围，重点对电商、外卖等行业一次性塑料制品的过度消耗进行控制。推动塑料污染治理的宣传和教育，引导消费者形成绿色消费行为。其次，对接国际可持续发展标准，推动我国塑料高水平回收利用。从源头完善塑料产品的可循环再生设计、评估、标识系统，建立国际、国内对接的标准和认证体系。推动实施再生塑料相关标准，推广应用再生塑料先进的技术装备，鼓励塑料废弃物同级化、高附加值利用。最后，明晰塑料污染治理责任主体，推行生产者责任延伸和环境税征收制度。将塑料生产者的资源环境责任从生产环节进一步延伸到产品设计、流通消费、回收利用、废物处置等环节。通过建立一次性塑料产品环境税收机制，向生产者或消费者征收环境税，并将税收用于废塑料的回收利用，用可持续的商业模式解决塑料污染问题。

（三）建立健全塑料全生命周期碳排放核算体系，有效应对国际塑料治理和碳关税贸易壁垒可能带来的出口压力

我国塑料生产原料多元化特征明显，且不同生产路线碳排放差异显著。因此，针对国际塑料治理和碳关税贸易壁垒可能带来的出口压力，本文提出

以下三点建议。首先，加快建立科学的塑料全生命周期碳排放核算体系。积极开展塑料产品全生命周期评价，掌握涵盖产品生产、使用、废弃阶段的直接与间接碳排放量。建立全面的碳排放数据库，准确研判碳排放重点环节，推动塑料产品低碳生产。其次，积极推进塑料产品碳足迹相关标准化工作。加快制定塑料行业碳排放标准体系，提高碳排放核算结果的国内应用性及国际可比性。完善塑料产品碳标签，利用大数据、互联网等提升碳数据的透明度及应用性。最后，加大塑料生产低碳创新技术的研发和应用力度。加大二氧化碳合成烯烃新技术的研发力度，发挥绿色创新技术低碳优势，推动塑料产业链节能降碳改造。

G.9
欧盟碳边境调节机制的要点及其影响

康文梅　王谋*

摘　要： 自2019年欧盟委员会发布的《欧洲绿色协议》提出要通过碳边境调节机制（CBAM）来实现气候目标之后，欧盟不断推进碳边境调节机制的立法进程。目前，欧盟CBAM的立法已经处于欧盟理事会、欧盟委员会和欧洲议会三方会谈阶段即最后阶段。本文对2022年6月通过的欧盟碳边境调节机制最新文本进行了研究，提炼总结了CBAM方案执行范围、覆盖领域、核算方式、执行方式等要点，并基于中国2018年非竞争型投入产出表，采用投入产出模型测算了欧盟碳边境调节机制对中国的可能影响。结果显示中国对欧盟出口的CBAM六个行业的"直接+间接①"碳排放为1538.59万吨，占中国对欧盟出口碳排放的19.09%，若以70欧元/吨碳即80美元/吨碳的碳价征税，中国需支付碳关税12.31亿美元，其中化学品支付最多，为4.02亿美元，水泥最少，不足0.01亿美元；如果CBAM征税范围拓展到"直接+间接+上游产品"碳排放，中国对欧盟出口的CBAM六个行业的隐含碳为4618.51万吨，在同样的碳价水平下，中国则需支付36.95亿美元，是未扩展之前的3倍多。面对欧盟碳边境调节机制，中国可以从政治和技术两方面综合进行应对。

---

* 康文梅，中国社会科学院大学在读博士生，研究领域为可持续发展、环境经济学等；王谋，通讯作者，博士，中国社会科学院生态文明研究所研究员、中国社会科学院可持续发展研究中心秘书长，研究领域为全球气候治理、SDG本地化及实施进展评估等。

① 文本将欧盟CBAM间接碳排放定义为外购电力所产生的碳排放。

关键词： CBAM 投入产出模型 碳关税

一 引言

自 2019 年欧盟委员会发布的《欧洲绿色协议》（European Green Deal）提出要通过碳边境调节机制（Carbon Border Adjustment Mechanism，CBAM）来实现气候目标之后，碳边境调节机制在欧盟的立法进程便不断推进。2020年 3 月启动 CBAM 磋商咨询程序，2021 年 3 月欧洲议会通过"设立 CBAM的原则性决议"，2021 年 7 月 14 日欧盟委员会向欧洲议会和欧盟理事会提交了"建立碳边境调节机制"的提案，意味着 CBAM 已经进入立法程序。欧盟立法进程总共分为三步，欧盟委员会提出立法动议和措施草案只是立法程序的第一步，第二步是欧盟理事会和欧洲议会分别就欧盟委员会提交的草案通过投票决定全文采纳或者进行修订，第三步是通过三方会谈对欧盟理事会、欧盟委员会、欧洲议会各自方案中的细节分歧进行讨论与磋商，若达成一致则完成立法程序。在欧洲议会方面，2022 年 6 月 22 日全体表决通过了CBAM 文本，该文本将欧盟委员会提案中的 CBAM 过渡期延长为 4 年，即从2023 年至 2026 年，并且扩大了征税行业范围，变成钢铁、铝、化肥、水泥、化学品、聚合物、电力七大行业①，而且除了直接排放，间接排放即外购电力排放也要被征税，免费配额完全取消时间由 2036 年提前到 2032 年。在欧盟理事会方面，欧盟各成员国的财政部长和环境部长于 2022 年 3 月和2022 年 6 月共同投票和修订，最终形成了完整的 CBAM 文本，该文本基本采取了欧盟委员会的提案，在征收行业、征收范围、过渡期、配额取消时间等方面均没有变化。由此，欧盟 CBAM 的立法进程已经完成了第二步，后

---

① 文案虽多次提到 CBAM 覆盖的行业增加了聚合物、氢气和有机化学，但文案在附件中将征税行业的有机化学和氢气合并成了化学品，聚合物为塑料及其制品，本文考虑到这两种提法并不影响测算结果，而且附件中征税行业具有 CN 编码，易进行影响测算，故按照附件的行业分类表述并测算 CBAM 的影响。

续将由欧盟理事会、欧盟委员会和欧洲议会三方会谈确定最后方案。通过对比不同阶段的 CBAM 文本可以发现，三方提交的 CBAM 文本在征收行业、征收范围、过渡期等方面存在差异，欧洲议会版本代表性更为广泛，可能会成为核心文件，立法进程中的三方会谈往往也以更接近欧洲议会的法案为最终版本。[①] 因此，本文将主要分析欧洲议会 CBAM 文本的要点和框架，并评估其对中国的影响。

在 CBAM 立法进程中，中国、土耳其、俄罗斯、委内瑞拉等众多国家对欧盟碳边境调节机制都提出反对，但可以预见的是 CBAM 作为单边措施，欧盟仍然会积极推进。欧盟是中国的第二大出口市场，而中国也是 CBAM 的潜在实施对象之一，探讨 CBAM 对中国的可能影响不仅可以为中国应对欧盟碳边境调节机制提供数据基础，也可以为其他反对 CBAM 的国家提供参考。

二　欧盟碳边境调节机制的要点

通过梳理欧洲议会于 2022 年 6 月 22 日通过的欧盟碳边境调节机制文本发现[②]，欧盟碳边境调节机制框架设计及要素如下。

第一，合法性。强调确保与 WTO 规则的兼容性，将 CBAM 作为避免碳泄漏的措施，同时防止欧盟本土商品与进口商品的碳成本不一致。

第二，执行范围。对欧盟成员国、已与 EU ETS 实现链接的国家（冰岛、列支敦士登、挪威、瑞士等）进行豁免，其他国家均属于 CBAM 执行对象。未对最不发达国家、小岛屿发展中国家等提供优惠待遇。

第三，覆盖领域。CBAM 覆盖行业为钢铁、铝、化肥、水泥、化学品、

---

①　郭敏平、周杰俣、崔莹：《欧盟碳边境调节机制的应对之策：具体内容、实施影响和政策启示》，中央财经大学绿色金融国际研究院，2022 年 7 月 26 日，https：//mp. wei xin. qq. com/s/antewDk7U3i0HCZ_ BBucdg。

②　European Parliament. Amendments adopted by the European Parliament on 22 June 2022 on the proposal for a regulation of the European Parliament and of the Council establishing a carbon border adjustment mechanism，2022-6-22，https：//www. europarl. europa. eu/doceo/document/TA-9-2022-0248_ EN. html.

聚合物、电力七大行业。在 2025 年之前增加目前 CBAM 所包括商品的下游产品，并在 2030 年 1 月 1 日之前逐步将 EU ETS 所覆盖的商品纳入，其中优先考虑碳泄漏和碳强度高的商品。

第四，核算方式。包含直接和间接碳排放，其中直接碳排放是指燃烧化石能源所产生的碳排放，包括生产过程中加热和冷却产生的碳排放，间接碳排放是指外购电力所产生的碳排放；涵盖二氧化碳（CO_2）、一氧化二氮（N_2O）和全氟碳化物（PFC_S）三种温室气体。值得注意的是，若出口国无法提供碳排放数据，以每个出口国的最差性能装置 10% 的平均排放强度或者 CBAM 覆盖行业的平均排放强度并增加价格加成作为默认值；若出口国数据可靠但是因存在缺漏而无法应用于某个行业，以欧盟的最差性能装置 5% 的平均排放强度作为默认值。

第五，执行方式。主要分为过渡期和正式实施两个阶段。过渡期为 2023~2026 年，出口商只具有申报义务，不需要购买配额凭证，申报内容包括出口产品数量、直接碳排放、间接碳排放、隐含碳排放以及出口产品已支付的显性碳价；正式实施是从 2027 年开始，出口商需要根据其产品碳排放量向 CBAM 机构购买 CBAM 证书（CBAM Certificate），每一份 CBAM 证书代表一吨碳排放，即利用排放配额的方式实施碳边境调节措施。在每年 1~5 月统一结算应缴 CBAM 证书数量，不需要每次在进口环节逐笔缴纳。在每年 5 月 31 日之前，每个出口商应该向 CBAM 机构提交 CBAM 申报，申报内容包括进口产品数量、碳排放量、需要缴纳的 CBAM 证书、由于已支付显性碳价而减少提交的 CBAM 证书数量等，其中若已支付显性碳价不小于 EU ETS 配额拍卖价格，仅能抵消 100%。出口商应确保在每个季度末其 CBAM 登记账户上的 CBAM 证书数量至少为自日历年开始出口商品碳排放量（以默认值确定）的 80%。值得注意的是，CBAM 机构将于每年 6 月 30 日之前购买出口商的 CBAM 登记账户中的 CBAM 证书数量，否则 CBAM 证书数量将被取消。此外，若出口商未提交足够数量的 CBAM 证书，除要补足这些未提交的 CBAM 证书之外，还要接受上一年 CBAM 证书平均价格三倍的罚款。

第六，执行价格。CBAM 证书价格与 EU ETS 配额拍卖价格一致，以

EU ETS 每周配额拍卖价格的平均值为依据，这意味着其将随 EU ETS 价格的变化而变化。

第七，双重征税。允许出口商以支付的显性碳价（如在碳市场、碳税等制度下支付的价格）抵消 CBAM 价格，以外币支付的碳价格将以年平均汇率进行换算，而出口退税或任何其他形式的出口直接或间接补偿不应被抵扣。

第八，CBAM 证书收益的使用方式。出售 CBAM 证书产生的收入一方面支持实现全球减排目标以及欧盟的气候目标和国际承诺，另一方面支持最不发达国家的减缓和适应气候变化，包括支持其制造业去碳化和转型。此外，为确保出售 CBAM 证书产生的收入使用的透明度，欧盟委员会应每年向欧洲议会和欧盟理事会报告上一年收入的使用情况。

第九，执行 CBAM 的保障机制。（1）去免费配额。为了避免欧盟本土企业享受"双重保护"，2027~2032 年将逐渐减少 CBAM 覆盖行业的免费配额，直至为 0，其中 2027 年免费配额减少为 93%，2028 年为 84%，2029 年为 69%，2030 年为 50%，2031 年为 25%，2032 年为 0。（2）建机构。建立一个统一的 CBAM 机构以实施并监督该提案，具体包括 CBAM 注册账户的建立、运行和维护，CBAM 证书的出售、清缴、回购以及注销等。同时，建立一个上诉机制，保证对 CBAM 机构的决定可以提出上诉。（3）能力建设。一方面通过与中低收入国家合作，实现中低收入国家制造业的去碳化；另一方面向欠发达国家和最不发达国家提供必要的技术援助，以及向最不发达国家的制造业去碳化提供资金，其中每年提供的资金至少相当于出售 CBAM 证书所产生的收益水平。

三 欧盟碳边境调节机制对中国的可能影响

欧盟是中国第二大商品出口市场，中国对欧盟的商品出口额占中国商品出口总额的 14.28% 左右。[①] 中国是 CBAM 实施的重要对象，深入探讨 CBAM 对中国的可能影响具有现实需求和意义。

---

① 资料来源：UN Comtrade 数据库。

（一）中国对欧盟出口的 CBAM 行业碳排放

由上文可知，欧盟碳边境调节机制是针对欧盟进口商品的含碳量实施的，因此，在测算欧盟碳边境调节机制对中国的可能影响之前，需要全面了解中国对欧盟出口产品的碳排放情况。本文根据中国 2018 年非竞争型投入产出表，并结合 UN Comtrade 数据库、《中国能源统计年鉴 2020》、WTO 数据库等数据采用投入产出模型测算了中国对欧盟出口的"直接+间接"以及隐含碳排放，计算结果如表 1 所示。可以发现，2018 年中国对欧盟出口的"直接+间接"碳排放总量为 8059.370 万吨，其中中国对欧盟出口的 CBAM 六个行业"直接+间接"碳排放占比为 19.091%。六个行业中，中国对欧盟出口的化学品的"直接+间接"碳排放最多，达到 501.994 万吨，占中国对欧盟出口"直接+间接"碳排放总量的 6.229%，其次是钢铁和聚合物，分别为 474.557 万吨、399.058 万吨，铝、化肥、水泥等行业较少，分别为 159.652 万吨、2.780 万吨、0.551 万吨。值得注意的是，中国对欧盟的电力出口为零，因此电力行业不存在对欧盟出口的碳排放。

表 1　2018 年中国对欧盟出口的 CBAM 行业碳排放

单位：万吨，%

行业	对欧盟出口"直接+间接"碳排放	占中国对欧盟出口"直接+间接"碳排放的比例	对欧盟出口隐含碳排放	占中国对欧盟出口隐含碳排放的比例
化学品	501.994	6.229	1821.895	4.295
聚合物	399.058	4.951	1448.309	3.414
化肥	2.780	0.034	10.091	0.024
水泥	0.551	0.007	1.214	0.003
铝	159.652	1.981	336.568	0.793
钢铁	474.557	5.888	1000.430	2.359
总计	1538.592	19.091	4618.507	10.888

注：表中 CBAM 行业没有电力是由于中国对欧盟的电力出口为零。

除了考虑行业的"直接+间接"碳排放,还要考虑行业上游产品的碳排放,2018 年中国对欧盟出口的隐含碳排放总量为 4.242 亿吨,占到中国出口隐含碳排放总额的 13.32%,其中中国对欧盟出口的 CBAM 六个行业的隐含碳排放为 4618.507 万吨,占中国对欧盟出口隐含碳排放的 10.888%。六个行业中,中国对欧盟出口化学品行业隐含碳排放最高,达到 1821.895 万吨,占到 CBAM 六个行业的 39.448%,约占中国对欧盟出口隐含碳排放的 4.295%,占中国全部出口隐含碳排放的 0.572%。其次是聚合物,约为 1448.309 万吨,再次是钢铁,约为 1000.430 万吨,较小的是铝、化肥、水泥,共有 347.873 万吨,在中国对欧盟出口隐含碳排放中的占比为 0.820%。可以发现,若考虑 CBAM 行业的上游产品碳排放,CBAM 行业的隐含碳排放是其"直接+间接"碳排放的 3 倍多。

(二)欧盟碳边境调节机制对中国的可能影响

目前,CBAM 文本依据直接和间接碳排放对进口产品征收碳税,在过渡期结束以后,征税范围可能增加进口产品在其生命周期上游的碳排放即对进口产品的隐含碳排放进行征税,征税价格与 EU ETS 保持一致。EU ETS 的平均碳价为 70 欧元/吨碳[①],考虑到不同碳价的影响具有线性关系,本文将以 70 欧元/吨碳即 80 美元/吨碳[②]作为欧盟 CBAM 的基本碳价,分析 CBAM 目前文本和扩大征税范围两种情景下欧盟 CBAM 对中国整体和行业的可能影响。在两种情景中,中国对欧盟出口的 CBAM 六个行业均被征税,征税的碳价也相同,均为 70 欧元/吨碳,所不同的是征税范围,其中情景一为"直接+间接"碳排放,情景二为隐含碳排放。

如表 2 所示,无论哪一种情景,中国出口均会因 CBAM 而遭受损失。情景一条件下,中国对欧盟出口的 CBAM 行业将被欧盟征收 12.309 亿美元的税收。情景二条件下,中国对欧盟出口的 CBAM 行业将被欧盟征收

---

① 资料来源:欧洲能源交易所官网,可参考 https://www.eex.com/en/。
② 2020 年欧元与美元的官方汇率为 1 美元=0.876 欧元,汇率来自世界银行数据库。

36.948 亿美元的税收，是情景一的 3.002 倍。对比情景一、情景二被征收税额的差异，我们发现，征税范围的宽窄决定了 CBAM 对中国造成的出口损失的大小，征税范围越宽，CBAM 给中国带来的出口损失越大，反之则越小。分行业来看，中国受影响最大的行业是化学品，在情景一、情景二下分别损失 4.016 亿美元、14.575 亿美元；受影响相对较小的是水泥行业，上述两种情景下，水泥行业的损失分别为 0.004 亿美元、0.010 亿美元。

表 2 不同情景下欧盟 CBAM 对中国的可能影响

行业	税率（欧元/吨碳）	情景一	情景二	情景二/情景一
		"直接+间接"碳排放	隐含碳排放	
		税收（亿美元）		
化学品	70	4.016	14.575	3.629
聚合物	70	3.192	11.586	3.630
化肥	70	0.022	0.081	3.682
水泥	70	0.004	0.010	2.500
铝	70	1.277	2.693	2.109
钢铁	70	3.796	8.003	2.108
总计	—	12.309	36.948	3.002

注：欧元与美元的汇率以世界银行数据库公布的 2020 年官方汇率 1 美元＝0.876 欧元为准。

四 中国应对欧盟碳边境调节机制的政策建议

在进出口环节对商品或服务所内含的温室气体排放所采取的调节措施即碳边境调节措施并不是一个新的概念，它包括碳关税、排放配额等多种方式。其中碳关税最早于 2007 年被法国时任总统希拉克提出，且 2009 年美国通过的《美国清洁能源与安全法案》也有相关表述。欧盟重提 CBAM 引起欧盟内部、外部、WTO 等的广泛关注。WTO 对 CBAM 态度是较为模糊且不确定的，其认为需要进一步明确 CBAM 的目的和多个关键问题，并考虑机制对其他国家的影响，以及是否具有更加积极、高效的替代方案。欧盟内部的主要成员国如德国、波兰等均支持 CBAM，而欧盟碳密集型行业反对取消免费配额，要求修订 CBAM 提案。欧盟外部的大多数发展中国家认为 CBAM 违反了《联合国气候变化框架公约》和《巴黎协定》以及 WTO 的规则和要求，其中俄罗斯、土耳其、中国等国明确反对 CBAM，英国、美国等发达国家对 CBAM 持支持或开放态度。尽管面临诸多挑战和质疑，新版的欧盟碳边境调节机制已经处于立法的欧盟理事会、欧盟委员会、欧洲议会的三方会谈阶段即最后阶段，欧盟将积极推动立法进程的完成，并抛出一份其他国家难以接受的实施方案。① 面对欧盟碳边境调节机制，中国可以从政治和技术两个层面综合进行应对。

一是政治层面。反对单边措施，积极推动多边措施的实施。欧盟 CBAM 从发起到规则制定再到未来实施都是欧盟的单方行为，与《联合国气候变化框架公约》、WTO 条款、《巴黎协定》等存在冲突，是对全球气候治理进程的漠视和挑战。世贸组织框架下，关于碳关税一直存在争议，在关贸总协定第 1 条"一般最惠国待遇"、第 2 条"减让表"、第 3 条"国内税与国内规章的国民待遇"、第 6 条"反倾销税和反贴补税"以及第 11 条"普遍取消数量限制"等条款中，均有限制碳关税执行的相关表述，欧盟单边制定的"碳边境调节机制"与世贸组织多边规则必然难以完整适配。《联合国气候变化框架公约》和《巴黎协定》均强调了各国承担"共同但有区别的责任"原则，而且在《巴黎协定》下，几乎所有主要经济体都提出了减排目标，也就是履行了全球气候治理的责任和义务，欧盟也是《巴黎协定》缔约方之一，一旦达成协定，各方也就是相应接受了其他国家的行动承诺，达成了共识。但在《巴黎协定》之外，欧盟又要单独实施 CBAM，无疑会增加其他国家的发展成本，这既是对《巴黎协定》多方共识的背离，更是对全球气候治理多年来形成的缔约方协商一致原则的挑战。因此，无论是从维护多边主义的角度看，还是从《联合国气候变化框架公约》《巴黎协定》达

---

① 王谋、吉治璇、康文梅等：《欧盟"碳边境调节机制"要点、影响及应对》，《中国人口·资源与环境》2021 年第 12 期。

成共识的角度看，都需要立场坚定地反对欧盟碳边境调节机制的制定和实施。中国可以在相应国际机制下反对碳关税的实施，也可以与其他国家一起共同反对碳关税的实施。

二是技术层面。积极动态关注并评估影响，对重点要素开展反制研究。欧盟碳边境调节机制是一种单边措施，这意味着欧盟不需要与其他国家进行磋商就可决定CBAM的所有内容。虽然目前CBAM提案对中国的影响仅为12.309亿美元，但CBAM征税行业和范围的扩大，或者其他国家纷纷效仿或联合欧盟实施碳关税，将扩大甚至数倍地增加碳关税产生的经济影响。因此，中国需积极关注欧盟碳边境调节机制及其未来发展趋势，并评估其可能对中国整体及各行业的影响，对欧盟CBAM的进展做到心中有数。同时，加强对欧盟碳边境调节机制重点要素的研究，包括如何评价各国努力是否对等、如何协调外部机制避免对贸易商品进行双重征税、如何评估欧盟出口产品退税机制、碳关税机制中产品碳排放核算方法、基准线计算问题等，必要的时候，可以从碳关税执行技术层面提出挑战，阻止或者延缓其实施。同时，研判应对方案，将碳关税与普通货物和服务贸易关税、双边经贸关系、全球治理的总体格局和需求、全球和国内碳定价机制协同考虑，提出综合应对方案。

五 结论

自欧盟在2019年的《欧洲绿色协议》中提出碳边境调节机制以来，尽管面临重重挑战，CBAM的实施规则仍然不断细化，立法进程不断推进。中国是CBAM的潜在实施对象，探讨征收CBAM对中国的影响可以为中国应对欧盟碳边境调节机制提供数据基础。本文在分析欧盟碳边境调节机制的要点基础上，运用投入产出模型，采用中国2020年发布的2018年非竞争型投入产出表，核算了中国对欧盟出口"直接+间接"碳排放以及隐含碳排放，并且从"直接+间接"碳排放和隐含碳排放两个角度对比分析了CBAM对中国整体及行业的影响。

（1）欧洲议会于 2022 年 6 月 22 日通过的欧盟碳边境调节机制文本主要是针对除欧盟成员国、已与 EU ETS 实现链接的国家（冰岛、列支敦士登、挪威、瑞士等）之外的所有国家；涵盖行业为钢铁、铝、化肥、水泥、化学品、聚合物、电力七大行业；征税范围包含直接和间接碳排放，涵盖二氧化碳（CO_2）、一氧化二氮（N_2O）和全氟碳化物（PFC_s）三种温室气体；执行方式主要分为过渡期和正式实施两个阶段，其中过渡期为 2023～2026 年，出口商只具有申报义务，不需要购买配额凭证，正式实施是从 2027 年开始，出口商需要根据其产品碳排放向 CBAM 机构购买 CBAM 证书；执行价格以 EU ETS 每周配额拍卖价格的平均值为依据；允许出口商以支付的显性碳价（如在碳市场、碳税等制度下支付的价格）抵消 CBAM 价格。

（2）2018 年中国对欧盟出口的"直接+间接"碳排放为 8059.370 万吨，中国对欧盟出口的 CBAM 六个行业"直接+间接"碳排放占比为 19.091%，其中中国对欧盟出口的化学品的"直接+间接"碳排放最多，达到 501.994 万吨，而除了考虑行业的"直接+间接"碳排放，还要考虑行业上游产品的碳排放，2018 年中国对欧盟出口的隐含碳排放为 4.24 亿吨，占到中国出口隐含碳总额的 13.32%，中国对欧盟出口的 CBAM 行业隐含碳为 4618.508 万吨，占中国对欧盟出口隐含碳排放的 10.888%。

（3）在 CBAM 现行覆盖行业范围和碳排放范围下，若以 70 欧元/吨碳即 80 美元/吨碳的碳价征税，中国出口将因欧盟征税而损失 12.309 亿美元。而当 CBAM 覆盖行业不变，碳排放范围由"直接+间接"碳排放扩大到隐含碳排放，在同等税率下中国出口将被征税 36.948 亿美元，是未扩展之前的 3 倍多。

面对欧盟碳边境调节机制，中国可以从政治和技术两方面综合进行应对。政治上，坚决反对欧盟的单边措施，依据《联合国气候变化框架公约》、《巴黎协定》、WTO 相关条款等，突出强调欧盟碳边境调节机制的不合法性，并联合其他国家反对其实施，维护多边磋商机制和成果；技术上，将反制碳关税纳入双边经贸关系、全球治理总体框架，实施综合反制。

G.10
全球环境治理视角下的盘点机制分析

张诗艺　秦圆圆*

摘　要： 《巴黎协定》建立了全球盘点机制，旨在弥补目标与全球愿景之间、行动进展与行动目标之间的差距。《生物多样性公约》在近期执行机制谈判中高度关注是否及如何通过全球盘点或审查强化实施。本文通过梳理全球盘点机制的形成渊源、设计要素、最新实施进展，结合正在进行的《巴黎协定》第一轮全球盘点所反映的问题，总结了盘点机制实施面临的挑战，包括信息输入存在时滞性或缺口，信息来源广泛导致盘点结论的不确定性，以及盘点结果难以确保全面、平衡、有效等，提出了盘点机制应以推动落实为出发点，以识别问题和提出解决方案为重点，坚持盘点信息输入的需求导向以及盘点内容的全面、平衡、效率原则等建议。

关键词： 全球环境治理　气候变化　生物多样性

一　引言

自20世纪70年代起，气候变化、生物多样性丧失、土地退化与荒漠化、环境污染等诸多环境问题加剧恶化并形成全球性危机，全球环境多边治

---

* 张诗艺，国家应对气候变化战略研究和国际合作中心助理研究员，研究领域为全球气候治理；秦圆圆，通信作者，国家应对气候变化战略研究和国际合作中心助理研究员，研究领域为全球气候治理。

理的重要性日益凸显。1972 年联合国人类环境会议通过"斯德哥尔摩宣言",标志着环境议题正式成为全球治理的关键组成部分。然而经过多年发展,全球环境危机仍未得到根本性解决,全球环境治理体系下各环境公约的实施显现出行动目标与全球愿景间、行动进展与行动目标间差距过大的问题,盘点进展与差距、强化行动的诉求由此而生。《联合国气候变化框架公约》(以下简称《气变公约》)下的《巴黎协定》确立了周期性的全球盘点机制,旨在弥合差距,推动《巴黎协定》全面有效落实。而《生物多样性公约》(以下简称《生多公约》)汲取"爱知目标"失败的教训,在近期执行机制谈判中,对是否及如何通过全球盘点或审查强化实施投入了较多关注。全球环境治理中,盘点机制作为一项专有制度安排的地位正在不断上升。

现有研究多围绕《巴黎协定》下的全球盘点机制展开,且多从单一专题领域切入,例如在适应领域开展全球盘点的新方法①、周期性审评的经验对全球盘点设计的借鉴②、强化减排雄心的全球盘点要素分析③等。众多学者在开展全球盘点机制相关研究时,多包含全球盘点机制与透明度机制关系的讨论。有学者认为,透明度框架与全球盘点组成了《巴黎协定》新的遵约机制,以制衡国家自主贡献(以下简称"NDC")赋予缔约方的较大自由裁量权。④ 另有学者指出,全球盘点机制、透明度机制及促进履行和遵约机制是《巴黎协定》建立和强化的三项程序性机制:透明度机制提供了《巴黎协定》运行所需的信息流,为促进履行和遵约机制、全球盘点机制提供信息基础;《巴黎协定》依托促进履行和遵约机制督促缔约方履约,解决"有没有"的问题;全球盘点机制则是督促缔约方集体和个人不断提高行动

---

① Tompkins, E. L., Vincent, K., Nicholls, R. J., et al., "Documenting the State of Adaptation for the Global Stocktake of the Paris Agreement", *Wiley Interdisciplinary Reviews Climate Change*, 9, 2018.

② Milkoreit, M., Haapala, K., "The Global Stocktake: Design Lessons for a New Review and Ambition Mechanism in the International Climate Regime", *Int. Environ. Agreements*, 19, 2019.

③ Hermwille, L., Siemons, A., Jeffery, L., et al., "Catalyzing Mitigation Ambition under the Paris Agreement: Elements for an Effective Global Stocktake", *Climate Policy*, 19 (6/10), 2019.

④ 梁晓菲:《论〈巴黎协定〉遵约机制:透明度框架与全球盘点》,《西安交通大学学报》(社会科学版) 2018 年第 2 期。

力度，从而最终实现协定目标，解决"好不好"的问题。①

本文注意到一方面，全球盘点机制相关研究数量有限，且多集中于2019年之前，尚未反映全球盘点机制近期的动态更新和实施情况；另一方面，目前研究仅局限在《巴黎协定》全球盘点机制方面，缺乏对其他多边环境公约下盘点机制形成逻辑的观察分析，在研究对象上具有限定性。因此，本文尝试在既往研究基础上，在这两方面进行补足，基于对《巴黎协定》全球盘点机制的总结，辅以对《生多公约》下全球盘点或审查相关谈判进程的梳理，着眼于分析全球盘点机制的渊源、制度设计和最新进展，对全球多边环境治理中进一步完善和实践全球盘点机制提出针对性建议。

二 全球盘点机制渊源分析

在全球环境治理语境下，盘点机制为《巴黎协定》首创，而全球气候治理体系的模式演变是促使盘点机制成形的根本，也是盘点机制内在逻辑所在。因此，本文试图梳理盘点机制内在逻辑，体现设立全球盘点机制的必要性和重要性。

（一）从《气变公约》到《巴黎协定》：盘点机制的国际法渊源

从1994年《气变公约》生效、2005年《京都议定书》签署到2015年《巴黎协定》达成以来，气候变化国际法始终处在动态发展和变革的过程中。此间，全球气候治理体系规则发生了变化，全球气候治理由《京都议定书》（以下简称《议定书》）"自上而下"的模式，即针对全球减排确立了以区别责任为主的附件一国家第一和第二承诺期减排规则，转变为《巴黎协定》"自下而上"、以共同责任为主的国家自主减排的模式。② 尽管各方一直关注如何有效推进全球气候治理，但《议定书》对缔约方减排责任进行法定约束的

---

① 高翔：《气候变化〈巴黎协定〉的逻辑及其不足》，《复旦国际关系评论》2021年第2期。

② 何晶晶：《从〈京都议定书〉到〈巴黎协定〉：开启新的气候变化治理时代》，《国际法研究》2016年第3期。

方式未能取得应有成效。① 为解决上述问题，国际社会采取新的"自主贡献+审评"模式。此"自下而上"国家自愿减排的模式导致各方对能否有效推进气候行动存在担忧。在此背景下，《巴黎协定》创立了周期性全球盘点机制。②

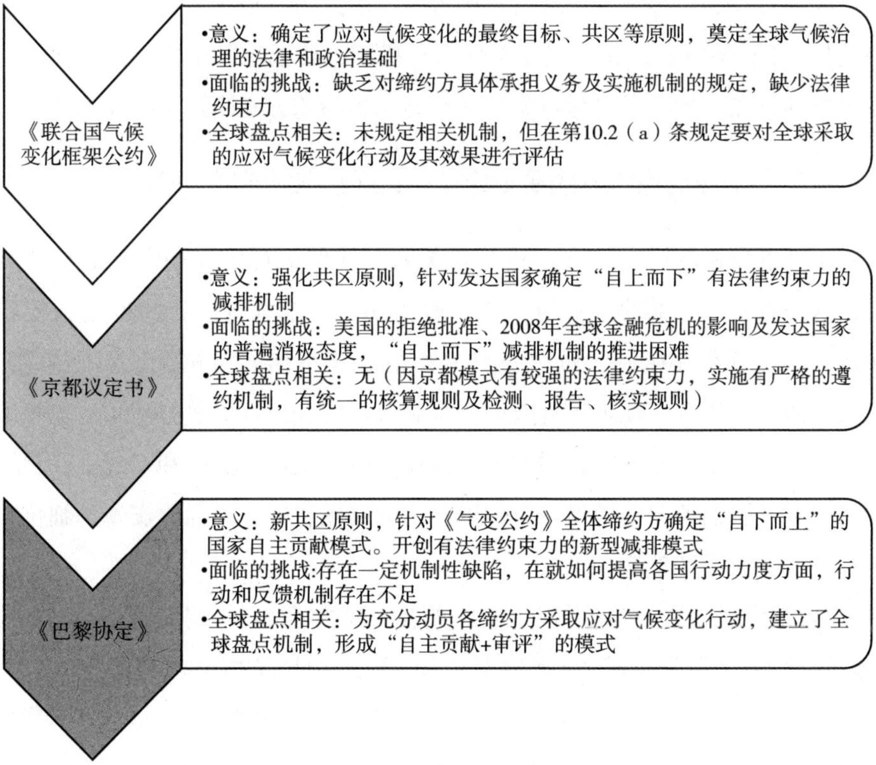

《联合国气候变化框架公约》
- 意义：确定了应对气候变化的最终目标、共区等原则，奠定全球气候治理的法律和政治基础
- 面临的挑战：缺乏对缔约方具体承担义务及实施机制的规定，缺少法律约束力
- 全球盘点相关：未规定相关机制，但在第10.2（a）条规定要对全球采取的应对气候变化行动及其效果进行评估

《京都议定书》
- 意义：强化共区原则，针对发达国家确定"自上而下"有法律约束力的减排机制
- 面临的挑战：美国的拒绝批准、2008年全球金融危机的影响及发达国家的普遍消极态度，"自上而下"减排机制的推进困难
- 全球盘点相关：无（因京都模式有较强的法律约束力，实施有严格的遵约机制，有统一的核算规则及检测、报告、核实规则）

《巴黎协定》
- 意义：新共区原则，针对《气变公约》全体缔约方确定"自下而上"的国家自主贡献模式。开创有法律约束力的新型减排模式
- 面临的挑战：存在一定机制性缺陷，在就如何提高各国行动力度方面，行动和反馈机制存在不足
- 全球盘点相关：为充分动员各缔约方采取应对气候变化行动，建立了全球盘点机制，形成"自主贡献+审评"的模式

图1 气候变化国际法动态发展及与盘点机制的关联

全球盘点机制虽是《巴黎协定》下的新机制，但《气变公约》相关规定早已提出对全球采取的应对气候变化行动及其效果进行评估。该规定达成后很长时间都未实施，也未对发达国家减缓行动的充分性开展评估。《京都议定书》借由"自上而下"的模式，预先为缔约方设定了减排目标、范围、

① 李慧明：《〈巴黎协定〉与全球气候治理体系的转型》，《国际展望》2016年第2期。
② 巢清尘、张永香、高翔等：《巴黎协定——全球气候治理的新起点》，《气候变化研究进展》2016年第1期。

核算规则、灵活履约机制、执行期等，因此不涉及盘点需求。[①] 但到了 2010年，《坎昆协议》提出对全球温升控制量化目标的充分性开展定期审评，并由此建立了周期性审评机制。审评目的虽然是评估长期全球目标的充分性，但审评的过程和内容涉及全球行动的进展，因此与盘点集体进展的机制有共通之处。《巴黎协定》正式建立全球盘点机制，要求每五年开展针对全球行动进展的盘点，旨在通过盘点集体进展推动各缔约方不断提高行动力度。

（二）全球盘点机制的重要定位：以《巴黎协定》为例

全球盘点机制同时与众多机制相关联，并可被视为促进实施的核心棘轮，这一点在《巴黎协定》下体现得较为明显。全球盘点作为推动《巴黎协定》实施的重要机制，通过盘点、评估既有承诺履行情况，识别障碍、缺口、需求、机会，梳理经验教训，得到最佳实践，帮助各方回顾历史总结经验、展望未来提出方案；同时为各方在减缓、适应、支持和实施手段领域的可持续发展框架下，提出符合各国国情的气候目标，为强化实施、细化实施手段提供指导和参考。

《巴黎协定》第十四条明确了全球盘点机制的定位，即定期盘点《巴黎协定》履行情况，评估实现《巴黎协定》宗旨和长期目标的集体进展情况。其中，宗旨为强化应对气候变化全球行动。长期目标包括《巴黎协定》第二条所指的温控、适应和资金相关目标，即全球平均气温升幅控制在工业化前水平以上 2℃之内、并努力将气温升幅限制在 1.5℃之内；提高适应气候变化的能力，并以不威胁粮食生产的方式增强气候复原力；使资金流动符合温室气体低排放和气候适应型发展的路径。同时，全球盘点需要反映包含更广泛地与减缓、适应、实施手段和支持相关联的进展。《巴黎协定》下，众多条款与全球盘点相关联，例如提出盘点需考虑的信息来源（与气候资金相关的第 9.6 条、与技术开发与转让相关的第 10.6 条、与透明度相关的第 13.6 条），盘点授权的任务（与适应相

[①] 巢清尘、张永香、高翔等：《巴黎协定——全球气候治理的新起点》，《气候变化研究进展》2016 年第 1 期。

关的第 7. 14. a/b/c/d/条），以及盘点后续成果应用（与 NDC 相关的第 4.9 条、与适应相关的第 7.14b 条）等，充分体现了全球盘点的交叉性和支持性。

《巴黎协定》建立了以 NDC 更新和通报为基础、以棘轮机制（Ratchet Mechanism）为特征的促进力度提升模式，鼓励各国每轮更新或通报 NDC 时都提高雄心水平。NDC 共同时间框架、强化的透明度框架以及全球盘点等机制安排紧密衔接，形成政策循环①，并通过"政策制定—政策采纳—政策实施—评估—议程设置"的连贯流程进一步巩固该促进力度提升模式。在这一政策循环框架中，全球盘点主要发挥"议程设置"作用，以五年为周期汇集最佳科学、承诺目标、政策与行动、实施效果与进展等方面的信息，展现全球层面应对气候变化行动和进度的概貌和结论，为同样以五年为周期的下一轮国家层面 NDC 的更新或制定提供信息。《巴黎协定》规定全球盘点应同时考虑减缓、适应、实施手段和支持，这体现了平衡的"力度"，而非唯目标论的"力度"，对其他环境公约设立全球盘点机制具有参考价值。

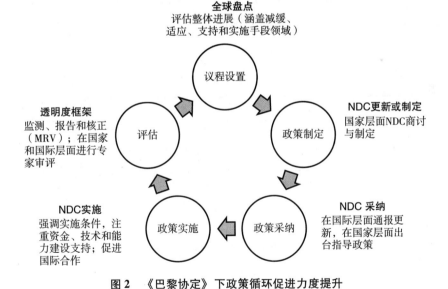

图 2 《巴黎协定》下政策循环促进力度提升

① Howlett, M., Ramesh, M., and Perl, A., *Studying Public Policy： Policy Cycles and Policy Subsystems*, Oxford University Press, 2009.

三　全球盘点机制框架与要素设计

全球盘点机制渊源分析表明，在多边环境公约下设定"自下而上"模式、强调国家自主贡献的盘点机制是重要且必要的。《巴黎协定》下的全球盘点机制现已具备较为完善的框架设计，《生多公约》虽尚未建立全球盘点机制，但各方已对是否及如何设立周期性的全球盘点或审查机制进行了多轮磋商。在《巴黎协定》全球盘点机制实施细则（第19/CMA.1号决定)①与《生多公约》附属履行机构"执行、审评"机制议题中，各方对设立全球盘点或审查机制提出意见方案，指出全球盘点机制在框架设计时需回应"为何盘点、盘点什么、如何盘点、盘点产出什么"等一系列关键问题，并通过系统性安排将其反映在全球盘点机制的各项设计要素中（见图3）。下文将结合表1所示的两公约（《巴黎协定》和《生多公约》）全球盘点机制的具体内容，对各关键问题所涉及的设计要素进行进一步梳理。

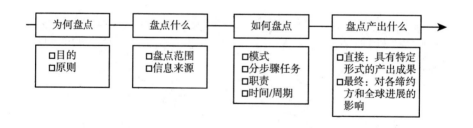

图3　全球盘点机制设计要素逻辑

---

① UNFCCC, "Matters Relating to Article 14 of the Paris Agreement and Paragraphs 99 – 101 of Decision 1/CP. 21", Decision 19/CMA. 1, 2018.

表 1   《巴黎协定》及《生多公约》全球盘点机制的具体内容

项目	《巴黎协定》全球盘点机制 (参考《巴黎协定》第 14 条、第 19/CMA.1 号决定)	生多公约下对全球盘点机制的讨论 (仍在谈判进程中,仅反映主要观点)
目的	评估实现《巴黎协定》宗旨和长期目标的集体进展情况	评估实现 2020 年后全球生物多样性框架(GBF)长期目标和行动方面取得的进展情况
原则	以全面和促进性的方式展开,不审评单一国家,也不导致惩罚性后果;以缔约方驱动和跨领域方式考虑公平和利用现有的最佳科学	以促进性、非侵入性、非惩罚性和尊重国家主权的方式实施(仍存争议为是否体现问责); 利用现有的最佳科学
盘点范围	考虑减缓、适应、实施手段及支持问题,以及应对措施和损失损害	考虑 GBF 实施进展、执行手段和支持(仍存分歧的范围为是否盘点雄心目标)
周期	首轮全球盘点拟于 2023 年底结束,此后每五年开展一次(除非 CMA 会议另有决定)	每四年开展一次(每隔一次 COP)
机制安排	《气变公约》附属机构建立联合联络小组(JCG),推进全球盘点事项;每轮盘点共分为三阶段:①信息收集和准备(公约秘书处汇编综合报告供评估);②技术评估(联合召集人组织技术对话,形成报告);③审议产出情况(高级别委员会组织高级别活动,成果在 CMA 决定或宣言中提及)	具体程序安排待拟定(仍存争议事项包括召开高级别政治会议)
信息来源	缔约方履约报告、政府间气候变化专门委员会(IPCC)报告、《气变公约》附属机构报告、《气变公约》和《巴黎协定》下组成机构和论坛报告、CMA 授权秘书处编写的报告、UN 和其他国际组织的相关报告、缔约方自愿提交的提案、非缔约方利益相关方和《气变公约》观察员提交的材料等	国家报告、国家生物多样性战略与行动计划(NBSAP)、支持信息、区域与次区域审查报告、自愿逐国同行评议报告、科学评估报告、土著及本地社区知识、指标及其他相关信息来源(仍存分歧的信息来源包括雄心及相关分析、依据 NBSAP 的进展审查、专家评议报告、附属机构报告、相关多边环境协定信息等)
产出成果	内容将聚焦评估整体进展,致力于识别不同主题领域强化行动和支持的进展、机遇和挑战,以及可能的做法和优良实践,总结主要政治信息,最终成果会在 CMA 决定或宣言中提及	内容将聚焦评估全球生物多样性实施进展,鉴别实施手段和支持的缺口(仍存争议的成果包括是否对国家规划和目标形成汇总分析)
盘点影响	全球盘点结果应为缔约方以国家自主的方式根据《巴黎协定》的有关规定更新和加强它们的行动和支持,以及为加强气候行动的国际合作提供信息;缔约方被邀请介绍参考全球盘点提出的 NDC	仍存争议的盘点影响选项为缔约方被要求或被鼓励或自愿修订/更新 NBSAP,以进一步加强努力,促进 GBF 和生多公约的实施

131

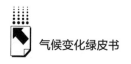

（一）为何盘点：目的与原则

在回应"为何盘点"时，两公约的全球盘点机制均指向评估实现公约及其协定或实施框架宗旨和长期目标的集体进展，盘点目的相近。并且盘点机制需同时考虑公约及协定的性质，并将其体现于指导原则中。例如《巴黎协定》树立了"自下而上"的自愿贡献模式，其盘点机制需要体现缔约方的驱动性、全面性和促进性，不审评单一国家，也不导致惩罚性后果。在《生多公约》全球盘点机制磋商中多方也强调应以促进性、非侵入性、非惩罚性和尊重国家主权的方式实施全球盘点。两公约的全球盘点机制还强调要体现对现有最佳科学的利用。

（二）盘点什么：盘点范围与信息来源

回应"盘点什么"时首先需划定盘点范围，可参考长期目标的具体指向，或者提出具体范围要素。《生多公约》的 2020 年后全球生物多样性框架（GBF）拟确立四项与 2050 年愿景有关的长期目标和一系列行动目标，并将设立标题指标监测框架，指向相对明确；《巴黎协定》提出减缓、适应、实施手段及支持问题为盘点的要素范围，与要素相挂钩的条款所提目标和愿景均可被考虑在内。《生多公约》目标较为限定，但相对易陷入"唯目标导向"，要求各方对照全球目标差距不断提高目标力度；而《巴黎协定》盘点范围较为灵活，但相对易出现因对范围理解不同而导致的分歧。机制还需对"集体进展"进行解读。集体进展可聚焦目标进展与现存差距，也可包含更广泛的转型进展和优良实践，后者对于强化实施手段、建立行动与支持间联系的诉求更为显著。在《生多公约》全球盘点机制磋商中，较多发展中国家提出全球盘点或审查机制应平衡评估实施手段，并提供支持的进展和鉴别的做法，强调全球盘点或审查机制并非单纯的差距审查，还需适当跳出"差距"提供更具积极的建设性信息。全球盘点信息来源众多，应综合考虑最佳科学信息和现实进展。两公约全球盘点的信息来源均包含了缔约方自主通报信息和科学评估报告，其他信息来源因公约机制安排不同而呈现出差别。

（三）如何盘点：模式安排

"如何盘点"事关全球盘点实施，既包括总体进程安排，也涉及各阶段步骤的具体任务、组织形式、执行主体、时间/周期等。《巴黎协定》设计了"信息输入—技术考虑—政治考虑"三步骤盘点模式，即信息收集和准备（收集、汇编和综合信息）、技术评估（盘点《巴黎协定》履行情况），以及审议产出情况（讨论技术评估结果的影响）。《生多公约》则是由缔约方提出召开高级别政治会议，以促进形成政治共识。在组织形式和执行主体方面，《巴黎协定》全球盘点机制提出建立联合联络小组（JCG），由其来负责整体机制实施。而《生多公约》则是由其附属机构主席负责发布、征集和查明信息差距，公约秘书处牵头整合信息形成报告，为技术评估提供输入；技术评估以技术对话形式展开，联合召集人负责归纳对话产出；并在产出审议环节，由缔约方大会（COP）主席及附属机构主席组成的高级别委员会通过组织高级别活动形成盘点成果。在时间和周期安排上，全球盘点与相关机制/进程的时间安排相协调。《巴黎协定》全球盘点周期与国家自主贡献（NDC）更新和通报挂钩，设定为五年；《生多公约》下各方多认同基于 COP 会议安排和 GBF 框架设定每四年为一周期。鉴于全球盘点信息输入繁杂且参与方众多，在安排每轮盘点各阶段的实施时间时，可酌情考虑时间重叠问题，例如持续性开展信息收集汇总，同时推进技术评估。图4总结了《巴黎协定》第一轮全球盘点的工作任务、时间线与各参与方，可为"如何盘点"的进程设计提供示例。

（四）盘点产出什么：成果与影响

"盘点产出什么"可包含两层含义，一是盘点的具体产出成果及其形式；二是盘点成果产生的影响。两公约盘点产出成果均聚焦评估实施进展，其中，《巴黎协定》还致力于识别实施手段和支持的进展、机遇和挑战，以及优良实践，而《生多公约》的各方关于是否对国家规划和目标形成汇总分析仍存分歧。《巴黎协定》盘点产出成果最终会在《巴黎协定》

工作内容	2021年				2022年				2023年			
	Q1	Q2	Q3	Q4	Q1	Q2	Q3	Q4	Q1	Q2	Q3	Q4
提出引导问题 谈判联络组		▲		◆△		◆△		◆△		◆△		◆△
信息收集 提案 信息处理方式说明				▲ ◆○ ●		▲		▲		▲		
技术评估 （技术对话）					■◆✱		■◆✱		■◆✱			
高级别政治对话 CMA决策										◆○▲ ◆		

2020年 NDC-1　　联合国秘书长特别活动　　2025年 NDC-2

◆ 缔约方
○ NGO等利益相关方
● 秘书处
◎ CMA主席
▲ 附属机构主席
△ JCG主席
■ 联合召集人
✱ IPCC等专家

图4　《巴黎协定》第一轮全球盘点进程安排

缔约方会议（CMA）通过的决定或宣言中提及，此前缔约方提案建议产出包括会议报告、技术报告、主席团总结/倡议等。从盘点影响看，两公约均认为盘点成果应推动各缔约方更新和加强行动与支持，《巴黎协定》明确提出"应以国家自主的方式"，而《生多公约》谈判中各国对基于全球盘点成果采取行动的性质仍存争议。各方对于全球盘点如何促进实施仍存在不同理解。

四　全球盘点实施进程和面临的挑战

全球盘点作为新制度安排，其可操作性、有效性、持续性仍待实践检验。《巴黎协定》全球盘点实施细则规定"应以灵活和适当的方式组织全球盘点，努力寻找边学边干的机会"，这也表明全球盘点处在不断完善的过程中。本文总结全球盘点实施进程，指明进程中显现的问题或挑战，可为各多边环境公约推行全球盘点机制提供参考。

（一）全球盘点实施进程

《巴黎协定》第一轮全球盘点拟于 2023 年底结束，《生多公约》执行机制仍在磋商是否设立全球盘点或审查机制。鉴于两公约下的全球盘点实施均处于初步阶段，下文尝试从两公约下全球盘点前的类似机制实施情况、全球盘点关联准备、全球盘点最新实施工作三方面对全球盘点实施进程进行分析。

一是全球盘点前的类似机制实施情况。在《气变公约》和《生多公约》之前，就有过类似的全球盘点实践，这为全球盘点机制奠定了实施基础。前文提到，《坎昆协议》授权开展至少每七年一次的周期性审评，两次周期性审评分别于 2013~2015 年、2020~2022 年举行。这两次周期性审评聚焦评估长期全球目标（LTGG）的适当性和实现 LTGG 的总体进展[①]，其信息来源包括 IPCC 报告、缔约方报告及其他科学信息，采用"信息汇编—技术评估—编写报告"的审评模式，设有 JCG 和结构性专家对话（SED），并与 IPCC 专家组联系紧密。第二次周期性审评结果可为首轮全球盘点提供一定信息输入。此外，在《气变公约》下曾举行 2020 年前履约行动盘点，对 2020 年前缔约方减缓及提供支持的承诺进展、适应行动需求与进展等进行评估，为 2020 年后气候行动理清现实基础。由于发达国家缔约方的抵触和疫情的影响，2020 年前履约行动盘点未能取得如期效果。《生多公约》COP2 授权设立周期性盘点报告机制，公约秘书处根据各国国家报告、科学评估报告及其他来源信息，每四年盘点产出《全球生物多样性展望》（GBO），迄今已发布五次。其中，第五版《全球生物多样性展望》对 2011~2020 年的全球生物多样性目标执行进展进行了量化评估，并针对性地提出可持续转型途径建议。全球盘点前类似机制现或面临去留的争议。周期性审评和全球盘点分别对应《气变公约》和《巴黎协定》，二者授权范围不同，

---

① 第 1/CP.16 号决定规定长期全球目标为"使与工业化前水平相比的全球平均气温上升幅度维持在 2℃ 以下"。

多方认为二者的机制可并行但需避免工作重复。《生多公约》下尚未形成全球盘点机制，是否保留周期性盘点报告机制还待后续磋商决定。

二是与全球盘点机制挂钩的相关安排。NDC 通报、透明度框架、科学评估报告等多项机制的安排和进展将直接影响全球盘点进程。共同时间框架议题谈判达成以五年为周期的 NDC 更新机制，在时间安排上与全球盘点周期形成衔接，实现"NDC—盘点—提高 NDC"的促进力度提升循环。截至2021 年底，《巴黎协定》下有 166 个缔约方（共 193 个缔约方）提交 NDC，为全球盘点提供了信息输入，但仍留有一定的缺口。同时，《巴黎协定》强化的透明度框架实施细则（ETF）完成谈判，确定了第一轮双年透明度报告（BTR）提交时限为 2024 年，尚无法为第一轮盘点提供信息输入与支持。IPCC 报告第六次评估周期三个工作组报告均已发布，可为全球盘点提供最新科学信息。对于《生多公约》而言，执行机制议题下正在就 NBSAP 和国家目标的更新与通报、国家报告、非国家行为体贡献、逐国同行评议等开展附件指南的谈判，推动透明度建设，为待设立的全球盘点机制提供信息来源。《生多公约》关联的生物多样性和生态系统服务政府间科学政策平台（IPBES）与 IPCC 功能相似，都是为各自的全球盘点提供科学性支撑，并提供专题领域和方法评估。近来 IPBES 与 IPCC 正在推动探讨两平台合作模式，以推动两公约协同增效①。

三是全球盘点机制最新实施进展。目前《巴黎协定》第一轮全球盘点正在进行，公约秘书处已根据现有信息来源汇编产出多份综合报告，涵盖NDC 集体效果与实施进展、减缓、适应、支持等盘点要素，并就信息处理方法进行了说明。《气变公约》第 56 届附属机构会议第一轮技术对话于线下召开，缔约方、专家和非缔约方利益相关方均参与其中。尽管从时间安排来看实施进程较为顺利，但仍反映出三点问题。第一，信息来源纳入不够平衡。当前汇编产出的综合报告中重要信息输入为各缔约方的 NDC、国家信息通报、双年报（BR）、双年更新报（BUR），以及 IPCC 报告等。发达国

---

① 各方最新提案见 IPBES/9/INF/26 文件。

家缔约方在透明度、科研、技术等方面优势明显，例如附件一缔约方在国家温室气体排放清单报告（NIR）通报方面已积累多年经验，因此其相较发展中国家缔约方有更多更新的信息输入。第二，指标选取未充分反映公约及协定原则。当前综合报告指标选取对公平、共同但有区别的责任和各自能力等原则的反映不足，典型指标如历史排放量仅追溯至 1990 年，无法公平体现各国排放的历史责任，更多压力倒向新兴发展中排放大国。第三，盘点要素平衡仍有待加强。在第一轮技术对话中，各方主要以 IPCC 最新报告为依据，强调应在本十年加快行动，尤其是提高减排力度。由于学界在适应行动的目标和指标方面的评估进展远落后于减缓行动，此次技术对话仍存在重减缓轻适应的问题。此外，由于气候资金的评估将发达国家出资义务与全球资金动员相混淆，重目标轻支持的不平衡问题继续凸显。

《巴黎协定》全球盘点最新进展所反映的问题表明，尽管全球盘点在制度设计要素上倾向于做到平衡全面，但在具体实施过程中，不平衡、不全面、不充分、不合理的情况依然存在，仍需不断纠正调整。

（二）全球盘点实施面临的挑战

基于《巴黎协定》全球盘点最新进展，结合《生多公约》全球盘点机制的初步设定，本文认为全球盘点机制实施可能面临三大具有普遍性特征的挑战。

一是盘点各国行动进展时存在一定信息滞后性或缺口。以《巴黎协定》盘点实施为例，透明度机制的迟滞性可能使全球盘点存在时间滞后问题。例如在 2023 年开展第一轮全球盘点时，发达国家提交的 NIR 通常包含 2021 年及以前的信息，而发展中国家提交的 BUR 等时间则更为靠前，且个别国家因缺乏资金、能力不足无法全面提供相关信息，可能导致 2023 年仅能针对 2020 年之前或更早之前的行动进行盘点，为各国在 2025 年通报针对 2035 年或 2040 年的 NDC 提供的参考作用有限。在《生多公约》下，国家报告仍存在既有实践与全球目标未有效对应、进展评估结果信息空白多、报告科学性存在差异、缔约方提交率不高等问题，对全球数据盘点分析的支撑不足。

由透明度导致的盘点时滞性和信息有限性在短期内难以被克服，但随着大数据建模发展、统计核算方法完善、报告细则更便于实施等，未来盘点的时间差和信息缺口可得到改善。

二是因盘点信息来源广泛，盘点结论存在不确定性。全球盘点信息来源广泛，既包括缔约方通报的信息，也包括各国优良做法实践、科学进步、公众的意愿等各类相关信息，这符合以具有全面性和促进性的方式开展定期盘点的要求，利于识别不同主题领域强化行动和支持的进展、机遇和挑战，以及可能的做法和优良实践。与此同时，广泛的信息来源也带了很多不确定性。例如部分信息来源基于情景假设或模型计算结果，而假设和模型本身就存在较大的不确定性，不同假设和模型所得出的结论也可能存在冲突。在持续实施过程中，全球盘点机制需要系统考虑如何设定标准，如何有效甄别和合理纳入额外的信息来源。

三是盘点结果或难保证全面、平衡、有效。相对于缺乏资金和能力建设的发展中国家缔约方，发达国家缔约方可提交能够更为全面地反映其政策和行动进展的信息，供技术对话参考，可能会间接主导盘点结果。在气候变化领域，当前学界对适应与资金方面的评估研究远不及对减缓的研究，可能导致盘点成果产出仍重减缓轻适应。IPCC 及其报告在全球盘点技术评估阶段具有重要地位，或存在发达国家通过 IPCC 及其报告强调应对气候危机紧迫性而对国际社会提出无差别深度减排的要求，模糊共同但有区别的责任和各自能力原则。又例如在《生多公约》下，发达国家和发展中国家缔约方对于资源调动分歧巨大，发达国家缔约方还尝试将应对气候变化资金与生物多样性保护资金相混淆，同样可能影响全球盘点结果的有效性。因此全球盘点机制还需不断完善评估指标体系，如增加体现公平的转型指标等，推动全球盘点产出发挥切实促进作用。

五 全球盘点机制实施建议

在全球环境治理视角下，推进实施全球盘点机制具有现实重要意义。本文基于对《巴黎协定》现有全球盘点机制和《生多公约》下全球盘点或审查相关谈判的研究，就进一步完善和实践两公约全球盘点机制提出四点建议，也为其他全球多边环境公约引入盘点机制提供借鉴。

一是关于强化目的。全球盘点应以推动落实为出发点，重在评估既有承诺履行情况，总结经验教训，识别障碍挑战，提出可行方案并明确实施手段。以促进《巴黎协定》下第一轮全球盘点为例，兼顾考虑透明度信息的滞后性，对2020年前承诺与实施差距的盘点至关重要。《格拉斯哥气候协议》① 指出发达国家尚未兑现2020年的出资承诺；最新 NIR 显示，多数发达国家实现了2020年量化减排承诺，但部分国家达成承诺的途径为目标数值设置过低、将高排放年作为基准年、国家制度变革导致排放断崖式下降、新冠肺炎疫情大幅降低经济活动等。聚焦2020年前落实承诺的经验与不足，有利于识别好的做法与导致不足的原因，提出切实可行弥补欠账的方案，为未来各国兑现及更新 NDC 提供基础与政策借鉴。

二是关于信息来源。全球盘点应坚持需求导向原则，信息应服务于全球盘点的目的，信息的筛选应以需求为导向。缔约方落实自身在公约及其协定或实施框架下的义务的方式，应是全球盘点的核心信息来源。全球盘点应聚焦缔约方提交的履约信息和分享的经验，需注意到不同缔约方信息输入的差距，并欢迎专家和观察员根据其专业知识提出补充意见。此外，在依据现有的最佳科学方面，信息来源还应确保政府间科学平台（例如 IPCC、IPBES）评估报告信息和其他科学信息之间的平衡，要注重科学信息输入对于落实行动需求的回应。

三是关于盘点内容。全球盘点应兼顾全面、平衡和效率，全球盘点应紧扣授权。以《巴黎协定》为例，减缓、适应、实施手段和支持均为其盘点要素范围，应注意到现有重减缓轻适应、重目标轻支持的盘点情况，并尽快加以扭转。此外，当前发达国家对发展中国家适应气候变化的支持以及出资情况与自身承诺和发展中国家需求均存在巨大差距，发展中国家在获得技术

---

① UNFCCC, Glasgow Climate Pact, Decision –/CP.26, 2021.

转让和能力建设支持方面面临严重障碍。建议盘点应重视适应和支持领域的进展、差距和需求，并加速推动适应和支持领域评估方法及指标的明确化、可量化。在《生多公约》全球盘点设计中，长期目标、行动目标及标题指标指向明确，要避免陷入"唯目标"的量化盘点，要突出强调对实施条件和支持进展的盘点。在全球气候、生态危机背景下，应尽力避免因发达国家支撑不足、某些目标不清等延缓整个盘点进程。

四是关于盘点产出，全球盘点应基于公平、科学及各国国情，在可持续发展的框架下考虑产出成果，体现盘点的促进性和积极性。应对气候变化、生物多样性保护等全球环境治理工作，与国家区域经济发展情况，充足、可预期的资金、技术、能力建设支持，以及开放健康的全球经济密不可分。全球盘点应在可持续发展框架下，推动各方切实采取行动，特别是发达国家应作出表率，落实承诺，加强对发展中国家的资金、技术、能力建设支持。盘点围绕"力度和差距"进行评估，但必须体现平衡的"力度和差距"，并要避免陷入"互相指责的游戏"。全球盘点致力于通过持续、互动、强化和"干中学"的国际合作进程，减少各国特别是发展中国家所面临的经济、社会、技术等各方面挑战和不确定性，以加大全球环境治理整体力度，进而实现各公约和协议的宗旨及长期目标。

G.11

碳中和目标下 G20推进清洁能源
发展的趋势及影响

张剑智　张玉军　陈明　刘蕾*

摘　要： 气候变化是全人类共同面临的严峻挑战，对全球能源、技术、生态环境以及人类健康福祉都构成重大威胁。为实现《巴黎协定》目标，G20成员都已提交或更新了各自的国家自主贡献，明确了碳中和目标，多数G20成员还提高了2030年温室气体减排目标，颁布或修订了应对气候变化、促进清洁能源发展的专项法律或政策，扩大了清洁能源发展空间。2022年2月以来，俄乌冲突局势逐步升级与全球疫情反复，对全球能源供应链产生重大影响，迫使各国重新考虑能源安全和清洁能源政策。因此，研究G20碳中和目标及政策，特别是G20推进清洁能源发展的趋势及影响，对我国参与全球气候谈判议程和国际规则制定，构建公平合理、合作共赢的全球气候治理体系，应对气候危机和绿色壁垒所带来的影响，推进绿色"一带一路"建设具有重要现实意义。

关键词： 碳中和　清洁能源　全球气候治理体系

---

* 张剑智，生态环境部对外合作与交流中心政策研究部主任专家，研究员，研究领域为国际环境治理及国际环境公约履约；张玉军，生态环境部对外合作与交流中心主任，研究领域为国际环境治理及国际环境公约履约，系本文通讯作者；陈明，生态环境部对外合作与交流中心副总经济师、正高级工程师，研究领域为国际环境治理；刘蕾，生态环境部对外合作与交流中心政策研究部工程师，研究领域为国际环境公约增资机制。

气候变化是全人类共同面临的挑战。2021 年 9 月，《联合国气候变化框架公约》（以下简称《公约》）秘书处发布了《国家自主贡献综合报告》，该报告综合分析了 164 个缔约方提交的新的或更新的国家自主贡献（NDC）①。该报告显示，全球温室气体减排力度不足，到 2030 年温室气体的排放量还将显著增加，且各国的国家自主贡献目标与《巴黎协定》目标相比，仍然存在很大的排放差距。《公约》第 26 次缔约方大会（COP26）通过的《格拉斯哥气候协议》要求各缔约方强化行动，进一步提高各国国家自主贡献（NDC），减少煤炭使用，促进清洁能源发展。

2022 年 2 月，政府间气候变化专门委员会（IPCC）发布了第六次评估报告第二工作组报告《气候变化 2022：影响、适应和脆弱性》。该报告识别了 127 个关键气候风险和 8 类代表性关键风险，指出全球有 33 亿~36 亿人生活在气候变化高度脆弱的地区；且升温幅度一旦超过 1.5℃，便将会对部分地区造成严重影响②。因此，报告要求采取迅速有效的行动，迅速大幅削减温室气体排放。

G20 成员③主要由发达经济体和新兴市场经济体组成，这些经济体覆盖了全球经济总量（GDP）的 80%以上、世界贸易额的 75%及全球人口的 60%④。近年来，G20 成员在推进全球经济绿色复苏、应对气候变化、推动清洁能源发展等方面发挥着举足轻重的作用。2022 年 2 月以来，俄乌冲突局势升级与全球疫情反复，导致石油、天然气和煤炭价格飙升，特别是生产清洁能源所需要的锂、钴、铜和镍等矿物供应短缺及价格飞涨，不仅对地缘政治产生了重大影响，更对能源安全、能源转型产生了深远影响。2022 年

---

① UNFCCC, Nationally Determined Contributions under the Paris Agreement Synthesis Report by the Secretariat, 2021, https：//unfccc. int/sites/default/files/resource/cma2021_ 08_ adv_ 1. pdf.

② 张剑智：《气候安全与全球气候治理体系重塑》，《中国社会科学报》2022 年 4 月 13 日。

③ G20 的成员有阿根廷、澳大利亚、巴西、加拿大、中国、法国、德国、印度、印度尼西亚、意大利、日本、韩国、墨西哥、俄罗斯、沙特阿拉伯、南非、土耳其、英国、美国和欧盟。每年，G20 的主席国在其成员中轮换，担任主席国的国家与其前任和继任者（也称为"三驾马车"）一起工作。目前是意大利、印度尼西亚和印度。

④ G20, About The G20, https：//g20. org/about-the-g20/。

11月召开的 G20 峰会，印度尼西亚作为轮值主席国已邀请所有 G20 成员参会，会议重点讨论可持续能源转型、全球卫生框架和数字化转型。因此，研究 G20 碳中和目标及清洁能源政策，对实现《巴黎协定》目标，构建全球气候治理体系，应对气候危机和绿色贸易壁垒所带来的影响，推动能源转型及推进绿色"一带一路"建设具有重要现实意义。

一 G20积极应对气候变化且推动清洁能源发展

截至 2022 年 8 月底，G20 成员都提交了各自的国家自主贡献（NDC），除了美国、俄罗斯和土耳其，其他 17 个 G20 成员都更新了 NDC，并提高了之前提出的 2030 年温室气体减排目标（见表1）。特别是欧盟、德国、法国、英国、加拿大、日本、韩国及南非等颁布或修订了应对气候变化的法规，确定了碳中和目标并修订了清洁能源发展相关的政策法规。

根据国际能源署统计数据，2019 年全球煤炭、石油、天然气及其他能源的二氧化碳排放量约是 336.22 亿吨，其中，排在前 6 名的分别是中国、美国、欧盟、印度、俄罗斯、日本，二氧化碳排放量分别为 99.20 亿吨、47.45 亿吨、38.14 亿吨、23.10 亿吨、16.40 亿吨、10.58 亿吨，分别占全球二氧化碳排放量的 29.50%、14.11%、11.34%、6.87%、4.88% 及 3.15%。[①] 因此，中国、美国、欧盟、印度、俄罗斯、日本等国家和地区的清洁能源政策更会引起国际社会的广泛关注。

表1 G20 成员提交 NDC 及减排目标情况

序号	成员	最新 NDC 提交时间	2030 年减排目标	碳中和目标年份（来源）
1	阿根廷	2021 年 2 月 11 日提交第 2 个 NDC（更新版）	2030 年将减排 3.49 亿吨二氧化碳当量	2050 年（净零跟踪网站）

---

① 资料来源：IEA。

续表

序号	国家	最新 NDC 提交时间	2030 年减排目标	碳中和目标年份(来源)
2	澳大利亚	2022 年 6 月 16 日提交 NDC(更新版)	在 2005 年基础上,2030 年将温室气体排放量减少 43%	2050 年(NDC)
3	巴西	2022 年 7 月 4 日提交第 1 个 NDC(更新版)	在 2005 年基础上,2030 年将温室气体排放量减少 50%	2050 年(NDC)
4	加拿大	2021 年 12 月 7 日提交第 1 个 NDC(更新版)	在 2005 年基础上,2030 年将温室气体排放量减少 40%~45%	2050 年(立法)
5	中国	2021 年 10 月 28 日提交第 1 个 NDC(更新版)	到 2030 年,中国单位国内生产总值二氧化碳排放将比 2005 年下降 65% 以上,非化石能源占一次能源消费比重将达到 25% 左右,森林蓄积量将比 2005 年增加 60 亿立方米,风电、太阳能发电总装机容量将达到 12 亿千瓦以上	2060 年前(宣布)
6	法国	2020 年 12 月 18 日提交第 1 个 NDC(更新版)	在 1990 年基础上,2030 年将温室气体排放量至少减少 55%	2050 年(立法)
7	德国	2020 年 12 月 18 日提交第 1 个 NDC(更新版)	在 1990 年基础上,2030 年将温室气体排放量至少减少 55%	2045 年(修订法)
8	印度	2022 年 8 月 26 日提交第 1 个 NDC(更新版)	在 2005 年基础上,2030 年将经济范围内的碳排放强度减少 45%	2070 年(宣布及 NDC)
9	印度尼西亚	2021 年 7 月 22 日提交第 1 个 NDC(更新版)	通过努力,2030 年温室气体排放量减少 29%;在国际援助下,排放量将减少 41%	2060 年(NDC)
10	意大利	2020 年 12 月 18 日提交第 1 个 NDC(更新版)	在 1990 年的基础上,2030 年温室气体减排 55%	2050 年(NDC)
11	日本	2021 年 10 月 22 日提交第 1 个 NDC(更新版)	在 2013 年的基础上,2030 年温室气体减排 46%~50%	2050 年(修订法律)
12	韩国	2021 年 12 月 23 日提交第 1 个 NDC(更新版)	在 2018 年的基础上,2030 年温室气体减排 40%	2050 年(立法)

续表

序号	国家	最新 NDC 提交时间	2030 年减排目标	碳中和目标年份(来源)
13	墨西哥	2020 年 12 月 30 日提交第 1 个 NDC(更新版)	2030 年温室气体减排 36%(原来是 22%)	2050 年(净零跟踪网站)
14	俄罗斯	2020 年 11 月 25 日提交第 1 个 NDC	在 1990 年的基础上,2030 年将温室气体减排 70%	2060 年前(政策性文件)
15	沙特阿拉伯	2021 年 10 月 23 日提交第 1 个 NDC(更新版)	2030 年将减排 2.78 亿吨二氧化碳当量	2060 年(净零跟踪网站)
16	南非	2021 年 9 月 27 日提交第 1 个 NDC(更新版)	2030 年将减排 3.50 亿~4.20 亿吨二氧化碳当量	2050 年(修订法律)
17	土耳其	2021 年 11 月 10 日提交第 1 个 NDC	2030 年温室气体减排 21%	2053 年(净零跟踪网站)
18	英国	2020 年 12 月 12 日提交第 1 个 NDC(更新版)	在 1990 年的基础上,2030 年温室气体减排至少 68%	2050 年(修订法案)
19	美国	2021 年 4 月 22 日提交第 1 个 NDC(重新加入《巴黎协定》后)	在 2005 年基础上,2030 年温室气体净排放量减少 50%~52%	2050 年(行政命令)
20	欧盟	2020 年 12 月 18 日提交第 1 个 NDC(更新版)	在 1990 年的基础上,2030 年将温室气体减排 55%	2050 年(立法)

资料来源:联合国气候变化网站（https：//unfccc.int/）、国家自主贡献（NDC）、净零跟踪网站（https：//zerotracker.net/analysis）及 G20 成员网站。

(一)欧盟及欧洲主要国家通过修订法律明确碳中和目标,推进清洁能源发展,但也可能会产生新的绿色贸易壁垒

欧盟通过立法赋予碳中和目标法律地位,以法律保障《巴黎协定》目标的有效落实。2021 年 6 月,欧盟理事会和欧洲议会批准《欧洲气候法》,要求欧盟成员国将碳中和目标纳入各国气候变化法律体系。欧盟颁布的《能源联盟和气候行动治理条例》规定了 2021~2030 年欧盟成员国报告和监测框架,并要求各国编制 2021~2030 年的《国家能源和气候综合计划》,明确各国实现能源转型及《巴黎协定》目标的主要措施。2022

年6月，欧洲议会通过了关于建立碳边境调节机制（CBAM）草案的修正案，明确欧盟碳市场2030年减排目标从61%提高至63%，CBAM的涵盖行业范围相对之前的钢铁、铝、水泥、化肥及电力五个行业，新增有机化学品、塑料、氢和氨等行业，防止碳泄露风险、推动非欧盟企业采取温室气体减排措施并促进有关国家的能源转型。[①] 2022年5月，欧盟委员会通过的《生态设计和能源标签计划（2022—2024年）》提出，制定针对光伏产品的生态设计和能效标签措施，包括可能的碳足迹要求，并提高光伏产品的市场准入门槛，这将形成新的绿色贸易壁垒，为全球清洁能源供应链发展带来潜在的风险。

英国、德国、法国等欧洲国家已率先通过立法确定了碳中和目标，并明确定期审查温室气体减排情况及路线图，提高适应能力。2019年6月，英国修订《气候变化法案》明确2050年实现碳中和目标；2021年10月，发布《净零战略》[②]，对电力、燃料供应和氢气、供暖和建筑、交通等行业设定了减排时间表，要求2035年电力行业全面脱碳。2021年5月，德国修订《联邦气候变化法》，明确2045年实现碳中和目标；2022年7月8日，通过《可再生能源法》《海上风电法》《陆上风电法》《联邦自然保护法》《能源经济法》等系列修正案，推动清洁能源发展。法国则通过《应对气候变化及增强应对气候变化后果能力法案》，对清洁能源发展提出了明确要求。[③]

（二）中国明确"双碳"目标，积极推进清洁能源发展

中国政府高度重视气候变化引发的各类问题，提出了"双碳"目标，积极推进清洁能源发展。2020年9月22日，习近平主席在第七十五届联合

---

① European Parliameng, Carbon Leakage: Prevent Firms From Avoiding Emissions Rules, 2022, https: //www. europarl. europa. eu/news/en/headlines/priorities/climate – change/20170213STO62208/the-eu-emissions-trading-scheme-ets-and-its-reform-in-brief.

② UK, Net Zero Strategy: Build Back Greener, 2021, https: //www. gov. uk/government/publications/net-zero-strategy.

③ 张剑智、陈明、孙丹妮等：《欧洲碳中和愿景实施举措及对我国的启示》，载谢伏瞻、庄国泰主编《应对气候变化报告（2021）》，社会科学文献出版社，2021。

国大会一般性辩论上首次宣布中国"双碳"目标——二氧化碳排放力争于 2030 前达到峰值，努力争取 2060 年前实现碳中和，此后又在多个国际、国内的不同场合多次重申"双碳"目标。2021 年 10 月，中国政府向《公约》秘书处提交《中国落实国家自主贡献成效和新目标新举措》和《中国本世纪中叶长期温室气体低碳排放发展战略》，重申"双碳"目标和 2030 年二氧化碳减排目标。国家主席习近平多次强调，碳达峰碳中和目标是中国高质量发展的内在要求，是中国对国际社会的庄严承诺，也是中国推动构建人类命运共同体的责任担当。

中国政府正逐步形成"1+N""双碳"政策体系。近年来，中国政府颁布了《关于完整准确全面贯彻新发展理念做好碳达峰碳中和工作的意见》《2030 年前碳达峰行动方案》《关于促进新时代新能源高质量发展的实施方案》等政策，并通过扩大新能源开发利用规模、保障能源安全稳定供应、推进新能源科技创新与产业升级[①]，推动我国绿色低碳发展。2022 年 6 月，生态环境部等 7 部门联合印发《减污降碳协同增效实施方案》，这将会促进以煤为主的能源结构发生重大调整，为我国如期实现"双碳"目标打下扎实的基础。

（三）美国、加拿大明确碳中和目标，并积极推进了清洁能源发展

1. 美国明确碳中和目标，并将推进能源行业减碳化发展

2021 年，美国宣布重返《巴黎协定》，举办领导人气候峰会，试图重新争取国际气候治理领导权。2021 年 4 月 22 日，美国提交的 NDC 显示，美国将推进能源行业脱碳，减少能源浪费、提高能源利用效率，制定了电力、交通、建筑、工业、农业和土地等行业的节能减排路线图，还明确 2035 年电力行业将实现净零排放。2021 年 12 月 9 日，美国总统拜登签署行政命令，要求联邦政府 2050 年实现碳中和，2030 年温室气体排放量减少 65%（高于

---

① 丁怡婷：《人民日报评论：促进新时代新能源高质量发展》，《人民日报》2022 年 6 月 23 日。

NDC 提出的目标）。[①] 2022 年 8 月 16 日，美国总统拜登签署《通胀削减法案》（The Inflation Reduction Act, IRA），内容涉及医疗保障、清洁能源和税收等方面。该法案将进一步通过贷款计划促进太阳能、风能等清洁能源的发展，以实现 2050 年净零排放目标。

2. 加拿大通过立法确定碳中和目标，明确可再生能源发展阶段目标

2016 年，加拿大通过了《全加拿大清洁增长和气候变化框架》。2020年 10 月以来，加拿大政府提供了 536 亿加元用于绿色复苏。2020 年 12 月11 日，加拿大发布《一个健康的环境和一个健康的经济：加拿大强化气候变化（SCP）》，明确加速减排，建设一个更强大、更清洁、更有韧性和更有包容性的国家经济。2021 年 6 月，《加拿大净零排放责任法案》[②] 生效，明确在 2050 年实现碳中和，并要求提前 10 年设定温室气体减排目标，如提前设定 2030 年、2035 年、2040 年和 2045 年的减排目标。2021 年 12 月，加拿大提交的 NDC 显示，该国 82% 的电力来自可再生能源，包括水能、风能、太阳能和核能。2035 年起，加拿大要求销售的轻型汽车和家用卡车都是净零排放的汽车。

（四）日本、韩国修订法律，确定碳中和目标，推进清洁能源发展

日本、韩国积极修订法律，提高 2030 年温室气体减排目标，以应对气候危机。2021 年，日本修订了《全球变暖对策推进法》，强调将加强政策的连续性和可预测性，以保证实现 2030 年温室气体减排目标和 2050 年碳中和目标。2021 年 10 月，日本提交的 NDC 综述了温室气体减排领域，包括能源，工业加工和产品使用，农业，土地使用、土地利用变化和森林（LULUCF）以及废物处理。能源领域包括能源工业、制造业、建筑、交通、

---

① ABC News, Biden Order Would Make US Government Carbon Neutral by 2050, 2021, https：//abcnews. go. com/Business/wireStory/biden-order-make-us-government-carbon-neutral-2050-81632118.

② Government of Canada, Canadian Net-Zero Emissions Accountability Act, 2022, https：//www. canada. ca/en/services/environment/weather/climatechange/climate - plan/net - zero - emissions-2050/canadian-net-zero-emissions-accountability-act. html.

住宅、农业、森林渔业等，还包括二氧化碳的运输和储存等。

2020 年 12 月，韩国提出 2050 年实现碳中和的目标。2021 年 9 月，发布《碳中和与绿色增长框架法案》，明确了应对气候变化的各项措施，包括气候影响评估、气候责任预算、排放交易计划（K-ETS）、应对气候变化的适应措施等。2021 年 12 月，韩国提交的 NDC 提高了 2030 年的温控目标，并提出将在电力、工业、建筑、交通、农业、废物处理等领域减少温室气体排放。如将会大幅度降低燃煤发电，关闭老旧煤电厂；还将大力发展可再生能源，加大电网投资；重点推动冶炼、石化和水泥等行业的低碳转型。

（五）澳大利亚、巴西、印度、印度尼西亚及南非等国也先后提出碳中和目标，以促进清洁能源发展

澳大利亚、巴西、印度、印度尼西亚及南非等国的 NDC 明确提出了碳中和目标。俄罗斯、阿根廷、墨西哥、沙特阿拉伯、土耳其等国的 NDC 未明确提出碳中和目标，但是通过制定国内政策或官方渠道提出碳中和目标。这些国家提交的 NDC 也都提出了 2030 年温室气体减排目标。

澳大利亚是全球最大的煤炭和天然气生产国之一。澳大利亚将投资 200 亿美元促进可再生能源发电及加快电网脱碳，还将提供 3 亿美元支持所有社区使用电池和太阳能板，并从新的国家重建资金中拨款 30 亿美元用于可再生能源生产和低碳技术研发。澳大利亚的首个国家电动汽车战略将会加速电动汽车推广并减少温室气体排放。通过研究、开发、示范及与私营部门合作，澳大利亚将降低清洁能源关键技术成本，扩大清洁能源技术的可获得性，促进能源转型。

巴西提出在所有经济领域采取减缓和适应行动，重申应对气候变化应坚持"共同但有区别责任原则"。2020 年，巴西可再生能源占能源总需求的 48.4%，可再生能源发电量占全国总发电量的 84.8%。其中水力发电占全国发电装机容量的 60%，这可以解决风力发电具有间歇性和季节性的问题。太阳能和生物质资源发电占发电装机容量的 20%，这一数据还将继续快速上升。

印度是世界上第三大温室气体排放国。2021年11月1日，印度总理莫迪在英国格拉斯哥宣布"到2070年，印度将实现碳排放净零目标"。莫迪还表示，到2030年，印度50%的电力来自可再生能源，碳强度（即单位GDP的二氧化碳排放量）将降低45%（原为35%）。[①]

印度尼西亚提出，2030年努力将温室气体排放量减少29%；如获得国际援助，将会减少41%。同时，还提交了《2050年低碳和气候韧性发展长期战略》(The Long-Term Strategy on Low Carbon and Climate Resilient Development 2050)[②]，提出到2030年实现碳达峰，最迟2060年实现碳中和，并提高社会经济发展四个方面（粮食、水、能源和环境健康）基本需求的复原力。2022年9月，发布了《印度尼西亚实现净零排放的能源部门路线图》报告。

南非于2020年9月发布《低排放发展战略（LEDS）》，提出到2050年成为净零经济体的目标。2018年修订的《气候变化法案》（The Climate Change Bill）与2019年通过的《碳税法案》（Carbon Tax Act）为南非实现温室气体减排目标奠定了基础。

俄罗斯是世界上最大的石油和天然气生产国之一，是世界上第四大温室气体排放国。2021年11月，出台《到2050年前实现温室气体低排放的社会经济发展战略》，旨在保障经济可持续增长的同时在2060年前实现碳中和目标。[③] 该战略以2019年为基准年，以2030年和2050年为关键时间，设定了两种发展情景——惯性发展情景和目标发展情景。在目标发展情境中，俄罗斯将提高森林等生态系统的固碳能力，支持低碳和无碳技术的研究开发及应用，减少煤炭发电，开发温室气体捕获、使用以及回收利用技术。在碳交易试点基础上，利用财政政策和税收手段，激励碳密集型

① India Prime Time, India's New Climate Target: Bold, Ambitious and Challenge, 2022, https://indiaprimetime.in/2022/05/14/indias-ew-climate-target-bold-ambitious-ad-challang/.

② NDC Partnership, Indonesia`s Updated NDC For a Climate Resilient Future, 2022, https://ndcpartnership.org/news/indonesias-updated-ndc-climate-resilient-future.

③ IEA, Strategy of Socio-economic Developement of Russia with a Low Level of Greenhouse Gas Emissions until 2050, 2022, https://www.iea.org/policies/14859-strategy-of-socio-economic-development-of-russia-with-a-low-level-of-greenhouse-gas-emissions-until-2050.

行业减少温室气体排放；采用碳税、碳排放交易和碳配额机制等促进能源转型。

二 碳中和目标下，清洁能源发展的机遇与挑战

当前全球经济绿色复苏面临疫情反复、地缘政治局势紧张及全球温室气体减排力度不足等严峻挑战，但全球能源政策向低碳绿色转型的趋势比较明显。截至 2022 年 7 月底，全球至少有 136 个国家、239 个城市、116 个州和地区、767 家上市公司明确提出了碳中和目标。[①] 在机遇与挑战并存的情况下，G20 成员都希望把握碳中和契机，通过能源转型，发展清洁能源，应对气候危机，扩大本国的影响力，推动构建新的全球气候治理体系。

（一）碳中和目标将会扩大清洁能源发展的空间

近些年来，全球能源技术、各国能源政策、能源需求和供给都发生了重大变化，能源供应链也发生了重大变化。随着能源技术的进步和规模化生产，清洁能源发电（光伏发电、风力发电）的成本大幅下降。《全球能源转型：2050 年路线图》报告指出，能源转型将创造新的能源领导者，一些对可再生能源技术进行大量投资的国家的影响力将得以增强，而化石燃料出口国的全球影响力可能会下降。G20 成员都明确或提出了碳中和目标，欧盟、英国、美国、加拿大、日本、韩国、澳大利亚、巴西、墨西哥、阿根廷、南非等承诺到 2050 年实现碳中和；土耳其承诺到 2053 年实现碳中和；中国承诺 2060 年前实现碳中和；俄罗斯、沙特阿拉伯、印度尼西亚承诺在 2060 年实现碳中和；印度承诺在 2070 年实现碳中和。其中，沙特阿拉伯是世界上最大的石油出口国，其设定的碳中和目标对 G20 和世界其他能源生产国以及全球能源转型、清洁能源发展具有积极推动作用。

尽管受疫情和俄乌冲突的影响，全球经济出现了下滑，但能源安全问题

---

① Net Zero Tracker，2022，https：//zerotracker.net/analysis/。

及清洁能源发展引起了更多国家的关注，各国不断加大清洁能源领域投资力度。国际能源署发布的《2022年世界能源投资报告》指出①，2022年世界能源领域投资将增长8%以上，达到2.4万亿美元，其中清洁能源领域投资预计将超过1.4万亿美元。2021年，在清洁能源领域，中国投资了3800亿美元，欧盟投资了2600亿美元，美国投资了2150亿美元，这将会进一步带动全球能源技术创新及能源格局发生重大变化。②

（二）清洁能源发展面临的主要挑战

2022年7月，国际能源署先后发布了3份关于清洁能源供应链的技术报告，即《保护清洁能源技术供应链》《太阳能光伏全球供应链特别报告》《全球电动汽车电池供应链》③，报告从全球供应链的视角，系统地分析了光伏产品、电动汽车电池等清洁能源供应链建设的进展情况。报告强调，在碳中和目标下，制定安全、有弹性以及可持续的清洁能源政策是实现清洁能源转型的核心，各国应评估本国清洁能源供应链的脆弱性和风险并制定应对策略和行动。

俄乌冲突的爆发对全球能源供应链产生了重大影响，欧洲各国不得不重新考虑本国能源安全和清洁能源政策，放缓了原计划的退煤步伐。2022年3月8日，欧盟委员会发布"REPowerEU"能源计划④，提出欧洲能源体系变革具有双重紧迫性，一是结束对俄罗斯能源的依赖，二是要应对气候危机。欧盟将在"减碳55%"一揽子计划的基础上，在2027年额外投资2100亿欧元，减少终端部门化石燃料消费，快速推动欧洲能源转型，构建更具有弹

---

① IEA, World Energy Investment 2022, 2022, https：//www.iea.org/reports/world－energy－investment-2022.

② IEA, World Energy Investment 2022, https：//www.iea.org/reports/world－energy－investment-2022。

③ 张剑智：《推进全球清洁能源供应链可持续发展》，《中国环境报》2022年8月8日。

④ European Commission, REPowerEU: Affordable, Secure and Sustainable Energy for Europe, 2022, https：//ec.europa.eu/info/strategy/priorities－2019－2024/european－green－deal/repowereu－affordable-secure-and-sustainable-energy-europe_ en.

性的能源系统。美国是能源重要的出口国家，俄乌冲突对美国能源转型影响不大。

中国"双碳"目标的实现，仍面临能源结构偏煤、能源利用效率偏低等挑战。短期内，中国"富煤贫油少气"的能源资源禀赋导致中国能源结构仍以煤炭为主。2020 年中国原油、天然气对外依存度分别为 70.2% 和 42%。从能源安全角度考虑，中国能源不能完全依靠进口[①]，需要中国各级政府、企业转变思路，加大对非化石能源技术的研发投入，降低开发和使用成本，提高系统安全性，促进非化石能源消费稳定、快速增长，形成清洁低碳、安全高效的能源体系。

三 碳中和目标下推进中国清洁能源发展的政策建议

2022 年 1 月 24 日，习近平主席在中共中央政治局第三十六次集体学习时强调，要把促进新能源和清洁能源发展放在更加突出的位置，要加快发展有规模有效益的风能、太阳能、生物质能、地热能、海洋能、氢能等新能源，以更加积极的态度参与全球气候谈判议程和国际规则制定，推动构建公平合理、合作共赢的全球气候治理体系。

（一）加强气候变化领域国际合作，重塑全球气候治理体系

加强气候变化领域的国际合作是疫情下实现绿色复苏以及清洁能源发展的重要举措。2022 年 11 月 15~16 日，印度尼西亚作为 G20 轮值主席国召开 G20 峰会，会议主题是"一起复苏，复苏更强"（Recover Together, Recover Stronger），研讨可持续能源转型。2022 年 11 月 6 日至 18 日，《公约》第 27 次缔约方大会（COP27）在埃及沙姆沙伊赫召开，商讨各国应对气候变化及实现《巴黎协定》目标的主要举措。中国作为全球第二大经济体、全球

---

① 朱法华、徐静鑫、潘超等：《煤电在碳中和目标实现中的机遇与挑战》，《电力科技与环保》2022 年第 2 期。

能源消费的第一大国，在全球能源市场供需格局中的影响力不断增大，同时，与G20成员的联系日益增强，所面临的国际期待与压力也不断上升。为履行《公约》及《巴黎协定》义务，实现"双碳"目标，中国应加强与G20成员以及《公约》秘书处、国际能源署、国际可再生能源署、全球环境基金、国际货币基金组织、世界贸易组织和经济合作与发展组织等的合作，推动构建更加公平合理的国际合作机制。

（二）借鉴G20一些国家碳中和立法经验，推进我国应对气候变化立法，进一步促进清洁能源发展

"双碳"目标将会倒逼高耗能、高排放产业的结构调整，同时推动清洁能源产业发展，拉动绿色金融投资，工作难度非常大，阻力也很大。我国应在国家层面再次修订《可再生能源法》并加快制定应对气候变化相关法律，将我国作为《公约》及《巴黎协定》缔约方所承担的国际履约义务、碳中和目标纳入立法程序，在保障国家能源安全的基础上，实现能源转型并推动清洁能源发展，解决能源开发利用过程中产生的环境问题和气候问题，促进协同增效。中国还应加大研究投入，推动节能、储能和碳移除等技术的开发和使用，推广"低碳—零碳—负碳"技术，提高电力行业清洁能源的装机容量，扩大可再生能源发电规模，促进智能电气化转型，形成高效的清洁能源产业。

（三）积极与"一带一路"沿线国家开展清洁能源领域的合作与交流

"一带一路"沿线国家多为生态脆弱和气候适应能力较低的发展中国家，但也有一些国家拥有丰富的清洁能源，如水资源、太阳能、风能、地热能及生物质资源等。近些年，中国政府通过安排资金，开展项目合作，支持其他发展中国家应对气候变化，对其他发展中国家赠送物资，包括低碳灯具、太阳能光伏发电设施、新能源汽车等。中国大型企业还承担了一些国家的太阳能、水力发电及风力发电等项目，如巴基斯坦水力发电项目。2021年，商务部和生态环境部联合印发《对外投资合作绿色发展工作指引》，支

持中国企业在太阳能、风能、核能、生物质能等清洁能源领域的对外投资。今后，中国与这些国家在能源领域的密切合作可以发挥各自的能源、技术、资金等优势，实现互补与共赢，在扩大中国影响力的同时，帮助这些国家推动能源转型及清洁能源发展，推进实现《巴黎协定》的目标。

落实"双碳"目标的政策行动

Policies and Actions to Implement the Dual Carbon Target

G.12

将碳评纳入能评制度和工作体系
有关问题研究

康艳兵　闫金光　杨雷娟*

摘　要： 固定资产投资项目节能审查制度是对新上项目能效和能源消费进行评估审查的机制设计，是依法设定的行政许可，在提高能效、降低用能成本、支持完成节能目标等方面发挥了重要作用。国务院发布的《2030 年前碳达峰行动方案》要求，强化固定资产投资项目节能审查，对项目用能和碳排放情况进行综合评价，从源头推进节能降碳。在节能审查中探索开展项目碳排放评价，从源头上发挥提升能效、调控用能、优化产业和能源结构、促进绿色低碳转型发展的作用，是碳达峰碳中和重大战略决策部署下，节能审查面临的重要使命和任务。

---

* 康艳兵，国家节能中心副主任，研究员，研究领域为能源、经济、环境领域理论及方法学，节能减排，能源转型及低碳发展战略等；闫金光，国家节能中心评审处处长，高级经济师，研究领域为能源经济、节能降碳政策制度等；杨雷娟，国家节能中心工程师，研究领域为节能管理政策、节能审查制度等。

关键词： 能评制度 碳排放评价 碳达峰 碳中和

在"双碳"目标引领下，我国经济社会发展将全面推动绿色转型，这对于新上固定资产投资项目提出了更严格的绿色低碳发展要求。应充分发挥当前已经建立的固定资产投资项目能评制度在工作基础、制度体系等方面的优势，将项目碳排放评价（碳评）作为能评的重要内容协同开展，引导项目统筹提高能效、降低碳排放，从设计、施工源头上最大限度地减少化石能源消费、提高能源清洁高效利用水平和清洁能源消费比重，推动绿色高质量发展。

一 能评工作概述

（一）制度实施情况

固定资产投资项目节能审查制度，即能评制度，是对新上项目能效和能源消费进行评估审查的机制设计，是依法设定的一项行政许可。2010年国家发展改革委印发《固定资产投资项目节能评估和审查暂行办法》，标志着我国正式开始实施能评制度。能评制度发挥了重要的从源头上控制能源消费和提高能效的作用，促进了重点行业能效水平的提升和企业能源成本的节约，对地方节能目标的完成发挥了制度保障作用。利用各地能评数据进行估算，"十三五"期间每年全国通过能评的项目数量为8000~10000个，能源消费量约1亿吨标准煤，占当年全国能源消费增量的70%左右；新上项目通过落实能评提出的改进意见，可平均减少约7%的能源浪费，折合每年减少能源消费约700万吨标准煤。能评制度对于推进节能提效、促进绿色发展发挥了重要支持作用。

1. 从源头上杜绝能源浪费、提高能源利用效率

能评以科学合理利用能源、提高能源利用效率为核心要求，将节能要求纳

入项目前期工作，在项目立项、设计阶段，把提高能效作为选取建设方案的重要条件。在能评工作中，通过对项目进行能效对标、组织专家有针对性地进行节能指导等，帮助项目在原方案的基础上进一步采用先进的工艺技术装备、优化能源管理、提高能效水平，确保从源头上减少能源浪费、节约用能成本。

2. 支持地方加强能源消费总量和强度控制目标管理

按照《中华人民共和国节约能源法》规定，我国实施节能目标责任评价考核制度。从"十一五"时期开始，我国将能耗强度（即单位国内生产总值能耗）降低目标作为国民经济和社会发展的约束性指标；"十三五"时期开始，实施能耗强度和总量控制目标（即能耗强度降低目标和能源消费增量控制目标）管理。能评工作中，利用新上项目的年综合能源消费量、单位工业增加值能耗两项指标，对新上项目对地方完成节能目标的影响进行分析评价，判断新上项目是否有利于推进地方完成节能目标任务，指导地方优选先进项目、遏制高能耗低附加值项目。

3. 引导能源要素优化配置，助力经济高质量发展

项目能评与能源消费总量和强度控制目标相衔接，促使地方更加注重发展质量和效益，为合理配置能源要素提供了机制保障。通过能评制度，引导地方将有限的能源要素优先向高技术产业、先进制造业、现代服务业等单位能耗产出效益高的产业进行配置，确保了重大项目用能，推动了地方产业结构优化调整和地区经济转型升级，促进了地区经济高质量发展。

（二）面临的新形势新要求

"十四五"以来，在碳达峰碳中和目标引领下，能评工作正面临新的形势任务。习近平总书记在中共中央政治局第三十六次集体学习时指出，要严把新上项目的碳排放关。中共中央、国务院《关于完整准确全面贯彻新发展理念做好碳达峰碳中和工作的意见》将能评作为能源消费总量和强度控制的重要措施，要求二者做好衔接。国务院《2030年前碳达峰行动方案》要求对项目用能和碳排放情况进行综合评价，从源头推进节能降碳。国务院《"十四五"节能减排综合工作方案》要求完善能评制度，并将能评作为遏制"两高一低"项目盲目发展的重要制度。

当前，项目碳排放核算评价要求尚未被纳入项目节能评估审查范围，在各地开展的项目能评工作中，也没有要求新上项目分类统计核算化石能源消费量和可再生能源消费量、燃动用能和原料用能等，政府管理部门不能准确掌握新上项目的碳排放情况，尚未形成项目规划建设与地区碳达峰碳中和目标任务的有效衔接，不利于落实碳排放控制要求和相关工作部署。在"双碳"目标引领下，需要加快完善能评制度设计，充分发挥能评制度对新上项目能源消费和碳排放的源头把关作用，围绕"双碳"目标强化激励，引导新上项目降低碳排放。

二　碳评的实践探索

（一）地方碳评实践

1. 实践探索

碳排放评价是对新上项目二氧化碳排放进行计算和评价，可以引导建设单位从源头上控制二氧化碳排放。[①] "十二五"时期，广东省、北京市、武汉市、镇江市等地方开展了碳评的实践探索。广东省将碳评与碳交易配额相结合，将项目碳排放量作为企业有偿购买配额的标准。北京市和武汉市将碳评纳入能评工作中协同开展。镇江市则建立了单独的碳评体系。

以北京市的碳评实践为例，2014 年北京市探索在能评工作中增加碳排放指标评估，虽然增加了碳排放计算和减碳措施评估，但未增加审批事项、延长审批时间。截至 2018 年，北京市累计开展碳评的项目近 1000 个，核算碳排放总量近 1000 万吨。初步核算，通过碳评北京市每年核减碳排放量 60 余万吨，有效地控制了碳排放水平，支撑了北京市碳排放强度达到全国领先水平。北京市的碳评实践取得的成效明显。一是建立了较完善的工作制度，

---

① 周泽宇、杨秀、徐华清：《低碳试点开展碳排放评价工作的探讨》，《中国经贸导刊》2017年第 5 期。

形成碳评工作流程和评价机制，建立了42个行业的碳排放强度先进值。二是形成了较完善的核算标准，界定了各类项目的碳排放边界，确定了项目直接碳排放和间接碳排放相关计算公式及取值依据。

2. 地方标准制定

在开展碳评实践探索的同时，部分地方也制定实施了碳排放核算、评价等方面的地方标准，为开展项目碳评提供了重要支撑。2021年，北京市制定实施了电力生产、水泥制造、石油化工生产、热力生产和供应等八个行业的碳排放核算地方标准。2021~2022年，浙江省衢州市也陆续制定实施了工业行业、能源行业等五个行业和领域的碳排放核算和评价地方标准。地方碳评探索实践和制定的相关标准，为全国层面开展碳评工作提供了宝贵的经验。

（二）重点行业碳排放评价

2013年以来，国家发展改革委公布了电力、钢铁、有色金属、水泥、化工、民航等24个行业企业温室气体排放核算方法与报告指南，提出了企业层面温室气体的核算方法。2021年生态环境部发布了《重点行业建设项目碳排放环境影响评价试点技术指南（试行）》，以电力、钢铁、建材、有色、石化和化工等行业为试点，在部分省市开展建设项目二氧化碳排放环境影响评价。行业层面的碳排放评价主要内容是按照行业温室气体排放核算方法和有关行业温室气体排放标准，分析二氧化碳排放水平，评价建设项目碳排放是否满足相关政策要求，对二氧化碳与污染物排放协同控制措施进行论证等。重点行业的碳排放核算与评价工作，为全面开展项目碳评奠定了良好的技术基础。

三 将碳评纳入能评的意义和现实条件

（一）将碳评纳入能评的重要意义

1. 适应"双碳"形势新要求

"十四五"时期是我国碳达峰的关键期、窗口期。固定资产投资项目普遍具有生命周期长及技术、材料、结构锁定效应强等特点，因此要按照碳达峰工作目标，及早推行新上项目碳排放评价。能评工作开展于项目前期阶段，将碳评与能评有机结合，能够在前期设计、施工环节有效落实碳排放控制措施，并推动项目排放与地区、行业的碳达峰碳中和目标任务有效衔接。

2. 促进能源结构和产业结构优化

未来我国能源转型力度将进一步加大，非化石能源将成为能源消费增量的主体。碳评与能评统筹开展，可以在引导新上项目提高能效的同时，促进新上项目主动采取措施，更大程度地利用可再生能源，进一步提高化石能源的清洁高效利用水平，从而从源头上降低项目碳排放。同时，通过对新上项目开展用能和碳排放综合评价，有利于形成优先保障低能耗、低排放、高附加值产业用能的机制，坚决遏制高耗能、高排放、低水平项目盲目重复建设，助推地方产业结构低碳转型。

3. 节约成本提高效率

在能评环节，需要对项目能源消费量、能源消费品种、能效水平等进行核算。以项目能源消费数据为基础，不需要过多复杂的计算，就可以得出项目的碳排放量。此外，能评中提出的节能措施本身也是降低碳排放的主要措施。在能评中增加碳评要求，操作性很强，不增加企业负担，不需要新增大量行政成本，有利于节约社会成本、提高工作效率。[1]

（二）碳评纳入能评的现实条件

1. 可以利用能评制度体系

节能审查制度是依据《中华人民共和国节约能源法》设立的，国家层面发布了《固定资产投资项目节能评估和审查暂行办法》《固定资产投资项目节能审查管理办法》，国家主管部门编制印发了系列工作指南[2]，各地也相应制定了本地区的能评管理办法。此外，国家和地方还制定了多个行业的

---

[1] 许志元：《建立投资项目碳排放评估制度的探讨》，《中国工程咨询》2015 年第 12 期。
[2] 国家发展改革委资源节约和环境保护司、国家节能中心编《固定资产投资项目节能审查系列工作指南（2018 年本）》，中国市场出版社，2018。

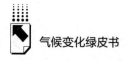
节能评估技术规范、重点行业能耗限额等国家和地方标准。将碳评纳入能评，可以在现有的能评制度体系基础上加以完善，不需要另起炉灶，并非新设行政审批事项，能通过有效统筹、有机衔接助力提升工作效率和成效。

2. 可以利用能评工作体系

能评工作已经形成了节能评估、评审及审查"三位一体"工作体系。支撑队伍方面，全国从事节能评估的机构有数百家，从业人员有上万人，具有良好的专业技术基础，可以为碳评提供技术支撑。工作机制方面，各省市能评工作管理部门基本上都承担着当地碳达峰碳中和工作领导小组办公室职责，将碳评纳入能评在管理机制上较易理顺，有利于推动新上项目落实碳达峰碳中和目标要求。

3. 可以借鉴地方实践经验

北京市等地方已经开展了将碳评纳入能评的实践探索，建立了碳评工作流程和评价机制，形成了多种类型项目的碳排放核算方法，积累了将碳评纳入能评的工作基础和实践经验。同时，已颁布实施的行业温室气体排放、碳排放核算标准等也可为项目层面的碳排放核算提供参考依据。

四 将碳评纳入能评的相关措施

（一）能评中增加碳排放分析内容[1]

将碳评纳入能评，需要由易到难分步骤逐步实施。首先要在项目节能报告中增加碳排放总量和强度等数据核算要求，综合分析新建项目对地方完成节能和降碳目标的影响，提出项目节能降碳措施，论证项目是否落实地方控制化石能源消费、促进清洁能源替代、提高能源利用效率等方面的要求。[2]由于碳达峰主要核算能源使用和企业生产过程的碳排放，碳评要从化石能源

---

① 闫金光、杨雷娟、杨方亮：《"双碳"目标下进一步完善节能审查制度的思考》，《中国煤炭》2021年第10期。

② 吴亚平：《建立投资项目"碳评"制度》，《中国投资》（中英文）2021年第Z7期。

消费产生的二氧化碳排放和企业生产过程产生的二氧化碳排放入手，之后随着政策机制不断健全，将碳评逐步扩展到非二氧化碳等领域。

（二）强化高耗能项目碳排放要求

将碳评纳入能评，在项目评审工作中，要将项目用能与地区节能目标、碳排放目标加强衔接，综合分析测算项目用能和碳排放量对本地完成节能降碳目标的影响。进一步强化项目节能降碳准入约束，尤其是强化高耗能项目的能效和碳排放准入约束，推动新建高耗能项目工艺技术、能效水平等达到行业先进水平。在节能降碳形势严峻的地区，推动新上项目通过实施能源消费、煤炭消费等量或减量置换等方式拓展用能空间。国家已经明确新增可再生能源消费不计入能耗总量，因此在项目层面，也要将项目自发自用的可再生能源消费量等在能耗替代或置换量中扣除。

（三）加强项目能源消费结构激励约束

将碳评纳入能评，要将支持新上项目提高可再生能源使用比重、优化用能结构等有关要求体现在能评制度中。要对特定地区、特定行业新上项目能源消费结构予以引导或约束，鼓励项目提高可再生能源等清洁能源的消费利用比重。引导通过源网荷储一体化、多能互补等方式，优化项目工序流程和生产安排，提高可再生能源消纳能力，切实发挥碳评推动和优化能源消费结构的作用。

五 政策建议

（一）完善制度顶层设计

加快完善能评制度，在国家层面对碳评纳入能评进行总体部署，明确制度要求，避免各地政策参差不齐。在项目能评工作中，统筹节能与降碳两方

面要求，增加新上项目降低煤炭等化石能源消费、实施清洁能源替代等方面的要求，评价新上项目对当地实现碳达峰目标的影响，从源头上约束新上项目落实节能降碳要求。

（二）结合"双碳"工作进展分步实施

开展项目碳评，要结合碳达峰碳中和工作推进进程，坚持先立后破，稳妥有序推进。初期以现有能评制度和工作体系为基础，在能评中增加碳评有关内容，开展用能和碳排放综合评价，并结合实践逐步总结形成分行业的碳排放核算和评价技术规范。未来随着"双碳"管理制度、标准规范和工作体系的进一步健全，逐步过渡到"碳评为主、能评为辅"，直至适时建立独立的碳评制度。

（三）健全工作支撑体系

加快建立健全能评和碳评的相关配套制度规范，完善节能评估报告编制、节能评审及审查组织实施、事中事后监管和验收管理等方面的实施细则[①]。分行业制定碳排放量和碳排放水平计算方法、排放标准、评价指标，明确重点行业碳排放水平限定值、先进值。健全相关专家库、技术库、指标库，为持续高质量组织实施相关工作提供支撑保障。

（四）加强事中事后监管

研究细化能评验收、碳评验收、项目事中事后监管等工作的具体要求，制定行政主管部门开展监督检查的配套制度，形成能评碳评的闭环管理工作体系，确保能评碳评意见有效落实。[②] 健全省、市、县节能监察执法队伍，依法依规组织开展日常监察、专项监察等，通过"双随机一公开"现场检查、能耗在线监测系统等强化事中事后监管，切实提高项目能效、降低碳排放。

---

① 张孝军、程银宝、张清扬：《节能评估中应注意的几个关键技术点》，《上海计量测试》2020年第6期。
② 闫金光、杨雷娟：《节能审查事中事后监管制度建设分析》，《中国能源》2020年第11期。

六 结语

落实国务院《2030 年前碳达峰行动方案》要求，对新上项目用能和碳排放情况进行综合评价，从源头上推进节能降碳，是实现碳达峰目标的重要措施。能评为碳评的实施在管理体制、配套制度、人员队伍等方面奠定了良好基础。在能评中增加碳评内容，对项目能源利用效率、能源消费结构、碳排放情况，以及新上项目对本地节能目标、碳达峰碳中和目标的影响进行综合评价，有利于引导项目绿色低碳高质量发展，推动地区产业结构和能源结构优化。当前，需要进一步完善制度，健全标准规范，结合碳达峰碳中和进程，稳妥有序推进碳评相关工作，切实提高新上项目能效水平、降低碳排放，为实现碳达峰碳中和目标提供有力支撑。

G.13
传统工业节能降碳改造现状、存在的
问题及政策建议

时希杰　祁　飞　康艳兵*

摘　要： 推进传统工业节能降碳改造对传统产业绿色低碳发展具有重要意
义，是实现经济高质量发展、工业提质升级的必然要求。本文首
先系统梳理了我国推动传统工业节能降碳的主要举措，以及我国
在传统工业节能降碳方面取得的主要成效，其次研究分析了传统
工业节能降碳潜力及面临的瓶颈问题，最后在技术改造、行业挖
潜、技术装备研发推广、政策支持、管理服务等方面提出相关政
策建议。

关键词： 传统工业　节能降碳　能源消费

在我国，以石化化工、钢铁、电力、煤炭等为代表的传统工业企业数量
多，能源消费占比高，碳排放量大。深化传统工业重点领域节能降碳改造是
实现碳达峰碳中和目标的关键手段，是推动经济高质量发展的必然要求。但
这些行业同时也是我国国民经济的重要组成部分，多数是基础性行业，对下
游产业链发展至关重要。这些行业的高耗能属性主要是由其产品的性质和工
艺特点决定的，对这样的行业不能一限了之，而要精准施策、循序渐进，合理

---

* 时希杰，博士，国家节能中心副研究员，研究领域为重点领域节能降碳；祁飞，博士，国
家节能中心研究人员，研究领域为重点领域节能降碳；康艳兵，博士，国家节能中心副主
任、研究员，研究领域为节能降碳与绿色发展。

设置过渡期，分类分批推进，在确保产业链供应链安全稳定和经济社会平稳运行的前提下，有序推进传统工业转型升级。①

一 传统工业发展情况及节能降碳现状

目前，我国仍然是世界上最大的发展中国家，发展仍然是我们的第一要务。从产业结构看，我国仍处于工业化中后期，为满足经济社会发展和人民对美好生活的需要，传统工业还需要有较大的发展空间。以化工行业为例，我国炼油总产能约8.73亿吨/年，占全世界的比例为17%，按照国家石化产业规划布局，我国已形成了七大石化产业基地，这些基地的石化产能未来仍将有较大幅度的增长。随着一批乙烯项目的上马，预计"十四五"期间，国内新增乙烯产能将接近3000万吨/年。传统工业产能的持续增长也进一步增加了能耗和碳排放，目前，电力、钢铁、化工、石化、建材、有色金属六个主要耗能行业合计能源消费占规模以上工业的八成以上，但增加值仅占三成左右。② 根据有关研究机构数据，工业领域行业碳排放量占比及八大行业碳排放占比变化趋势如图1、图2所示。从我国目前的产业结构及能源消费结构来说，节能就是降碳，因此，必须把重点领域节能降碳改造作为实现碳达峰、碳中和目标的重要手段。

（一）推动传统工业节能降碳的主要举措

"十一五"以来，我国以提高能源利用效率为核心，以技术节能为抓手，大力推动重点用能单位节能技术改造，并取得了积极进展和成效。一是组织实施重点节能工程。将技术改造作为实现节能约束性目标的重要途径，在传统工业领域组织实施了节约和替代石油工程、燃煤工业锅炉（窑炉）改造工程、区域热电联产工程等重点节能工程，为完成国家节能目标奠定了

① 高桂林、陈炜贤：《碳达峰法制化的路径》，《广西社会科学》2021年第9期。
② 韩超、陈震、王震：《节能目标约束下企业污染减排效应的机制研究》，《中国工业经济》2020年第10期。

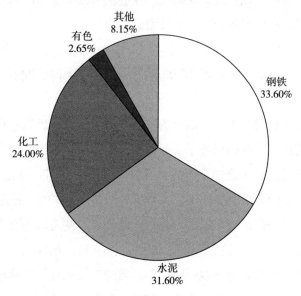

图1　2020年工业领域行业碳排放量占比

资料来源：中国碳核算数据库。

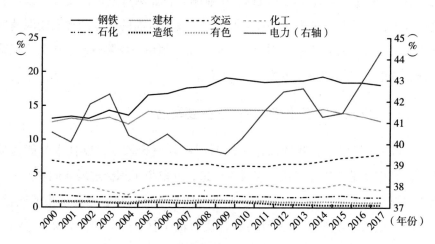

图2　2000~2017年我国八大行业碳排放量占比变化趋势

资料来源：中国碳核算数据库。

坚实基础。[①] 二是加强重点用能单位管理。"十一五"以来，我国组织实施了"千家企业节能行动"、"万家企业节能低碳行动"、重点用能单位"百千万"行动等节能专项行动，显著提升了重点用能单位能源利用效率，为完成节能约束性目标提供了有力支撑。三是强化能效标准约束。目前，我国共制定了380余项节能国家标准，其中强制性标准180多项，推荐性标准200多项，标准覆盖范围不断扩大。[②] 各级节能监察机构以能效标准为准绳，依法严格开展节能执法监察。"十三五"时期，全国累计监察重点企业23470家，覆盖19个高耗能行业。四是完善配套支持政策。严格实施差别电价、惩罚性电价政策，落实企业所得税减免、增值税优惠等政策。大力推广合同能源管理模式，深化能源需求侧管理，探索开展绿电绿证交易，节能市场化机制得到长足发展。五是推广节能技术产品。持续发布国家重点节能低碳技术推广目录和国家工业节能技术装备推荐目录，开展能效"领跑者"引领行动。[③] 有关单位组织开展了重点节能技术应用典型案例评选和推广工作，组织实施了"节能增效绿色降碳服务行动"，积极推动了先进适用节能技术的普及应用。

（二）传统工业节能降碳的主要成效

主要体现在两个方面：一是节能降碳的技术装备全面升级，具体内容见表1；二是主要产品单位能耗大幅下降，具体内容见表2。

表1　2019年我国传统工业技术装备情况（与2005年相比）

类　别	变化情况
电力行业300MW以上火电机组占火电装机容量比重	从47%上升到81%
建材行业新型干法水泥熟料产量比重	从39%上升到99%

---

① 韩鑫：《工业减碳，发展增绿（美丽中国·降碳减排在行动）》，《人民日报》2021年2月1日。
② 解振华：《坚持积极应对气候变化战略定力，继续做全球生态文明建设的重要参与者、贡献者和引领者》，《中国环境报》2020年12月14日。
③ 李昌宝、高莉、杨德草：《人口老龄化背景下中国碳排放的影响因素研究——基于PET模型的实证分析》，《江西财经大学学报》2020年第5期。

续表

类别	变化情况
钢铁行业的大中型企业中干熄焦技术	普及率提高到92%以上
水泥行业中低温余热回收发电技术	提高到80%以上
第一代新型干法水泥技术	推广率达99%

资料来源：白泉：《建设"碳中和"的现代化强国始终要把节能增效放在突出位置》，《中国能源》2021年第1期。

表2　2020年我国主要产品单位能耗下降率（与2015年相比）

单位：%

类别	下降率
6000千瓦及以上电厂供电标准煤耗	3.1
吨钢综合能耗	3.7
铝液交流电耗	1.2
铜冶炼单位产品综合能耗	23.0
水泥熟料单位产品平均综合能耗	3.6
浮法玻璃单位产品平均综合能耗	11.7

资料来源：国家统计局。

　　传统工业的技术装备全面升级、主要产品单位能耗大幅下降，推动了我国能耗强度和碳排放强度显著下降。2019年我国碳排放强度比2005年下降48%，提前一年完成了碳排放强度较2005年下降40%~45%的国际承诺；2020年我国能耗强度比2005年下降42.4%，累计节能约22亿吨标准煤，相当于少排放二氧化碳49亿吨。2006~2020年我国单位GDP能耗变化具体情况如图3所示。

　　近年来，我国能源消费总量呈上升趋势，但能耗强度逐步下降，能源消费结构持续优化，具体情况如图4、图5所示。2019年，我国规模以上企业单位工业增加值能耗与2015年相比下降超过15%，相当于节能4.8亿吨标准煤，节约能源成本约4000亿元。①

---

　　① 李毅、石威正、胡宗义：《基于CGE模型的碳税政策双重红利效应研究》，《财经理论与实践》2021年第4期。

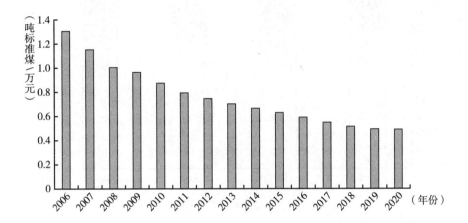

图3 2006~2020年我国单位GDP能耗变化情况

资料来源：《中国能源统计年鉴（2021版）》。

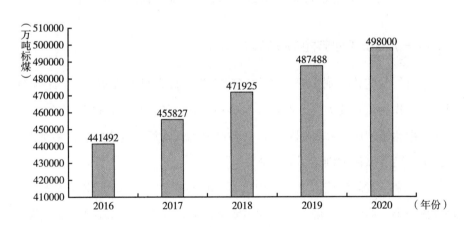

图4 全国能源消费总量

资料来源：《中国能源统计年鉴（2021版）》。

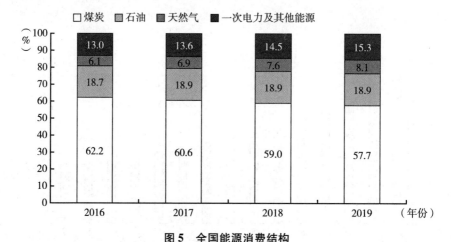

图 5 全国能源消费结构

资料来源：《中国能源统计年鉴（2021 版）》。

二 传统工业节能降碳潜力及面临的问题

（一）传统工业节能降碳潜力

应对气候变化受到世界各国的高度重视，绿色低碳发展已成为国际共识。中国作为负责任大国，要积极倡导和引导资源节约和低碳发展。[①] 党中央提出碳达峰、碳中和目标后，社会各方绿色低碳意识空前高涨，为全面深入挖掘节能降碳潜力创造了有利条件。[②]

近年来，我国传统工业主要产品单位能耗和碳排放与国际先进水平的差距虽在缩小，但仍有下降空间。业内专家认为，我国重点用能单位普遍蕴藏着 10%以上的节能潜力，即便节能技改启动较早的钢铁、有色金属、化工等行业也有 10%~20%的节能潜力；而且行业内部不均衡，后部企业与头部

---

① 任佳：《绿色建筑：添彩美丽中国》，《建筑监督检测与造价》2019 年第 4 期。
② 孙传旺、林伯强：《中国工业能源要素配置效率与节能潜力研究》，《数量经济技术经济研究》2014 年第 5 期。

企业的能效水平最多可以相差 40%。一是行业后部企业节约潜力大。当前我国一些行业的头部企业能效指标处于国内甚至国际领先水平，但同时，工艺技术落后、能效水平较差的后部企业也大量存在，拉低了行业整体的能效水平。以有色金属行业为例，电解铝企业单位产品能耗最大相差 10% 左右，而铜冶炼企业最大相差 40%。由此可见，后部企业能效水平提升的空间巨大。根据边际效益递减原理，对于同样的资金投入后部企业将会产生更大的能效产出。二是产业集中度还有提升空间。以钢铁行业为例，国内排名前 10 的钢铁企业粗钢产量占全国比重不到 40%，不仅低于国外同行业水平，也远低于国家提出的到 2020 年比重达 60% 的行业目标。大力提升产业集中度并形成规模效应，不仅可以有效降低企业用能成本、增强企业国际竞争力，更能够显著提升行业整体能效水平。三是循环经济发展潜力巨大。我国矿产资源回收率和共伴生矿产资源综合利用率平均分别为 35% 和 40%，比国际先进水平低 15%～20%。短流程炼钢、扩大再生铝利用可显著降低能耗和碳排放，但目前我国利用短流程炼钢工艺生产的粗钢产量仅占总产量的 10% 左右，远低于美国的 68%、欧盟的 40%；再生铝产量仅占铝产量的 16% 左右，也低于发达国家 40% 的平均水平。未来我国逐步加大废钢、废铝等资源利用量，将为节能降碳工作带来巨大红利。[①]

（二）深化传统工业节能降碳面临的问题

1. 思想认识不到位

一些地方面对有限的能耗增量空间，先想到的是突破约束限制，向上要指标、求单列、找抵扣。少数地方在处理经济高质量发展和能源高效利用的关系时没有找好平衡点，未打破传统"争取能耗增量指标来保障用能"的惯性思维，没有在存量挖潜增效特别是传统工业节能降碳上下功夫。[②] 据了解，"十四五"时期，分解落实到地方的能耗增量指标与当地存量的比例大

---

① 王安：《保障资源安全　助力双碳目标》，《宏观经济管理》2021 年第 7 期。
② 吴吟：《节能是第一绿色低碳能源》，《能源评论》2018 年第 12 期。

约为1：10。可见能耗指标不是在能耗增量指标里面，而是在当地存量里面，因此，只有把当地存量空间腾出来，才能发展新项目。

2. 绿色技术待突破

一是关键技术发展滞后于发达国家。有助于节能降碳的技术装备未实现完全国产化替代，一些技术对外依存度高。以 CCUS 技术（碳捕集、利用与封存技术）为例，根据德温特国际专利库数据，在全球 CCUS 领域的3 万余项技术专利中，我国所占份额虽然较大，但多数为对国外核心专利的改进和模仿专利，缺乏原始创新和高质量专利。二是颠覆性技术尚未取得突破。我国已开始实施绿色低碳关键共性技术、前沿引领技术和相关设施装备攻关，但在冶金、建材等碳排放"大户"方面，原铝低碳冶炼、氢冶金、水泥悬浮沸腾煅烧等关键核心技术与装备尚未出现颠覆性突破，难以带动相关产业能效水平实现整体性、跨越式提升。三是先进成熟的技术装备推广应用不力。企业、园区余热余压回收利用仍不充分，乙烯裂解炉、高炉炉顶均压煤气回收、窑炉优化控制等先进适用技术的产业化应用任重道远；绿色技术专利保护方面也存在法律规定有缺陷、政策体系不完善、实践操作问题多等诸多短板，制约了技术节能的进一步深化。四是技术创新支撑力量不足。重点行业节能降碳急需革命性技术突破，但领军人才匮乏造成缺少实力雄厚的研发团队，无法支撑关键核心技术取得突破。节能降碳领域职业资格偏少、职业教育体系不健全、职业认可度不高等问题仍然存在，技能型人才供给无法满足实际需求。[1]

3. 政策标准需完善

一是绿色金融支持力度有待加大。目前我国绿色金融以绿色信贷为主，产品结构相对单一。金融产品期限和规模难以与节能降碳改造项目的实施周期和资金需求相匹配，短期内投资收益和风险不均衡，金融机构主动参与节能降碳项目投融资活动的积极性不高。二是能源价格机制不完

---

① 于静、屈国强：《中国区域生态能源效率与节能减排潜力研究》，《统计与决策》2021 年第 12 期。

善。目前以电力、热力、天然气等为代表的能源的价格机制问题较为突出，能源价格未能真实反映市场供需关系和资源稀缺程度，没有体现能源使用对生态环境、气候变化的影响，很难推动企业向"我要节能降碳"转变。三是能效标准约束作用发挥得不充分。部分重点行业的现行能效标准制定发布时间已久，冶金、石化行业的个别产品能效标准为"十二五"期间发布的标准，标准数值与国际先进水平存在较大差距，限定值和行业准入值的把关作用不足，先进值的引领作用减弱，影响企业节能降碳的意愿，易造成"劣币驱逐良币"现象。

4. 管理服务应提升

一是管理力量需要加强。近年来，随着生态文明建设和绿色低碳发展的深入推进，生态文明领域的工作量日益增加。资源环境领域所具有的经济外部性特点决定了其需要较多的行政管理和执法检查力量，但现实情况却是"一人多岗"现象普遍存在，相关人员工作强度越来越大。企业层面，部分企业存在人岗不匹配、人员更换频繁等问题，落实国家节能降碳政策、法规、标准的效果不好，也无法有效组织实施节能降碳改造。二是节能降碳综合服务供给不足。以节能服务行业为例，目前该行业集中度只有约12%，且企业普遍小、散、弱，远远无法满足用能单位对综合解决方案的需求。遇到投资大、跨专业、综合性强的项目，很多公司难以独立完成，综合服务供给不足。

三　相关政策建议

实现碳达峰碳中和目标，需要遵循存量与增量并重、节约优先的原则，更加重视从存量产业中深挖节能降碳潜力，大力推进传统工业节能降碳技术改造，缓解能源资源压力，激发转型发展新动能。2021年以来，国家发展改革委等部门围绕传统工业行业印发了《关于严格能效约束推动重点领域节能降碳的若干意见》《高耗能行业重点领域能效标杆水平和基准水平

（2021 年版）》《高耗能行业重点领域节能降碳改造升级实施指南（2022 年版）》《煤炭清洁高效利用标杆水平和基准水平（2022 年版）》等文件，在推动传统工业节能降碳方面打出一套政策"组合拳"。因此，我国应当以贯彻落实这套政策文件为主线，扎实推进传统工业节能降碳工作，使结构节能在新形势下的节能工作中发挥更大作用。

（一）系统推进传统工业节能降碳改造

一是科学制定改造方案。按照"整体推进、一业一策、一企一案"的原则，分别制定行业、企业改造策略，稳妥把握改造进度和节奏，确保经济平稳运行、社会民生稳定。二是压茬推进改造任务。分步实施、有序推进重点领域节能降碳改造。首先应聚焦能源消耗占比较高、改造条件相对成熟、示范带动作用明显的重点行业组织实施改造，在取得阶段性突破、相关机制运行成熟后，再视情况选取下一批主攻行业。[①] 三是丰富拓展改造手段。在传统结构节能、技术节能、管理节能的基础上，综合运用系统节能、智慧节能、循环节能、再生节能等新途径，进一步释放潜力。[②] 注重节能降碳整体效果，避免出现"节能增加碳排放"或"降碳增加能耗"等，要实现节能降碳的协同增效。四是强化标准规范支撑。组织开展企业技术改造阶段性评估，对照重点行业能效领先水平，动态调整相关标准规范。顺应经济社会发展阶段性目标需求和行业技术装备发展趋势，建立健全适应实际需要的标准，更新完善机制。

（二）充分挖掘行业内部节能降碳潜力

一是深挖行业后部企业改造潜力。对行业后部企业实施节能降碳改造，使其具有较高的投入产出效益。可通过提升能效标准、严格执法检查倒逼行

---

① 张毅、严星：《经济环境、环境规制类型与省域节能减排技术创新——基于异质性科研主体的实证分析》，《科技进步与对策》2021 年第 8 期。

② 周宏春：《低碳经济学》，机械工业出版社，2012。

业后部企业实施节能降碳改造，带动行业平均能效水平持续滚动提升。① 二是引导低效产能有序退出。严格落实相关行业产能置换政策，加速淘汰落后产能，确保完成国家部署的任务。强化事中事后监管，组织各地定期自查，开展不定期抽查，发挥社会监督作用。三是大力推进园区绿色化改造。整合入园企业需求，减少用能、治污、运输成本，实现节能降碳减污协同效应。引导园区企业加强余热余压废热资源回收利用，推动废弃物资交换利用，构建行业交叉互补、企业融合共生的园区绿色发展新格局。

（三）不断强化绿色技术装备保障

一是加强绿色技术装备攻关。系统梳理重点行业节能降碳改造的技术瓶颈和装备短板，充分整合科研院所、行业协会和骨干企业的创新资源，开展技术装备攻关。二是加大绿色技术装备推广应用力度。充分利用重点行业节能降碳技术改造契机，积极培育绿色低碳技术交易市场，推动形成新的经济增长点。三是注重培养研发型人才。着力培养节能降碳所需的高层次创新型、研发型人才，打造绿色科技创新主力军，为早日取得革命性、颠覆性技术突破提供坚强的人才保障。

（四）持续加大政策支持力度

一是充分发挥政府投资引导作用。按照"一钱多用"和"多钱一用"的原则，加大对重点领域节能降碳改造的支持力度。设立节能降碳改造专项资金，支持能源资源型地区转型发展，采取以奖代补方式推动淘汰落后产能和压减过剩产能。② 二是加强绿色金融支持。改进和优化绿色金融产品供给结构，开发绿色债券、基金、股权融资、信托、租赁等融资产品，为重点领域节能降碳改造提供更多有针对性、有特色、多样化的金融产品和服务，支

---

① 孙健、马世财等：《碳中和目标下热泵技术应用现状及前景分析》，《华电技术》2021 年第 10 期。

② 杨博文：《习近平新发展理念下碳达峰、碳中和目标战略实现的系统思维、经济理路与科学路径》，《经济学家》2021 年第 9 期。

持节能降碳改造。三是完善能源定价机制。研究运用税收手段推动碳减排的有效途径，研究提高化石能源资源税或开征碳税等可行办法。探索将"二氧化碳排放影响"纳入能源市场信号体系，推动市场机制在实现碳达峰碳中和目标过程中发挥更大作用。

（五）全面提升节能降碳管理服务能力

一是适当增加行政管理力量。适当增加资源环境领域行政管理工作力量，提高节能降碳组织协调和督办落实工作能力。进一步健全节能监察体系，强化节能监察职能职责，将节能监察队伍打造成为生态文明领域开展行政辅助、加强事中事后监管的重要力量。二是增加节能降碳服务供给。引导节能服务公司根据企业需要，进一步拓展业务范围，为企业提供节能、降碳、减污、循环经济等一揽子服务，提升综合服务能力。引导各类市场服务机构通过行业整合、兼并重组等做大做强，加快打造结构合理、运营规范的市场服务主体，实现节能降碳行业转型升级。三是大力培养技能型人才队伍。根据碳达峰碳中和的工作需要，进一步完善节能降碳领域专业管理人员职业资格设置，按照统一流程和标准开展职业等级认定工作，确保职业认证的含金量。

G.14
以低品位余热为主的北方城镇
零碳清洁供热新模式

付 林 吴彦廷*

摘 要： 当前，清洁低碳热源短缺问题突出。而我国有非常丰富的低品位余热资源，充分利用这些余热，完全可以满足北方地区的供暖需求。基于此，本文提出了以低品位余热为主的城镇零碳清洁供热模式，并进行了成本分析。该模式的供热成本约 79.6 元/GJ，低于燃气锅炉的综合供热成本。因此，应在北方地区全面推广该供热模式，国家应尽快出台配套方案推广使用该模式，并建立跨行业、跨区域、跨企业的低碳清洁供热发展机制，制定全国余热供热规划，并将符合国家供热规划的大型余热供热项目纳入国家基础设施建设范畴。此外，"十四五"期间，应加大对余热供热相关技术研发的支持，同时，大力推动多项低品位余热供热工程的建设，为低品位余热供热模式在北方地区的全面推广打下坚实的基础。

关键词： 集中供热 供热碳中和 余热利用

引 言

供热碳中和是我国实现"双碳"目标的重要内容，然而我国北方地区

---

* 付林，供热、供燃气通风和空气调节专业博士，清华大学教授，研究领域为城市能源、供热工程；吴彦廷，清华大学土木工程在读博士研究生，研究领域为城市能源、供热工程。

供热仍然依赖化石能源的燃烧，碳排放量大、强度高。实现供热碳中和的关键就成了寻找合适的零碳替代热源。而我国有非常丰富的低品位余热资源，充分利用这些余热，完全可以满足北方地区的供暖需求。本文将就我国北方的供热需求和余热资源情况进行分析，提出以低品位余热为主的北方城镇零碳清洁供热新模式，并针对该模式全面推广所面临的政策和经济层面的不利因素进行分析，提出政策建议。

一 北方地区供热及其碳排放现状

根据《中国建筑节能发展研究报告 2022》统计数据[①]，截至 2020 年底，北方城镇供热面积为 156 亿 m^2，全年供热能耗 2.14 亿 tce，相关的二氧化碳排放量达 5.5 亿 t。城镇供热碳排放占建筑运行相关碳排放量的 25%，是北方城市的主要碳排放来源之一；供热碳排放强度为 $35kgCO_2/m^2$。中国城镇供热协会调研了 90 家大型供热企业，其供热热源结构如图 1 所示。

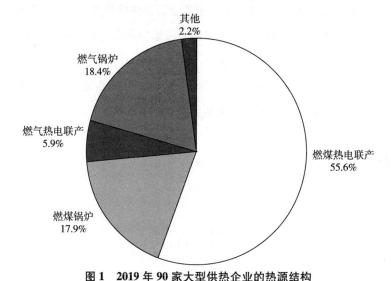

其他
2.2%

燃气锅炉
18.4%

燃气热电联产
5.9%

燃煤热电联产
55.6%

燃煤锅炉
17.9%

图 1 2019 年 90 家大型供热企业的热源结构

① 清华大学建筑节能研究中心：《中国建筑节能年度发展研究报告 2022》，中国建筑工业出版社，2022。

从图 1 中可以看出，我国北方城镇集中供热热源仍然以燃煤为主，占比超过 70%。而且，直接燃烧煤炭和天然气等化石能源的锅炉仍然占据了超过 97% 的比例，这是导致北方城镇供热碳排放高的主要原因。要大幅降低城镇供热相关碳排放，实现供热碳中和，关键就是要寻找低成本的零碳替代热源。

二　当前低碳供热方式及其存在的问题

（一）天然气供热

采用天然气锅炉替代燃煤锅炉可以在一定程度上降低燃料燃烧导致的碳排放，但天然气燃烧仍然有不低的二氧化碳排放量，如图 2 所示。并且天然气的主要成分甲烷在运输和使用过程中会存在不同程度的泄漏，而甲烷气体的全球变暖潜能值（GWP）在 100 年的时间内是二氧化碳的 28 倍[1]，因此考虑这部分泄漏的甲烷气体，燃气供热的等效碳排放并不比燃煤低。在经济性方面，天然气供热成本高，难以全面推广。

此外，大规模采用天然气供热会导致冬季天然气用量急剧增加，供气不足，影响能源安全。例如，北京市冬季采用天然气供热，大大增加了冬季用气量，导致冬季天然气供应紧张，出现"气荒"进而影响供热。[2]

综上，天然气供热存在成本高和供热难以保障问题，难以成为主流的低碳供暖方式。

（二）电供热

电供热也是目前正在推广应用的一种零碳供热方式，主要以电驱动中深层热泵、空气源热泵进行供热。但全面推行电供热将导致冬季电力负荷的急

---

① 刘虹、赵美琳、薛文林等：《气候变化背景下的煤矿甲烷排放与利用》，《煤炭经济研究》2021 年第 12 期。

② 荀志国、汉京晓、刘荣：《燃气供热现状及问题》，《区域供热》2019 年第 3 期。

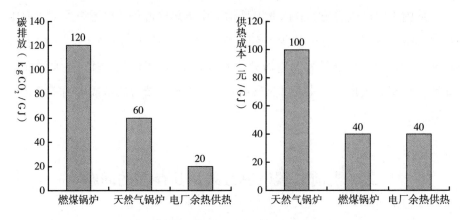

图 2 燃煤供热天然气供热碳排放及供热成本

剧增加，如图 3 所示。例如，北京市推行煤改电以来，农村户均用电量提高了 6 倍，出现了供电增量配套电网保障问题。

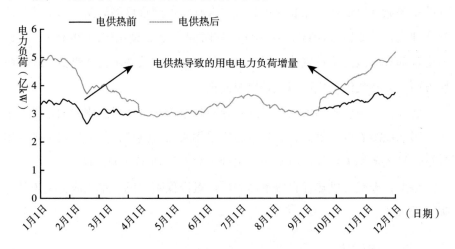

图 3 电供热前后电力负荷变化曲线

未来，在电力系统碳中和的背景下，为应对冬季供暖增加的尖峰负荷需要新建大量的风光电源及采取相应的储能措施，这将导致供热用电成本高涨，从而大幅提高供热成本。在碳中和环境下，电供热方式的成本将是天然气供热方式的 2 倍以上。因此，不应全面推广电供热。

三 以低品位余热为主的低碳清洁供热技术

我国有非常丰富的低品位余热资源,包括火力发电厂和核电厂的冷端余热、工业生产过程产生的余热、数据中心等新兴产业产生的余热、市政余热等,这些热量是在社会必需的生产生活过程中产生的,是清洁零碳热源。全面回收这些余热并可以将这些余热作为主力热源,满足北方地区城镇的低碳清洁供热需求。

(一)电厂余热

1. 电厂余热供热潜力

我国北方地区现存大量火力发电厂,图 4 显示了我国北方地区火力发电厂不同机组装机容量。火电总装机容量约为 6.67 亿 kW(包括燃煤和燃气),其中 300MW 以上大机组装机容量占比超过 70%。

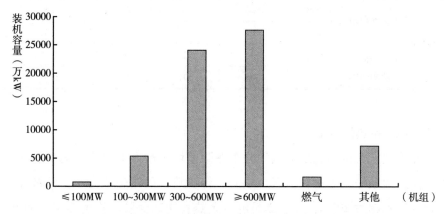

图 4 我国北方地区火力发电厂不同机组装机容量

根据《中国建筑节能年度发展研究报告 2019》[①],不同热电机组的余热供热潜力如表 1 所示。若余热供热潜力按各容量机组的平均值计算,

① 清华大学建筑节能研究中心:《中国建筑节能年度发展研究报告 2019》,中国建筑工业出版社,2019。

300MW 机组的余热供热潜力按单位铭牌发电功率供热能力 1.7 计算，600MW 机组的余热供热潜力按单位铭牌发电功率供热能力 1.41 计算，燃气机组按 1.1 计算。北方 300MW 以上燃煤火电机组和燃气发电机组的余热供热潜力约 818GW，按 40W/m² 的平均热指标计算，可以满足 200 亿 m² 建筑的供暖需求。

表 1 不同热电机组的余热供热潜力

单位：MW

机组容量	机组类型	冷却方式	铭牌发电功率	最大供热工况发电功率	最大供热能力	单位铭牌发电功率供热能力
300MW	供热机组	空冷	300	250	524	1.75
		湿冷	300	258	520	1.73
	纯凝改造机组	空冷	300	255	530	1.77
		湿冷	320	278	483	1.51
600MW	供热机组	空冷	660	589	951	1.44
		湿冷	660	546	862	1.31
	纯凝改造机组	空冷	600	523	903	1.51
		湿冷	600	572	821	1.37

2. 电厂余热供热技术

北方地区大量的燃煤火电厂分布在距离城市较远的地方，需要将热量经济高效地输送至城市负荷区。然而，传统热网的输送能力小，经济输送半径一般不超过 20km，无法满足电厂余热长距离经济输送的需求。为此，清华大学研发了吸收式换热技术，提出了分散和集中相结合的热网低回水温度实现方法，构建了三级大温差热网新模式：在城市热网中用吸收式换热能源站替代传统的换热站，以市政一级网的高供水温度作为驱动力，降低热网回水温度；进一步建设集换热、降温、调峰等功能于一体的中继能源站，充分利用燃气、蒸汽、电能等多种能源降低长输热网回水温度。降低热网回水温度可提高热网供回水温差，从而增加热网输送能力，降低热量输送成本①。

此外，当前热电厂抽汽、低压缸光轴改造及切除低压缸等供热方式，均是用中压缸排出的较高参数蒸汽直接加热热网水，然而蒸汽与热网之间的温差大，换热不可逆损失大，供热能耗高。随着长输热网回水温度进一步降低，这一不可逆换热损失进一步增大。为此，清华大学提出了根据热网低回水温度的特点，采用多台机组的锅炉烟气和汽轮机凝汽器、热泵/高背压汽轮机排汽、热网加热器等多级串联的梯级余热回收系统，实现热网水的逐级升温，进而实现火电厂烟气余热与乏汽余热的高效利用②③。

上述大温差输送技术，保证了长输供热系统的低能耗和经济可行性。与燃煤锅炉房相比，大温差长输供热的经济半径达到80km，与燃气锅炉房相比，大温差长输供热的经济半径达到240km。这使得北方地区绝大多数的火电厂余热可以得到经济高效地回收利用。

（二）核电余热

1. 核电余热量

核电余热将成为沿海地区城镇的重要低碳清洁热源。截至2019年10月，中国商运核电站共47座，在建机组13座，且全部分布在东部沿海地区。其中北方地区共有核电站三座，分别为石岛湾核电站、海阳核电站和红沿河核电站。考虑到未来的零碳需求，沿海地区核电规划装机容量可达2亿kW，其中约5000万kW位于北方沿海地区。这些核电站每年可产生22亿GJ余热，可以满足约100亿 m^2 建筑的供热需求。

2. 核电供热技术

针对核电产生的主蒸汽参数低（约300℃）、热电转化效率低、乏汽热量

① Fu Lin, Li Yonghong and Wu Yanting et al., "Low Carbon District Heating in China in 2025-A District Heating Mode with Low Grade Waste Heat as Heat Source", *Energy*, 2021.

② 李文涛、袁卫星、付林等：《利用吸收式热泵的电厂乏汽余热回收性能分析》，《区域供热》2015年第4期。

③ Bo Yang, Yi Jiang and Lin Fu et al., "Modular Simulation of Cogeneration System Based on Absorption Heat Exchange (Co-ah)", *Energy*, 2018.

未得到利用导致大量的热量被浪费等问题，清华大学研发出了水热同产同送技术。该技术包括：将热电联产加热流程与热法海水淡化流程结合，回收利用常规热网加热过程中损失的做功能力，实现水热同产，直接生产温度为100℃~120℃的热淡水；将原来"水热分送"需要的三条管道改为利用单管输送热淡水，实现水热同送；在终端利用大温差技术分离出常温淡水和满足热网需求的热量，实现水热分离。该技术可以大幅度降低供热长距离输送和海水淡化成本，对于我国北方沿海地区实现零碳供热与增加淡水资源具有十分重要的意义。[①]

（三）工业余热

当前可用于余热回收的工业类别包含钢铁冶炼、铜冶炼、炼焦、熟料生产、化工业等，根据其产品产量，结合表2所示的部分产品工业余热回收系数，按照公式（1）可计算工业的余热供热潜力。

表2 部分产品工业余热回收系数

单位：MJ/t

类别	大环节	产品	余热回收系数
钢铁冶炼	炼焦工序	焦炭	1870.3
	烧结工序	烧结矿	376.3
	高炉炼铁	生铁	2725.9
	转炉炼钢	粗钢	907.1
	轧钢	轧钢钢材	423.9
铜冶炼	火法炼铜	粗铜	28180.0
炼焦	炼焦工序	焦炭	1870.3
熟料生产	回转窑烧制	熟料	595.1

[①] Ziyong Li, Lin Fu, Haochen Liu, "A Novel Combined Heat and Water（CHM）Technology Applied in China Norther Coastal Regions：Actual Demonstration Project towards Promoting", *Energy Conversion and Management*, 2022, 257.

续表

类别	大环节	产品	余热回收系数
化工业	硫黄制酸	硫酸	2061.0
	氯碱工艺	烧碱	2025.0
	电热法制电石	电石	6174.0
	煤化工合成氨	合成氨	12510.0
	煤制烯烃	甲醇	2851.0
	煤制烯烃	乙二醇	15122.0

利用余热年总量计算采暖季供热潜力时，计算方法为：

$$某地工业余热供热潜力 = \frac{该地工业产品产量 \times 对应产品余热回收系数}{年生产天数（取330天）\times 24 \times 3600} \quad (1)$$

我国北方地区工业余热供热潜力如图5所示，目前工业余热总供热潜力达35亿GJ。考虑到企业规模大小，未来仅保留一定的规模以上企业，2050年仍有超过20亿GJ的余热可用于供热。这些热量可以满足约100亿 m² 建筑的供热需求。

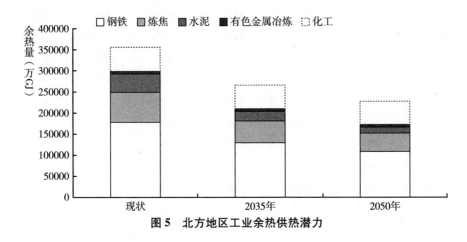

图5 北方地区工业余热供热潜力

（四）其他低品位余热

除上述几种余热外，未来还有大量其他余热资源可供利用。如数据中心余热，调研显示，当前数据中心余热量为 2 亿 GJ，而 2050 年数据中心余热潜力可达 13 亿 GJ。还有城市内的一些市政余热，例如，城市垃圾焚烧发电和再生水余热都可以进行回收利用。垃圾热电联产和污水源热泵的供热能力大约相当于当地城镇热负荷的 4%~5%，因此其可作为城镇供热的辅助和补充热源。

（五）余热资源分布与供需匹配

北方地区各省（区、市）的余热资源量与需热量情况如表 3 所示。

表 3　中国北方地区各省（区、市）余热资源量与需热量情况

单位：万 GJ

省 （区、市）	电厂余热	工业余热	市政余热	总余热量	需热量	供需比
北京	10729	0	957	11686	24548	0.5
天津	10236	1671	601	12508	15740	0.8
河北	20801	69698	1977	92476	44890	2.1
山西	29916	33982	1371	65269	34048	1.9
内蒙古	51149	17853	1168	70170	31940	2.2
辽宁	45403	21714	1608	68726	48472	1.4
吉林	4536	1411	1294	7241	31968	0.2
黑龙江	8424	2111	1769	12304	45362	0.3
山东	120820	28502	2343	151665	63760	2.4
河南	53654	16874	2013	72542	45070	1.6
陕西	24840	8756	772	34368	19699	1.7
甘肃	8467	6090	742	15300	16207	0.9
青海	2074	1303	250	3627	5468	0.7
宁夏	17107	7155	301	24563	6521	3.8
新疆	22334	10266	941	33541	20208	1.7
总计	430490	227386	18108	675984	453902	1.5

注：①电厂余热仅考虑 600MW 以上机组、燃气机组，市政余热按总负荷的 4% 计算。②数据因四舍五入原因，略有误差。

（六）以低品位余热为主的零碳清洁供热新模式

根据预测，2050 年北方地区城镇供热面积为 218 亿 m²。零碳供热规划方案分为沿海、内陆两部分。

1. 沿海地区供热

发展 3 个核电余热供热区域，实现沿海地区供热碳中和。红沿河核电供辽东半岛，回收红沿河核电全年余热可覆盖辽宁省约 14 亿 m² 的供热面积；徐大堡核电供京津冀地区，徐大堡核电余热可覆盖京津冀地区约 1/3 的供热面积；山东沿海的核电供胶东半岛，海阳、石岛湾以及招远核电可覆盖超过40 亿 m² 的供热面积。

2. 内陆地区供热

对于内陆地区，可主要采用电厂余热集中供热，可以利用生物质燃料、氢能燃料等零碳燃料替代化石燃料，减少碳排放；在二氧化碳排放端发展捕集技术，封存二氧化碳；而在用能端建设大型跨季节储热工程，充分回收全年余热，满足冬季取暖需求。未来，可通过这三种途径达到零碳供热目标。

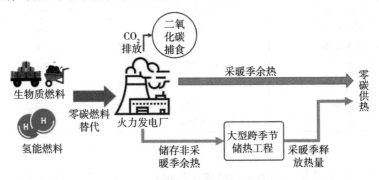

图 7　2050 年零碳供热模式展望

根据上述原则，规划 2050 年零碳供热结构如图 8 所示。

上述方案的经济性评判指标如表 4 所示，其中，方案的总建设投资为20156 亿元，年运行成本为 1521 亿元，按 10 年折旧计算的综合供热成本为79.6 元/GJ。此外，这些方案的供热能源成本还低于燃气锅炉的供热成本。

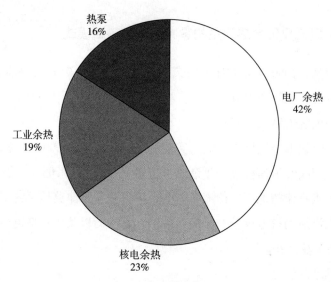

图8　2050年零碳供热结构

表4　各供热方式的建设投资及供热能源成本

单位：亿元，亿元/年

供热方式	建设投资	供热能源成本
电厂余热	8424	275
核电余热	4453	208
工业余热	1764	254
市政余热	1252	161
热泵	4263	623
总计	20156	1521

综上，以低品位余热为主的低碳供热模式成本低于燃气锅炉成本，推广使用这种模式，可实现北方地区城镇供热碳中和目标。

四　政策建议

（1）建议国家相关部门出台相应文件，明确北方城镇未来应采用以电厂余热利用为主的低碳清洁供暖路线，避免供热低碳发展走上新的弯路。

（2）建立跨行业、跨区域、跨企业的余热供热发展机制。建立跨电力和供热行业的协同发展机制；制定分地区的余热供热整体规划；建立以温度为标准的热量阶梯价格体系。

（3）建议将符合国家余热供热规划的项目纳入国家基础设施建设的范畴，以基础设施建设的模式推动项目的实施，并以政府资金带动社会资金，加快推动余热供热工程的实施，实现供热部门的快速减碳。

（4）"十四五"期间，尽快推动呼和浩特、西安、乌鲁木齐、兰州、济南、银川、郑州等省会（首府）城市大温差长输供热工程的建设。同时，进一步开展核电余热供热以及大型跨季节储热技术示范。

G.15
建筑光储直柔技术现状、发展与展望[*]

郝 斌 陆元元 李叶茂[**]

摘 要： 建设集光伏发电、储能、直流配电、柔性用电于一体的光储直柔建筑是碳达峰碳中和目标下建筑节能工作的新方向。本文对光储直柔技术的发展背景进行了分析：建筑电气化率及分布式光伏占比的提升，有助于推动建筑柔性用电与电网交互解决高比例可再生能源接入带来的波动性难题。本文还对光储直柔四部分技术的相互关系进行了简要介绍，建筑用电柔性所带来的灵活调节资源可用于解决电力日平衡需求，实现超 60% 的减碳幅度。本文最后对推动光储直柔技术发展提出了政策建议。

关键词： 建筑电气化 光储直柔 用电柔性 减排潜力

一 引言

自 2008 年 10 月 1 日《民用建筑节能条例》正式施行至今，中国建筑节能取得了举世瞩目的成就。其中，新建建筑节能标准执行率达到 100%，累

* 本研究成果得到国家重点研发计划项目（编号：2016YFE0102300 和 2019YFE0100300）和能源基金会（编号：G-1909-30303 和 G-2106-33086）的资助。
** 郝斌，深圳市建筑科学研究院股份有限公司副总工程师、直流建筑实验室主任，教授级高级工程师，研究领域为绿色建筑与建筑节能、直流建筑与微电网、可再生能源建筑应用等；陆元元，深圳市建筑科学研究院股份有限公司直流建筑实验室技术经理，高级工程师，研究领域为可再生能源建筑应用；李叶茂，深圳市建筑科学研究院股份有限公司直流建筑实验室高级技术经理，研究领域为电力需求响应和建筑用电柔性控制。

计建设节能建筑面积超过 238 亿平方米，节能建筑占比超过 63%。① 建筑节能工作经历了节能率"三步走"②，也经历了能耗"定量化"，还经历了节能"求极值"，不断探索被动房以及近零能耗、净零能耗、零能耗建筑。

而今，在应对气候变化，落实 2030 年前碳达峰、2060 年前碳中和目标背景下，建筑节能发展将面临更大挑战，同时也将迎来重要发展机遇。国务院印发的《2030 年前碳达峰行动方案》中，"城乡建设碳达峰行动"部分明确指出提高建筑终端电气化水平，建设集光伏发电、储能、直流配电、柔性用电于一体的光储直柔建筑。③ 住房和城乡建设部、国家发展改革委发布的《城乡建设领域碳达峰实施方案》提出，推动开展新建公共建筑全面电气化；推动智能微电网、光储直柔、蓄冷蓄热、负荷灵活调节、虚拟电厂等技术应用，优先消纳可再生能源电力，主动参与电力需求侧响应。④ 这些政策措施都为建筑节能工作明确了新方向，即加快优化建筑用能结构，推动可再生能源建筑应用，实施建筑用能电力替代，建设以光储直柔为特征的新型建筑电力系统，发展柔性用电建筑。⑤

此外，生态环境部等七部门印发《减污降碳协同增效实施方案》，提出大力发展光伏建筑一体化应用，开展光储直柔一体化试点。⑥ 科技部等九部门印发的《科技支撑碳达峰碳中和实施方案（2022—2030 年）》提出了一系列城乡建设与交通低碳零碳技术攻关行动，包括光储直柔供配电、建筑高效电气化、热电协同等。光储直柔技术逐渐成为建筑及相关部门实现"双碳"目标的重要支

① 《建筑能效稳步提升　绿色建筑跨越式发展》，中华人民共和国国家发展和改革委员会，2021 年 8 月 27 日，https：//www. ndrc. gov. cn/xwdt/ztzl/2021qgjnxcz/bmjncx/202108/t20210827_ 1294904. html？ code＝&state＝123。

② 郝斌：《建筑"光储直柔"与零碳电力如影随形》，《建筑》2021 年第 23 期。

③ 《关于印发 2030 年前碳达峰行动方案的通知》，中国政府网，2021 年 10 月 26 日，http：//www. gov. cn/zhengce/content/2021-10/26/content_ 5644984. htm。

④ 《关于印发城乡建设领域碳达峰实施方案的通知》，中国政府网，2022 年 6 月 30 日，http：//www. gov. cn/zhengce/zhengceku/2022-07/13/content_ 5700752. htm。

⑤ 《关于印发"十四五"建筑节能与绿色建筑发展规划的通知》，中国政府网，2022 年 3 月 1 日，http：//www. gov. cn/zhengce/zhengceku/2022-03/12/content_ 5678698. htm。

⑥ 《关于印发〈减污降碳协同增效实施方案〉的通知》，中国政府网，2022 年 6 月 10 日，http：//www. gov. cn/zhengce/zhengceku/2022-06/17/content_ 5696364. htm。

撑技术。本文将对建筑光储直柔技术背景与现状、发展目标及减排潜力等进行介绍。

二 光储直柔技术发展背景

（一）建筑电气化率不断提升

建筑碳排放是城乡建设领域碳排放的重点，建筑电气化是减少建筑直接碳排放的重要技术路径。建筑电气化能够充分发挥电力在建筑终端消费清洁性、可获得性、便利性等优势，是实现建筑领域低碳发展的重要前提基础。建筑用能中的电力消费比例是衡量建筑电气化水平的关键指标。2020年，我国建筑用电量占建筑终端能源消费的比重为58%[1]，较2001年提升了39个百分点（见图1），反映了我国建筑电气化快速发展的趋势。

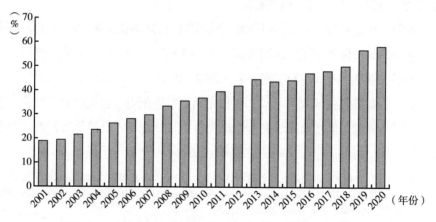

图1 2001~2020年我国建筑用电量占建筑终端能源消费的比重

建筑电气化包括了电力供给、电力消费和项目建设三个方面的评价指标，具体发展目标如表1所示。建筑电气化发展也分为近期、中期、远期三

---

[1] 按供电煤耗法计算。

个阶段[①]。

（1）近期（2020~2025年）：消费增长，快速量变。"十四五"期间随着经济水平提高和电能替代工作在清洁供暖、生活热水等领域的持续推进，人均建筑用电量将维持略高于"十三五"期间的年均增速，主要是消费侧变化带动供给指标变化，政策对光储直柔技术给予一定的支持。

（2）中期（2025~2035年）：增长放缓，质变提效。考虑到社会经济增长速度减缓，人均建筑用电量和建筑电气化率的增长速度也将随之减缓，随着建筑光伏一体化、建筑储能、光储直柔等技术的逐渐成熟和经济性的逐渐凸显，可再生能源技术和新型建筑供配电技术将会在2025~2035年迅速发展。

（3）远期（2035~2050年）：高度电气化，技术红利好。建筑用电量仍会以稳定的速率保持增长，电能替代工作持续深入推进，预计到2050年除北方集中采暖使用热电联产和农村使用生物质外，其他建筑用能需求基本上实现电气化，而光储直柔技术应用的市场效益凸显，技术的大规模应用，又促进了人才涌入和技术创新，形成可持续的技术飞轮驱动。

表1 建筑电气化发展目标

项目	指标		2018年	2025年	2035年	2050年
电力供给	城市分布式光伏覆盖率（%）		0.5	1.4	2.7	3.0
	建筑非化石电力供给比例（%）		29	40	55	90
	建筑供电可靠率（%）		99.94	(99+X)		
电力消费	人均建筑用电量（kWh）	城市	1600	2000	3600	4300
		农村	500	800	1150	1500
	建筑电气化率（%）	城市	55	66	82	90
		农村	26	30	55	70
	建筑用电量占全社会用电量比重（%）		26	30	35	40
项目建设	建筑光伏装机容量（GW）		20	80	300	1000
	建筑储能配置容量（GWh）		—	0.5	25.0	300.0
	光储柔直建筑面积（亿m²）		—	0.5	20.0	200.0

---

① 资料来源：《建筑电气化及其驱动的城市能源转型路径研究报告》，2020年10月。

随着生活水平的提高、城镇化的持续推进，建筑用能中的电力消费比例将持续增长。首先，随着新型城镇化进程的推进，电气化程度较高的城镇建筑规模逐步扩大，整体建筑电气化水平逐步提升。其次，技术进步促使电器普及，推动建筑终端用能电气化水平自然增长。以空调为例，作为建筑的主要用能设备，其全国居民平均每百户拥有量在2001～2020年增长了4倍。[①]最后，用户对清洁能源的青睐，国内政策对终端用能电气化普及的推动以及生活热水电能替代、北方城镇供暖电能替代、北方农村供暖电能替代、炊事电能替代等持续推进，使电气化率得以提升（见图2）。

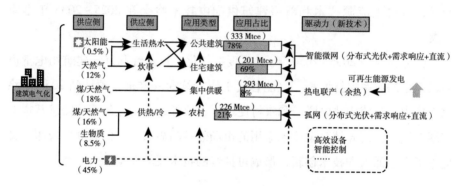

图2　建筑电气化率提升技术途径

因此，建筑电气化率的不断提升，能够有效推动光储直柔技术的发展，并在建筑能效提升基础上进一步实现电能替代与电网友好交互。

（二）建筑光伏规模化应用

随着建筑电气化率不断提高，建筑领域低碳化的重点是进一步减少间接碳排放，也就是提高可再生能源电力的比重。据国家能源局统计，2021年光伏新增发电装机容量约5300万kW，其中分布式光伏约2900万kW，占当年光伏新增发电装机容量比例首次突破50%，且光伏发电集中式与分布式并举的发展趋势明显（见图3）。同时，2021年户用光伏新增发电装机容量

---

① 资料来源：《中国统计年鉴2021》，中国统计出版社，2022。

约为 2160 万 kW，占分布式光伏新增发电装机容量的 74%（见图 4）。近两年户用光伏已成为分布式光伏新增发电装机容量增长的主要贡献力量，建筑光伏已逐渐占据主导地位。

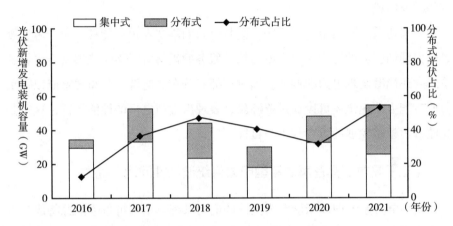

图 3　光伏新增发电装机容量构成及分布式光伏占比情况（2016～2021 年）

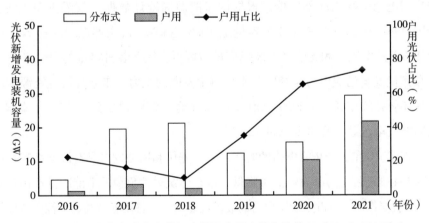

图 4　分布式光伏新增发电装机容量及户用光伏占比情况（2016～2021 年）

　　光伏组件效率的不断提升和成本的持续下降，使得建筑光伏发电已具备良好的应用场景，而且随着光伏的规模化接入，以及电动车充电设施在建筑中的普及，建筑将从单纯的电力消费者转变为产消一体者。建筑光伏直接为建筑所用以降低白天的电力负荷峰值，电动车冗余的电池容量可以通过柔性

197

双向充电桩实现有序充电和必要时的放电，同时建筑的柔性负荷可以通过短时间降低用电需求或者延迟等效为备用电源帮助电网应对冬夏峰值问题。预计到 2060 年光伏装机容量将达 20 亿 kW 以上，建筑光伏将成为新型电力系统的重要组成部分。

未来建筑之于城市电力系统，既是电力的消费者也是能源的生产者，既是电力辅助服务的使用者也是电力辅助服务的提供者，不仅能够实现电量的节约，还能够实现电力的调节。同时，拥有分布式电源、分布式蓄能以及负荷调节能力的建筑还可以通过资源聚合表现出虚拟电厂的性能特征，这也是光储直柔建筑发展的重要基础与目标。

（三）需求侧具备解决新型电力系统波动性问题的能力

新型电力系统即以新能源为主体的电力系统。未来可再生能源将成为电力供应的主力，由此带来的突出矛盾是可再生能源发电的波动性与保障终端用户用电稳定性之间不匹配。根据国家能源局统计数据，截至 2021 年底，全国可再生能源发电累计装机容量达 10.6 亿 kW，占全部电力装机容量的 44.8%。其中风电和光伏发电装机容量占可再生能源装机容量的 59.8%，风电和光伏发电已成电力系统中非水可再生发电的主力。未来可再生能源发电占比还将持续增长，《2030 年前碳达峰行动方案》提出到 2030 年，风电、太阳能发电总装机容量要超过 12 亿 kW。

当建筑用能主要依靠电力的时候，由于光伏和风力发电具有波动性特征以及可再生能源发电边际发电成本降低，未来建筑柔性负荷的节能减排作用将超过能效提高作用。可再生能源出力的波动性越大，对备用容量和灵活性资源的需求就越大。由此，提升需求侧负荷灵活性将成为未来建筑节能工作的重要方向。

潜在的建筑柔性负荷调节能力足以解决高比例可再生能源接入所带来的电力系统波动性难题。建筑柔性主要来源于三个方面：一是建筑用电设备，在保障生产生活基本质量的前提下，通过优化设备的运行时序，错峰用电；二是储能设施，投资建设储能电池、蓄冷水箱、蓄冰槽、蓄热装置等，直接或间接地实现电力的存储；三是电动车，通过智能充电桩连接电动车电池和建筑配电系统，在满足车辆使用需求的基础上，挖掘冗余的电池容量，使停车场中的电动车发挥"移动充电宝"的作用。

图5即为建筑用电柔性与以风光为主的电力系统交互示例。原始负荷是建筑正常使用情况下的用电规律，而目标负荷则是根据最有利于消纳可再生能源电力原则确定的用电规律。为了实现从原始负荷到目标负荷的转变，需要利用建筑用电设备、储能设施、电动车的柔性：在前半天目标负荷大于原始负荷时车辆充电、电池充电、负荷调增，以消纳可再生能源电力余量；在后半天目标负荷小于原始负荷时车辆放电、电池放电、负荷削峰，以缓解电力紧张状况。这种"荷随源动"的柔性建筑能够有效缓解未来高比例可再生能源电力结构下的电网调峰压力，提高运行经济性，同时也能够为建筑自身提供高质量、智能化的供电服务。

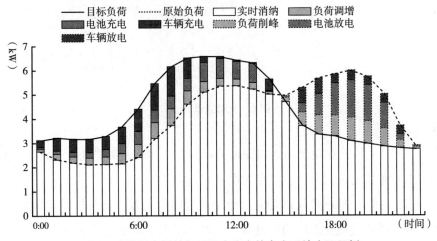

图5　建筑用电柔性与以风光为主的电力系统交互示例

三　光储直柔技术的柔性目标和减排潜力

（一）光储直柔技术的柔性目标

光储直柔技术是建筑光伏、建筑储能、直流配电和柔性用电四项技术的简称。根据《民用建筑直流配电设计标准》（T/CABEE 030-2022）术语所述，光储直柔是指配置建筑光伏和建筑储能，采用直流配电系统，且用电设备具备功率主动响应功能的新型建筑能源系统（见图6）。常规建筑电力系统主要考虑用电负荷和城市电网两者之间的平衡，而建筑光储直柔技术关注的是建筑光伏、建筑储能、用电负荷以及城市电网四者之间的动态平衡。

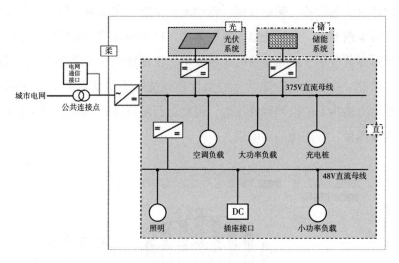

图6 光储直柔示意

（1）"光"是在建筑场地内安装分布式、一体化太阳能光伏系统，为建筑提供零碳化的清洁电力。光伏发电具有直流特征。

（2）"储"是在建筑供配电系统中配置储电装置，通常指电化学储能，从技术发展和规模化推广的角度而言，电动车也是重要的建筑储能方式。建筑储能通过调整充放电功率改变直流配电系统的负荷特性，达到光伏消纳、平抑负荷波动和电力交互等目的。上述建筑储能也具有直流特征。

（3）"直"是低压直流配电系统，主要包括电源设备、配电设备、用电设备、监控系统等。直流配电系统便于通过直流母线实现建筑光伏、建筑储能和不同类型负荷的接入，并根据城市电网功率变化要求，以直流母线电压调节为手段，在满足用户需求的前提下通过调节储能和负荷，实现供需匹配。

（4）"柔"是用电功率能够实时调节的能力，这种调节是根据电力交互的需要而作出的。通常的建筑用电柔性是指图 6 中建筑与城市电网公共连接点处的柔性。

由此可见，直流配电是连接建筑光伏、建筑储能、用电负荷和城市电网的桥梁，是实现柔性用电的技术路径，是光储直柔的必要条件；柔性用电是光储直柔的目标，是建筑节能的新方向，也是全社会层面更显著的能源节约。即"光"和"储"是前提，"直"是手段，"柔"是目的。

建筑用电柔性主要解决电网日调峰需求。随着建筑用电量的增长和可再生能源电力占比的提高，供给和需求的不匹配程度不断增加，电力调峰需求也随之增长。对于不同时间尺度的调峰需求，建筑用电柔性对于电力平衡的贡献不同。建筑用电柔性在 2030 年前主要来源于建筑用电设备和储能设施，而随着电动车双向充电桩的普及应用，建筑用电柔性在 2050 年前后将能够基本解决日调峰需求（见图 7）。[①]

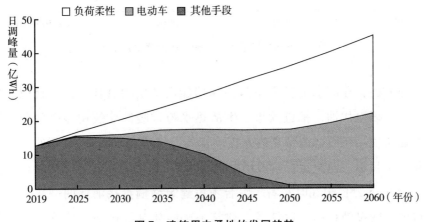

图 7　建筑用电柔性的发展趋势

（二）光储直柔技术的减排潜力

建筑电气化以减少建筑温室气体直接排放为目标，光储直柔则是减少建

---

① 资料来源：《中国"光储直柔"建筑未来发展实施路径研究报告》，2022 年 7 月。

筑间接碳排放的重要技术路径。① 在基准情景下，建筑直接一次能耗将随着建筑面积和用能强度的增加而持续增长；相比之下，电气化情景下的建筑直接一次能耗受节能政策和电气化政策的影响而大幅降低。截至 2050 年，电气化情景下的建筑直接一次能耗为 1.5 亿吨标煤，低于基准情景的 1/4（见图 8）。

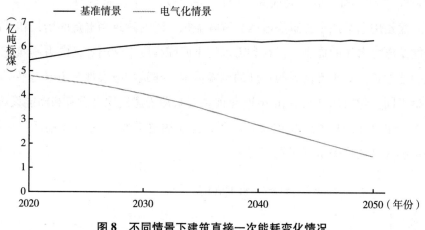

图 8 不同情景下建筑直接一次能耗变化情况

一方面，在需求侧扩大建筑终端用能清洁电力替代，以电代煤、以电代气、以电代油，推进炊事、生活热水与采暖等建筑用能电气化，可减少建筑使用化石能源带来的直接碳排放。基于表 1 中 2050 年的建筑电气化发展目标，建筑运行阶段用电量要从 2020 年的 2 万亿千瓦时增长到 2050 年的 5 万亿千瓦时左右。综合考虑建筑终端直接消耗的一次能源和通过电力间接消耗的一次能源，建筑一次能耗总量在基准情景和电气化情景下于 2050 年将分别达到 21.8 亿吨标煤和 15.7 亿吨标煤，建筑碳排放总量分别为 14.3 亿吨和 5.6 亿吨。由此，建筑电气化情景下将实现超 60% 的减碳幅度。

---

① 江亿：《光储直柔——助力实现零碳电力的新型建筑配电系统》，《暖通空调》2021 年第 10 期。

另一方面，柔性用电是减少间接碳排放的重要支撑技术。通过建筑光伏、建筑储能、直流配电等技术应用，提高分布式光伏电力消纳能力，并通过柔性用电实现建筑电力交互，在源端清洁化电力比例日益提升的条件下实现与电网协同减排（见图9）。在建筑电气化的背景下，由于可再生能源发电边际成本降低，未来建筑柔性负荷的节能减排作用将超过能效提高作用。未来建筑低碳可通过与电力协同的方式实现，让建筑红线以外的减碳效果落到实处。

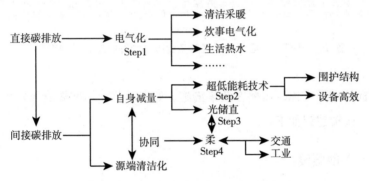

图9　建筑运行阶段低碳减排发展路径

光储直柔技术在峰谷价差比超过4的地区已具备很好的技术经济性。图10显示了国内实行分时电价的地区工商业电价峰谷价差比，其中新疆、北京、广东、深圳、青海等地区的峰谷价差比已超过4，建筑储能的优势凸显，光储直柔技术应用已具备良好的经济收益与减碳收益。同时，可以通过绿色电力消费认证，解决零碳电力和零碳建筑面临的难题。

随着供应侧的电力清洁化，以及需求侧的绿色电力消费增长，建筑与电力的携手低碳发展将成为能源低碳转型的大趋势。

四　政策建议

光储直柔建筑既是对现有电力供应与可再生能源电力消纳、建筑用能管理、电动车、家电产品等上下游产品链的重构，也是未来实现我国碳达峰碳

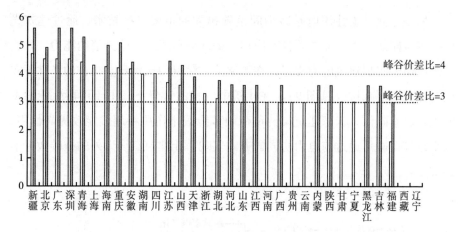

图10 实行分时电价的地区工商业电价峰谷价差比（2019年）

中和目标的重要支撑，需要在政策措施、试点示范、标准规范等方面统筹推进，具体政策建议如下。

（一）顶层设计

为落实《2030年前碳达峰行动方案》，有关规划、方案正在密集制定。应抓住这一重要窗口期，加强与气候变化主管部门、能源管理部门、电力部门合作，将光储直柔建筑建设纳入有关规划、方案中，明确近、中期光储直柔建筑发展目标、任务及保障措施。

（二）试点示范

在城市地区，发展以"储"和"柔"为核心的光储直柔配电系统，发挥建筑的资源聚合作用，使建筑成为虚拟电厂，主动调节建筑负荷，并与电动车、电力系统双向友好互动，提高电力系统的经济性，提高可再生能源电力的消纳比例。同时，在公共机构先行示范，尤其是发展建筑电动车交互技术。以一辆电动车为例，一块60kWh的电池即可满足1000m² 办公建筑约10小时的用电需求，大约50辆电动车就能实现1万 m² 建筑1天的离网运行。这对于降低当前电网峰值负荷压力具有重要意义，同时能够在一定程度上应对台风、暴雨等极端天气灾害条件下的应急用电需求。

在农村地区，发展以"光"为核心的"光储直柔"配电系统①，围绕农村建筑屋顶和周边场地的太阳能资源全面开发，推进农村用能电气化、农业机具电动化、用电管理有序智能化，建设村级直流配电网和蓄电蓄热设施，促进光伏发电的高效利用和充分消纳。围绕"光""储""柔"的新业态、新场景，发展以"直"为纽带的新型建筑电力系统，促进建筑用电高效化和智能化。

（三）激励政策

光储直柔技术发展，最终要靠市场，但在起步阶段，受成本技术等因素制约，仅靠市场力量，难以实现健康发展。在起步阶段，对光储直柔技术给予适当的财税及价格方面的政策扶持，能够大大加快其发展进程。一是制定建筑柔性用电参与电力市场、辅助服务市场、需求响应，以及推动电动车双向充放电的实施办法和补贴政策；二是制定建筑柔性用电参与可再生能源电力消纳的实施办法和绿电消纳认证机制，拓展碳抵消产品类型；三是建立动态的电力供应碳排放因子系统②，完善建筑运行碳排放核算方法，量化建筑柔性用电的减碳作用；四是理清现有针对农村地区的"清洁采暖""农电增容""农电补贴""光伏补贴"等相关补贴机制，集中财政资源，全面支持农村新型能源系统建设。

（四）标准支撑

当前光储直柔标准体系还未建立，缺乏建筑光储直柔集成应用的系统设计、检测、评价标准以及设备的通用技术标准等。因此，应加快标准体系建设，分别开展建筑分布式蓄电池、建筑低压直流配电、建筑电动车双向互

---

① 郝斌：《乡村光储直柔新型能源系统构架与挑战》，《可持续发展经济导刊》2022年第4期。
② 《江亿：建立电力动态碳排放责任因子系统》，https：//baijiahao.baidu.com/s？id＝1739682904123258761&wfr＝spider&for＝pc。

动、光储直柔建筑与电网交互等方面的标准研究与编制。同时，加快零碳建筑评价认证标准编制，完善建筑碳排放核算方法，通过零碳建筑的"帽子"驱动光储直柔建筑的健康快速发展。

（五）实时电价

新能源电力比例的不断提升促使灵活性调节需求不断攀升，这将加剧电力现货价格波动，导致电力系统平衡与现货市场实时电价形成由用户侧的"单随机"变为发电侧和用电侧的"双随机"，原有的目录分时电价政策面临难以实现优化甚至可能失灵等问题，不利于资源有效配置。同时，建筑柔性的经济价值和减碳效益，在既有的政策机制下都还没有得到充分体现，这将制约能源转型和新型电力系统发展。因此，应加快推动实时电价试点，开展实时电价相关政策与定价策略研究，通过实时电价反映不同时段、不同地点的边际发电成本和供需状况，引导用户合理用电参与需求响应，发挥柔性用电价值，促进零边际成本的新能源的消纳。

G.16

当前我国绿色低碳技术发展
面临的主要瓶颈与政策建议

康艳兵　姚明涛　王恬子*

摘　要： 实现碳达峰、碳中和目标对绿色低碳技术发展提出一系列新要
求，涉及相对成熟技术的大规模高比例应用、示范技术产业化，
以及前沿技术的研发储备三个方面。我国绿色低碳技术发展已经
取得了一系列成就，但在新形势下仍面临种种挑战，相对成熟技
术的推广应用受到产业链供应链协同保障能力的制约，示范技术
产业化仍需加强体制机制保障，重大战略技术的研发储备需要进
一步构建创新体系。因此需加强统筹以打通相对成熟技术的高比
例应用堵点，完善机制以促进示范技术转向产业化应用，大力推
动新技术工程示范引领，加大重大战略技术研发投入力度，完善
技术各阶段支持保障政策。

关键词： 碳达峰　碳中和　绿色低碳技术　产业链　供应链

　　实现碳达峰、碳中和是一场广泛而深刻的经济社会系统性变革，需要加
快推动绿色低碳技术实现重大突破。"十四五"时期既是围绕碳达峰目标加
快推广应用减污降碳技术的关键期、窗口期，也是着眼碳中和愿景、抓紧部

---

* 康艳兵，国家节能中心副主任、研究员，研究领域为节能降碳与绿色发展；姚明涛，国家发
展和改革委员会能源研究所副研究员，研究领域为能源发展战略、基础设施发展规划、绿色
低碳发展政策；王恬子，国家发展和改革委员会能源研究所助理研究员，研究领域为能源基
础设施发展与能源投资机制。

署低碳前沿技术研究的攻坚期，需紧紧围绕实现碳达峰、碳中和对绿色低碳技术的新要求，抓住绿色低碳技术发展面临的主要瓶颈，有针对性地研究制定支持政策，在全球"碳中和竞赛"中跑出"中国加速度"。

一 实现碳达峰、碳中和对绿色低碳技术的新要求

（一）对新能源开发利用、新能源汽车、能效提升等相对成熟技术大规模、高比例应用提出更高要求

实现碳中和将加速能源低碳转型进程，对相对成熟技术需要进行大规模部署。预计2060年我国风光发电量占比、终端用能电气化比例均将达到70%左右，"电源结构低碳化、终端能源电气化"将极大地带动新能源汽车、绿色建筑、电炉炼钢等相对成熟技术的应用，并催生支撑高比例可再生能源应用与更高电气化水平的智慧能源技术应用需求。回顾过去十几年间的发展，全球2020年集中式光伏发电成本相比于2010年已经下降了85%，聚光太阳能发电、陆上风电、海上风电则分别降低了68%、56%、48%[1]，可以预见实现碳中和将加速能源低碳转型进程，为可再生能源、新能源汽车、绿色建筑、电炉炼钢等相对成熟技术的发展提供广阔空间，推动技术成本进一步下降。

如今，世界各国都将新能源制造业作为制造业发展的重中之重，下一步相对成熟技术大规模应用的风险将更多来自产业链、供应链的制约。2022年2月，美国能源部（DOE）发布了《美国确保供应链以实现强韧清洁能源供应转型战略》报告，其中列出了数十项关键战略，旨在构建安全、有弹性且多样化的能源领域工业基础，从而确立美国在清洁能源制造和创新方面的全球领导者的角色。我国需着力锻造长板、补齐短板，为相对成熟技术大力推广应用、加速成为市场主体扫清障碍，打破关键技术与材料的制约，不断完善产业链供应链。

---

① IRENA, Renewable Power Generation Costs in 2020, 2021.

（二）对智慧能源、零碳建筑、低碳供热等示范技术产业化提出迫切要求

"双碳"目标下，各领域都将催生一批绿色低碳新技术，新能源技术与现代信息、材料和先进制造技术的深度融合将不断拓宽模式创新的边界。新能源跨越式发展在加速重构电力系统的基础上，将重塑工业、建筑、交通领域，推动以上领域用能方式加快转变为富有韧性、双向互动的智慧用能方式，推动能源"产消者"成长为能源体系中的重要力量。工业灵活生产、建筑柔性用电、电动汽车与电网互动等新技术将加快产业化，有力支撑以新能源为主体的新型电力系统建设，并带动近零能耗建筑、热泵供暖、工业余热供暖、动力电池梯次利用等高效用电新技术的大规模发展。

从国际来看，欧盟制定的《欧盟能源系统整合战略》指出，将交通、工业、天然气和建筑物能耗"孤岛"加以整合，将不同的能源运营商、基础设施和消费部门联系在一起，实现整体规划和运行。这包括打造以能源效率为核心、更具"循环"特色的能源系统，挖掘工业场所、数据中心或其他热量来源的能源再利用潜力；推进最终用途消费者电气化，推广电力等可再生能源，增加建筑物的热泵、电动汽车以及某些行业的电炉；在难以实现电气化的行业推广清洁燃料，如可再生氢、可持续生物燃料和沼气。我国需着力破解技术由试验示范转向产业化的瓶颈，并为模式创新提供支持环境。

（三）对工艺脱碳、大容量储能、碳捕获利用与封存等前沿技术研发储备提出战略要求

当前，全球尚不具备实现碳中和的技术经济条件，仍需推动处于理论或试验阶段的重大战略技术突破应用。例如，部分工业生产过程所需的高温高压环境尚无法摆脱化石能源的使用，航空、航运等领域在短时间内尚难实现经济脱碳的技术转变，电力系统向新能源占主体地位的新型电力系统演进仍需储能技术取得突破，众多氢能利用技术仍处于研究开发阶段，碳捕获利用与封存技术离大规模商业化应用还有很大差距。

在以上领域世界各国基本处于同一起跑线，但部分国家和地区已经持续开展了稳定而多样的基础研究，在部分领域的布局早于我国。例如，美国能源部（DOE）在对其下属国家实验室的资助采用了稳定支持的机制，其下属 17 家国家实验室 80% 以上的经费来自 DOE 各部门①，这种对高水平科研机构、国家实验室的持续稳定支持，保证了一批高水平科研人员能够持续稳定地围绕美国的国家战略需求开展研究。因此，我们要树立紧迫意识，抓紧开展重大战略技术研发储备，不断完善保障机制。

二 我国绿色低碳技术发展取得积极成效

（一）做好顶层设计，加大政策支持力度

为推动落实能源"四个革命、一个合作"的战略思想，国家发展改革委、国家能源局于 2016 年编制了《能源技术革命创新行动计划（2016—2030 年）》，提出充分发挥能源技术创新在建设清洁低碳、安全高效现代能源体系中的引领和支撑作用。为强化科技创新引领，加快推进生态文明建设，推动高质量发展，国家发展改革委于 2019 年印发《关于构建市场导向的绿色技术创新体系的指导意见》，对绿色技术创新进行总体部署。国家能源局、科技部于 2021 年印发《"十四五"能源领域科技创新规划》，提出了 2025 年前能源科技创新的总体目标，围绕先进可再生能源、新型电力系统、安全高效核能、绿色高效化石能源开发利用、能源数字化智能化等，确定了集中攻关、示范试验和应用推广任务，制定了技术路线图。我国积极搭建绿色低碳技术创新平台，整合企业、高校、科研院所等的力量，建立节能降耗、水处理、污泥处理处置等 20 多个绿色技术创新联盟，建设一批绿色技术领域工程研究中心、双创支撑平台等。实施职务科技成果转化现金奖励的

---

① 阿儒涵、杨可佳、吴丛等：《战略性基础研究的由来及国际实践研究》，《中国科学院院刊》2022 年第 3 期。

个人所得税优惠政策，强化知识产权保护服务，调动绿色低碳科研人员积极性。出台绿色金融支持政策，提升绿色金融专业服务和风险防控能力。

（二）加强技术研发，一批重大技术取得突破

我国加强新能源开发利用、新能源汽车、零碳建筑、智慧能源、氢能开发利用、碳捕集利用与封存等领域的重大技术研发，一批重大前沿技术取得突破。当前，我国已建成了全球规模最大的电网，电网的安全运行水平、供电可靠性位居世界前列。光伏产业技术水平全球领先，2014年起，我国晶硅电池实验室效率快速提升，不断刷新历史纪录，取得了突破性进展，自主研发的光伏电池创造了多个实验室转换效率世界纪录，被美国国家可再生能源实验室（NREL）收录进其世界最高效率图谱中。风电装备技术水平稳步提升，已经具有兆瓦级风电整机自主设计研发能力，风电设备零部件国产化程度得到进一步提升，关键部件约95%以上已实现本地化生产。动力电池储能密度近10年提高了70%以上。新建三代核电机组综合国产化率达到85%。碳捕集利用技术取得重大突破，建设了华润电力（海丰）碳捕集测试平台，同时，二氧化碳驱油技术在克拉玛依油田应用成功，效果显著。深圳未来大厦集光伏、储能、直流配电、柔性用电等技术于一体，成为国内首座"光储直柔"示范建筑。

（三）多措并举，加快先进成熟技术应用

我国大力支持实施节能环保重点工程，发布节能环保技术推广目录，开展绿色技术创新创业大赛，大力推广先进成熟绿色低碳技术，重点行业绿色低碳水平大幅提高。2020年，全国大中型钢铁企业吨钢综合能耗约545千克标准煤，吨水泥熟料平均综合能耗约108千克标准煤，均居世界前列。2007~2012年，光伏发电由实验性技术逐步迈向产业化，规模效益带来的成本降幅较大。且光伏各环节技术更新迭代速度极快，从多晶到单晶，再到PERC、PERC+，以及正在产业化导入阶段的"N"形路线，每一轮技术革新都催生行业大规模扩产浪潮。2020年，已占据市场主流地位的PERC单

晶电池量产平均转换效率达到 22.8%，PERC 黑硅多晶电池量产平均转换效率也提高至 20.8%，近十年转换效率年均提升 0.3~0.5 个百分点。可再生能源领域专利数、投资、装机规模和发电量连续多年稳居全球第一，在风电、光伏发电和锂电池等绿色低碳关键领域建立了规模世界领先、技术水平世界先进的产业链，与美国、欧盟、日本等主要发达经济体相比在部分领域已形成一定的竞争优势。我国不仅是全球新能源汽车研发投入最多的国家之一，也是全球最大的新能源汽车生产国，各级政府正在大力通过先导区的设立探索智能网联汽车技术的应用场景，促进智能网联汽车产业生态建设。

三　当前我国绿色低碳技术发展面临的主要瓶颈

（一）相对成熟技术推广应用受到产业链供应链协同保障能力的制约

我国光伏产业化技术引领全球，但其装机规模不能实现倍速扩大的主要原因是上游工业硅、多晶硅等原材料产能与下游需求的衔接不畅。且相比于光伏发电，我国风电在整机制造以及碳纤维、轴承等零部件配套能力方面也有较大不足，上游风机部件中的叶片是产业链中供应最紧张的部分，风电叶片的关键材料巴沙木和 PVC 泡沫依赖进口，难以适应碳中和目标下风、光"并驾齐驱"的发展要求。此外，电炉炼钢、循环化工发展受到废钢、废旧塑料的保障能力的制约；海上风电发展受到海上船机等施工资源的制约[1]；新能源汽车大规模普及不仅面临锂资源对外依存度高、国内开发难度较大等风险，也面临着充换电基础设施布局发展滞后的制约。因此需着力提升金属矿产、动力电池、整车及充换电基础设施协同保障能力。

（二）示范技术产业化仍需加强体制机制建设

实现碳达峰、碳中和是一项复杂的系统工程，将围绕跨行业、跨能源品

① IEA, The Role of Critical Minerals in Clean Energy Transitions, 2021。

种催生一系列新技术，推动新技术由"盆景"变"风景"，需推动投资、财税、价格、金融等政策有机衔接，促进碳排放权交易、电力市场建设等改革形成合力。当前，建筑柔性用电、新能源汽车与电网互动等智慧能源新技术均需进一步深化改革，完善电价、碳价机制，建立多层次市场机制并增强电力市场与碳市场的协同。工业余热供暖、核能综合利用等新技术发展需推动能源、市政、水利等多部门协同。低碳电力与高耗能工业融合发展需从产能布局、调度运行等多个维度加强跨行业、跨区域资源要素整合。

（三）研发储备重大战略技术仍需进一步构建创新体系

有关研究表明，与世界先进水平相比，我国绿色低碳领跑、并跑、跟跑技术的比例分别约为 10%、35%、55%，整体仍处于跟跑阶段，缺乏尖端核心技术，在基础研究、专利质量、创新环境等方面都与国际先进水平存在不小差距。特别是绿色低碳前沿技术研发对基础学科要求较高，内容涉及生物、化学、材料、机械、大数据、人工智能等学科领域，对创新人才培育提出更高要求。当前，实现碳达峰、碳中和的技术路线仍有较大不确定性，既需要立足当前推进关键技术研发储备，也需要着眼长远推动从无到有的原创性技术培育，这对我国构建绿色低碳技术创新体系提出了更高要求。

四　政策建议

（一）加强统筹，打通相对成熟技术高比例应用堵点

应发挥好绿色技术创新部际协调机制作用，系统梳理相对成熟技术推广应用的产业链供应链堵点，做好苗头性、倾向性、潜在性问题分析，加强动态评估与实时监测。构建绿色低碳技术产业链供应链协同保障评价体系，加大对关键材料、装备、零部件研发、示范、推广的全过程支持力度，推进产业链与创新链深度融合，畅通绿色低碳技术创新与推广应用流程。

213

（二）完善机制，促进示范技术转向产业化应用

开展绿色低碳技术集成应用，用好国家可持续发展议程创新示范区、绿色技术创新综合示范区、国家高新技术开发区、经济技术开发区、绿色城市等综合性示范平台，推动一批绿色低碳示范技术转向集成应用，为跨行业、跨能源品种的新技术推广搭建平台。推动绿色低碳技术应用制度创新，进一步完善促进绿色发展的价格机制，加强电力市场与碳市场的制度衔接，完善绿色低碳认证管理。

（三）示范引领，大力推动新技术工程示范

组织开展重大绿色技术装备应用示范，采用"揭榜挂帅"方式选用新型绿色技术（装备）。进一步发挥政府投资的引领带动作用，将中央预算内投资以适当方式对示范效果显著的项目给予支持。深入推进首台（套）重大技术装备保险补偿机制试点工作和重点新材料首批次应用保险补偿机制试点工作，推动绿色低碳技术走出实验室。鼓励通过企业联盟、联合实验室等方式建设绿色技术国家技术创新中心、国家科技资源共享服务平台，承担国家重大科技专项，推动跨界技术创新发展。

（四）加大投入，强化重大战略技术研发

系统梳理面向碳中和的低碳前沿技术需求，研究设立"碳中和关键技术研究与示范"重点专项。改进项目组织管理方式，推进科研院所、高校、企业科研力量优化配置和资源共享，促进基础研究、应用研究融通发展。完善政府支持绿色低碳技术创新科研管理机制，支持龙头企业整合高校、科研院所、产业园区、中介机构等力量组建绿色低碳技术创新联合体、绿色技术相关产业联盟，共同开展技术攻关研究。加强绿色低碳技术创新人才培养，开展绿色低碳技术专业试点，强化国际绿色低碳技术交流合作。

（五）分类指导，完善技术各阶段支持保障政策

制定绿色低碳技术研发、示范、推广目录。通过发布绿色低碳技术研发

目录，加强绿色低碳技术需求征集，紧紧围绕重大关键绿色低碳技术需求部署科研项目。通过发布绿色技术示范目录，加强绿色低碳技术转化的综合保障，推动科技、产业、金融有机互动，打通成果转化"最后一公里"。通过发布绿色低碳技术推广目录，细化政府采购绿色要求。举办创新创业大赛、全国绿色建筑创新奖评选、绿色技术投资大会等，加快成熟先进技术的推广应用。加快建设国家绿色低碳技术交易中心，通过市场化手段促进绿色低碳技术创新成果转化。

G.17
"双碳"目标下氢能的发展前景、当前障碍及政策建议

孙作宇*

摘　要： 氢能相较于传统化石能源具有清洁、低碳的优势，相较于水电、光电、风电等可再生能源具有稳定的优势。以氢气为燃料，可在能源转换终端实现零碳排放甚至净零排放；同时，以氢气为载体，通过耦合电网、气网、热网等多能源系统建立多能互补能源系统，可实现可再生能源高效、稳定、灵活地综合性利用。本文立足"双碳"目标，以电力、钢铁和交通为代表的高碳排行业为研究对象，分析了以氢能推动深度减碳的有效路径，并指出了各行业氢能发展当前各自面临的障碍。基于当前发展的情况和预期前景，提出当前氢能产业发展应着力强化产业部门和区域协调发展，构建系统协调的产业发展格局，重点攻克绿氢制取、氢气管道储运等关键技术节点，完善产业标准，推动氢能产业均衡、协调、有序发展。

关键词： 氢能　能源转型　净零排放

一　引言

人类活动引起的温室气体浓度增加是造成全球气候变化的主要原因。阻

---

* 孙作宇，北京交通大学氢能与航天推进学术团队负责人，副教授，研究领域为氢能源。

止全球温升水平在 20 世纪末超过 2℃甚至 1.5℃，成为全人类共同的责任和义务。中国宣布力争在 2030 年前实现碳达峰、2060 年前实现碳中和（即"双碳"目标），旨在为达到全球温控目标作贡献，减缓气候变化。

化石能源的使用是二氧化碳排放的主要源头，2021 年全球能源部门在能源燃烧和工业过程中因使用煤、石油和天然气产生的二氧化碳排放量分别为 153 亿吨、107 亿吨和 75 亿吨。[①] 调整能源结构、以低碳清洁能源替代化石能源，是实现"双碳"目标的关键举措。

氢能是不含碳元素且能量密度高的清洁能源，以氢气为燃料替代煤、石油、天然气可从根本上减少人为能源活动（燃料燃烧和逃逸排放）的二氧化碳排放。氢能是二次能源，以氢气为载体可以耦合电网、气网、热网等多能源系统，通过高效、稳定、灵活的多能互补能源系统可以提高能源的利用效率。因此，推动氢能发展是实现"双碳"目标的突破性解决方案。

二 "双碳"目标下的氢能中长期定位

氢能是能源低碳转型的关键方向，是可再生能源的灵活储能体，是提高能源利用效率的有效手段。

（一）氢能是能源低碳转型的关键方向

氢能与化石能源具有良好的互换性，在化石能源向热能、机械能及电能转换的各种途径中，氢能均可直接进行替代，如图 1 所示。

相较于传统化石燃料（包括煤、石油、天然气），氢气的优势在于它是零碳元素且燃烧时的火焰温度低，在以燃烧为主要途径的能源转换（如火力发电）中可在终端实现零碳排放及氮氧化合物的显著减排。此外，在向电能转换时，氢气可在燃料电池中通过电化学反应将化学能直接转为电能，

---

① IEA, Global Energy Review：CO$_2$ Emissions in 2021, https：//www.iea.org/data-and-statistics/data-product/global-energy-review-co2-emissions-in-2021.

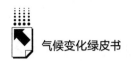
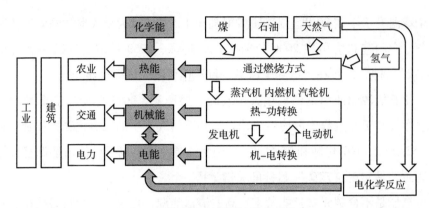

图 1　化石能源和氢能源的利用途径

该过程不涉及燃烧因此也就不会生成氮氧化合物,可实现电力输出时的净零排放。因此,推动氢能向主导能源发展,可实现能源的低碳转型。

(二)氢能是可再生能源的灵活储能体

相较于水电、风电、光电等具有显著的地域性、季节性、随机性、波动性和不稳定性的特征,氢能具有稳定的储运优势,可作为高效的储能载体,为水电、光电、风电等可再生能源提供储能、运输、调峰等多方面的作用。

在可再生能源富集区域,结合丰枯周期,利用冗余水电、风电、光电,可在电解槽中制取氢气。这不仅能通过扩大可再生能源的就地消纳能力提高能源利用率,而且可将具有随机性、波动性和不稳定性的"绿电"转为可稳定存储的氢气燃料。以氢气为载体,利用燃气管网进行运输,可以解决可再生能源长距离运输的难题,并提高"绿电"的覆盖率和消费能力。同时,相对于电网输送,利用燃气管网的存量基础设施进行氢气的长距离运输更具经济优势。根据《欧洲氢能主干管网》研究报告,利用欧洲现有存量管网的氢气运输成本为 0.11~0.21 欧元/(kg·1000km)[①],仅为欧洲电网输送

---

① European Hydrogen Backbone, "Analysing Future Demand, Supply, and Transport of Hydrogen", https：//www.ehb.eu/files/downloads/EHB - Analysing - the - future - demand - supply - and - transport - of - hydrogen - June - 2021 - v3. pdf.

能源成本的 12.5%。在用能终端，氢气可通过燃料电池电堆（或燃气涡轮机组）将化学能转换为电能。这不仅可以解决可再生能源大规模发电并网时电力系统供需两侧的双重波动性与不确定性的问题，而且还可以降低系统调峰和运维难度。

（三）氢能是提高能源利用效率的有效手段

以氢能替代化石能源使用，可有效提高能源的利用效率。以燃烧为能源转换途径时，内燃机燃烧氢气时的指示热效率（已突破 55%）远高于燃烧化石燃料（燃烧汽油和天然气为 25%~40%、燃烧柴油机为 43%~50%），采用氢氧燃气轮机并结合布雷顿循环和朗肯循环的发电效率（可达 68%）远高于燃煤和燃油火力发电的平均效率（约 34% 和 37%）以及天然气燃气轮机联合循环的发电效率（约 60%）。

以电化学为能源转换途径时，吉布斯自由能变与焓变的高比值使得氢气的燃料电池理论效率高达 94.5%。目前技术条件下，虽然质子交换膜燃料电池（PEMFC）的平均效率约为 50%（我国潍柴氢燃料电池效率达 62%），但仍高于燃煤火电发电效率。从生命周期看，制氢的能量损失为 20%~28%，管路输氢的能量损失率约为 15%，而当采用热电联供将氢燃料电池整体发电效率提升至 90% 时，能源的总利用效率仍可达 55%~62%，优于传统化石能源电力效率。

三　氢能在主要碳排放行业的应用前景及障碍

（一）电力行业氢能应用前景及当前障碍

1. 电力行业氢能应用方式及前景

电力行业氢能应用有三条途径：第一，火力电厂以氢气为燃料；第二，以氢为媒介精准调峰，提高总体能源效率；第三，在燃料电池中进行氢电一步式转换。

燃气电厂可通过燃气轮机由掺氢燃烧向全氢燃烧过渡，逐步替代化石燃料，在燃气机组有序改造中实现减碳。燃煤电厂可利用电解水制氢装置启动快、调速快的特点，通过煤电制氢对火电机组精确调峰，提高火电利用小时数，避免火电机组频繁启停，提高总体能源效率并降低煤电的碳排放。

氢电一步式的能源转换在多种类型燃料电池中均可实现，如表1所示。熔融碳酸盐燃料电池（MCFC）和固体氧化物燃料电池（SOFC）装机容量大、燃料品质要求低、发电效率高，采用热电联供技术可提供常规运行所需高温环境，同时也可进一步提高总体能源利用效率。单体PEMFC容量虽小，但结构简单且模块化水平高，可快速搭建成不同容量规格的电堆，适合分布式电站及各种灵活电源的使用。

表1 不同类型燃料电池综合对比

类型	工作温度（℃）	常规容量（kW）	当前效率	优势	劣势
MCFC	600~700	300~3000	45%~50%	高效,燃料品质要求低,催化剂类型多	高温易腐蚀,启动时间长,能量密度低
SOFC	700~1000	1~2000	60%	高效,燃料品质要求低,催化剂类型多	高温易腐蚀,启动时间长
PEMFC	50~100	1~100	45%~60%	低温运行,快速启动	材质昂贵,对燃料杂质敏感

2. 电力行业氢能应用的当前障碍

氢能在电力行业进行高渗透应用时仍面临几方面障碍。第一，核心技术不强，缺少关键设备，氢电应用商业化进程缓慢。国内在役燃气轮机配件的核心技术尚未完全国产化，设备寿命期内的掺氢（或全氢）改造技术难度大；MCFC和SOFC技术成熟度不足，尚未达到替代火电并网发电的水平；大功率级PEMFC电堆催化电极的铂需求和质子交换膜需求高，综合经济性差。第二，安全链条较长，缺少标准规范。氢气长途运输、电站内制氢调峰、电力环境下氢气使用都面临氢泄漏和爆炸隐患，缺少氢安全管理制度、责任标准和安全防护规范等制度保障，氢能安全应用面临挑战。第三，产业配套不足，缺少市场机制，企业缺乏氢能应用的主动性。目前氢能生产、储运和应用等环节产业不协调，缺少稳定供给和成熟储运经验，电力企业改进氢燃气轮机机组、发展氢燃料电池发电站的动力不足；燃煤电厂的"电—氢—电"自循环经济代价大，煤电制氢调峰难以调动企业的主动性。

（二）钢铁行业氢能应用前景及当前障碍

1. 钢铁行业氢能应用方式及前景

钢铁行业可在多个环节中以氢气为燃料或原料来实现行业脱碳。钢铁冶炼烧结工序，以氢气替代煤炭提供高位热能，可降低冶炼过程的碳排放。轧钢生产中，以氢气作为冷轧退火工序保护气，通过在地氢气消纳，可提高能源总体利用效率并降低相应碳排放。高炉工序中，氢气可替代煤粉/焦炭作为还原剂用于高炉喷吹。同时，氢气可在较低温度下将铁矿石还原为海绵铁以替代废钢，从源头上减少了碳消耗和碳排放。此外，钢铁企业具有充沛的氢资源，可利用回收的工业废氢为电气化供能，降低使用传统化石能源的低位热能所对应的碳排放。

2. 钢铁行业氢能应用的当前障碍

氢能在向钢铁行业进行高渗透应用时存在的主要障碍包括以下三点。第一，氢冶金仍属于前沿性创新技术，其核心技术的国产化水平不高，工艺及装备技术对外依存度较高。第二，工业废氢纯度不高，低纯度氢气的实际需求有限，且在使用中各种杂质的逸散不利于环境污染物整治。第三，单一钢铁企业氢供给有限，增购提纯设备并额外产生能耗来提纯废氢的经济性不足，相关企业对发展氢产业意愿不高。

（三）交通部门氢能应用前景及当前障碍

1. 交通部门氢能应用方式及前景

载运工具动力的燃料消耗是交通部门碳排放的主要来源。针对载运工具的动力需求，氢能应用主要包括氢内燃机和 PEMFC 燃料电池两种方式。氢内燃机以氢气为燃料，工作过程不产生碳排放且可减少 90% 的氮氧化物排放，氢能应用可在既有内燃机产业基础上快速推动交通部门的降碳。PEMFC 燃料电池，可实现运载全过程的净零排放，且符合载运工具的全电化发展趋势。同时，PEMFC 是开放式电力系统，PEMFC 燃料电池汽车（如丰田 Mirai），相较于动力电池汽车（如特斯拉 Models 60）具有更好的综合性能。

表 2 产品化的 PEMFC 燃料电池与锂离子电池的综合对比

对比因素		PEMFC 燃料电池	锂离子电池
综合性能	系统类型	开放式系统	闭式系统
	能量密度	2000Wh/kg，提升空间大	156Wh/kg，提升有限
	功率/容量	114 kW	60 kWh
	电池重量	56kg（电堆）+90kg（氢罐）	723kg（电池）
	续航里程	650 km	370 km
	满充时长	3 分钟	30 分钟
	能源利用效率	45.7%	49.2%
	安全性	安全风险来自燃料的储存	高能量密度和安全性难兼容
	环境温度适应性	−43~90℃，范围广	低温性能差
相关成本	消耗成本	耗氢，30~120 元/百公里	耗电，8.5~37.4 元/百公里
	电池成本	1 万~1.5 万元/kw	8~9 元/kwh
资源约束		铂金资源消耗将不断降低	锂矿石资源紧缺性明显
污染物排放		排放转移到上游制氢	排放转移到上游电力
商业化程度		商业化前期	全球已完成商业化

2. 交通部门氢能应用的当前障碍

氢能应用于内燃机时的主要障碍是车载泄漏的安全性问题。内燃机的活塞环和曲轴箱间存在不可避免的窜气现象，将导致氢气的逃逸问题。虽然窜气逃逸量微弱，但当城市道路遍布氢内燃机汽车时，累积窜气逃逸量所带来的安全问题仍待进一步论证。

氢能应用于电动汽车时的主要障碍在于 PEMFC 核心材料、产能、氢气品质等方面。第一，PEMFC 核心材料（催化剂和质子交换膜）自主化水平有待提高。催化剂包括铂、低铂和非铂催化剂三类，铂催化剂的高铂需求与我国铂资源储量间存在供需矛盾，低铂和非铂催化剂材料市场被日本、英国、比利时垄断。而质子交换膜（PEM）市场的高性能全氟磺酸增强型复合膜目前被美国垄断。第二，产能仍是瓶颈。PEMFC产能与铂催化剂和PEM的可获取量有关，产效与流场板加工有关。流场板是负责PEMFC内物质输运并支撑电池的关键结构，目前主要由石墨材料经激光雕刻加工而成。但在金属材料广泛替代石墨材料前，石墨材料的产能和产效难以支撑庞大市场需求。第三，对氢气纯度要求高。氢气中的微量杂质（氢气纯度低于99.999%）即可造成催化剂"中毒"，从而降低燃料电池功率并缩短燃料电池寿命，而高纯氢的供给能量目前仍不足。

四 我国氢能产业发展面临的挑战

氢能产业发展尚处在萌芽期，在"双碳"政策及国内氢能产业政策推动下，诸多地方政府和企业提出了氢能发展规划，加大力度推动项目上马。然而，氢能产业要真正成为能源领域低碳转型发展的关键推动力，仍面临以下挑战。

（一）氢能的绿色化发展水平亟待提升

过去十年间，我国氢气产量的年均增长率约9.34%，2010年氢气产量突破千万吨，2020年和2021年产量分别2500万吨和3300万吨（见图2）[1]。"双碳"目标下，以终端消费占比5%计算，2030年我国氢气需求量为3715万吨；以终端消费占比20%计算，2060年氢气需求量约为1.3亿吨。我国目前氢气来源结构中煤炭制氢（"棕氢"）占比为62%、天然气制氢（"灰氢"）占比为19%、工业废氢（"白氢"）占比为18%、电解水制氢占比仅为1%（目前主要为通过化石能源发电电解水制取的"黄氢"）。当前技术下，棕氢的碳排强度（制备每公斤氢气产生的二氧化碳公斤数）约为11，

---

[1] 中国氢能源及燃料电池产业创新战略联盟：《中国氢能源及燃料电池产业白皮书2020》，人民日报出版社，2021。

灰氢碳排强度为 9~10；而对于黄氢，目前每公斤氢气约耗电 48 度，结合燃煤、燃油和燃气每度电的碳排放（0.96 公斤、0.78 公斤和 0.44 公斤），黄氢的碳排强度为 21~46。如果氢气来源结构不改变，2030 年因制氢而产生的碳排放将超过 3 亿吨，反而加剧了碳排放压力。

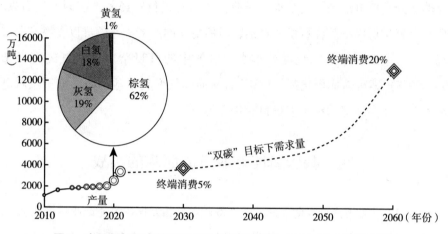

图 2　中国氢气年产量及来源结构与"双碳"目标下的氢气需求量

化石能源制氢将碳排放由多元的消费末端转移到便于集中的前端，结合CCUS 技术可推动化石能源制氢（"蓝氢"）的低碳发展。CCUS 在技术层面没有问题，低温甲醇洗工艺在煤化工项目中实现了捕集 98% 的二氧化碳的能力；然而，捕集后的二氧化碳目前没有良好的消纳途径，而且暂无理想封存条件。同时，在煤炭消费总量被限制、天然气自给能力难持续的趋势下，发展蓝氢未必是氢能发展绿色化的长久途径。

利用可再生能源电力规模化电解水制取绿氢是氢能深绿发展的必要前提。当前绿氢主要技术为"绿电"结合电解槽电解水，包括碱性水电解（AE）制氢技术和质子交换膜水电解（PEM）制氢技术两条技术路线。AE制氢技术相对成熟，但存在槽体组件材料昂贵、电解槽出力低、极距影响大等问题，制氢效率和纯度较低。PEM 制氢技术流程简单，能效高且制氢纯度高，但目前核心材料成本高。因此，结合电价，成本问题造成绿氢短期无法完全替代碳排放量较高的化石燃料。

（二）氢储运安全及成本问题仍待解决

氢储运处于产业中游，是将零散的氢能产业链连接成完整产业链体系的关键。受限于我国可再生能源资源的分布状况，制氢端与用氢端之间存在较大的时间和空间错位，氢储运成为我国氢能产业链体系的关键性短板。

氢的储运有多种途径，如表 3 所示。气态储运是现阶段主要的运输方式，包括储于气瓶以集装格运输、储于长管通过拖车运输、输气管道运输三种技术途径。而我国目前对高压气瓶和管束安全性能方面的关键技术仍未完全掌握，国内商品化的气瓶（Ⅲ型，压力 35MPa）和管束（压力 20MPa）的储氢压力仍低于国外商品化的气瓶（Ⅳ型，70MPa）和管束（50MPa），存在单次运量低、300 公里半径外的运输成本高等问题，下游大规模储运的保障能力亟待提高。

表 3　不同运氢方式的综合对比

储运氢方式			运输量	应用情况	优缺点
相	储存	运输			
气态	固体式储氢瓶	气瓶集装格	5~10kg/格	广泛用于商品氢运输	技术成熟,运输量小,适用于短距离运输
	运输用高压储氢管	长管拖车	250~460kg/车	广泛用于商品氢运输	技术成熟,运输量小,适用于短距离运输
	管道	管道	310~8900kg/h	国外小规模发展阶段,国内尚未普及	一次性投资高,运输效率高,需要防范氢脆现象
液态	低温槽罐	槽车	360~4300kg/车	国外应用较广泛,国内目前用于航天及军事	液化能耗和成本高,设备要求高,适合中远距离运输
	液体容罐	有机载体	2600kg/车*	试验阶段,少量应用	加氢及脱氢处理使得氢气高纯度难保证且效率低

续表

储运氢方式			运输量	应用情况	优缺点
相	储存	运输			
固态	物理吸附	储氢金属	24000kg/车 **	实验室试验阶段	运输容易，不存在逃逸问题，运输能量密度低
	化学氢化				

  * 该运输量指液态有机载体的运输量，非纯氢的重量；** 该运输量指固态金属载体的运输量，非纯氢的重量。

　　管道运输具有运输体量大、距离远、能耗损失低、单位氢气运输成本低等特点，适合链接产业链的多元场景。虽然新建氢气管网的一次性投入成本高，但摊入后的运输成本低于集装运输。以我国"济源—洛阳"氢气管道为例，其管道长度为 25km（投资额 1.46 亿元），年输氢能力为 10.04 万吨（运输损耗率 8%），以管线—配气站维护费占投资额 15%、压缩氢气耗电 1kwh/kg、管道寿命 20 年（直线折旧）计算，管路输氢的运输价格约为 0.86 元/kg（为长管拖车 300 公里运输成本的 5.6%）。然而，建设全新的氢气管网需经过技术论证、选址论证、土地规划、管路铺建等诸多流程，可供大范围、多场景应用的氢气管网投用时间不可预期，与"双碳"目标时间节点的契合度尚不确定。

　　利用在役天然气管道掺氢运输，理论上具有加快氢能替代应用的实效性和经济性。然而，掺氢后的天然气管道在局部区域会出现材料韧性降低、诱发裂纹或产生滞后断裂等问题。同时，氢会与天然气管线钢中的碳反应生成甲烷，造成钢脱碳，导致钢材出现不可逆转的恶化，出现氢损伤，从而引发氢气泄漏问题。

　　液氢体积是氢气的 0.13%，利用槽车、船甚至铁路进行液氢运输可使单次运氢效率提升 10 倍以上。然而，为防止运输中的液氢蒸发损失，需全程持续高能耗地低温制冷，这将加剧运输过程的碳排放并降低能源总体利用效率。通过对不饱和芳香烃（如甲苯等）进行加氢反应储氢于有机载体，或通过物理吸附/化学氢化反应储氢于固态物质，并利用既有物流网络运输载氢物质到下游端后再进行脱氢，可实现氢的无泄漏、远距离传输。然而，固氢和脱氢都需要额外的能源消耗，且载氢介质在固氢端与脱氢端间重载往返会伴随较高能耗，因此储运周期内的能源利用效率较低，而且相关技术目前的成熟度不高。

（三）产业发展缺乏部门及区域统筹

在国家层面发布首个氢能发展规划《氢能产业发展中长期规划（2021—2035年）》后，全国31个省（区、市）均发布了氢能产业发展的相关规划和政策。安徽、湖南、云南、黑龙江、陕西等省份在本省的综合性政策规划文件中对氢能发展作出了部署和规划，北京、山东、河北、天津、四川、浙江、宁夏等省市在综合性政策规划文件之外还发布了专门的氢能关专项政策或规划，一些省（区、市）通过氢燃料汽车等相关政策规划发布了氢能产业建设目标。

从各主要省（区、市）发布的氢能产业发展规划目标和相关政策看，这些政策的同质性高，关注方向过于集中，产业链条部署不完整，系统性配套政策和产业发展路线不明确。下游氢应用过于集中在交通部门的特定行业，多数规划聚焦氢燃料电池及载具运用，对于其他领域氢能应用的规划不清晰；中游氢储运多以加氢站设施建设为对象，以建设量和覆盖度为目标，未能充分考虑供给源头与分配站点之间的相关部署；上游制氢端，各行政区多以单一方式为手段，在多元制取、互补协调方面的灵活性不强。同时，跨区域、跨行业的地域互补、产业互补相关规划仍不足。

产业链中各行业多根据统一规划进行发展部署，未能从具体细分产业、在地独有特点、多元消纳需求的角度制定战略路线。各行业部门对氢能发展多进行独立规划，跨领域协作不足、跨部门协调机制不完善，不利于氢能发挥其灵活性。同时，氢能产业链建设需要资金、技术、基建以及危化品管制等多部门协作，而目前存在主管部门不明确、审批难度较大等问题，对产业发展具有较大制约影响。

五 "双碳"目标下氢能产业发展的政策建议

（一）强化顶层设计，推进氢能产业均衡协调发展

氢能产业链长，各环节关联性强，制氢、储运、应用环环相扣，因此，必须从全产业链进行统筹考虑与布局。省市范围，应结合实际、因地制宜，承接优势产业，科学有序地制定氢能产业发展战略与路线图、时间表，防止盲目扩张，避免未来出现产能过剩问题。区域及全国范围，合理进行产业布局与规划，建立跨部门、跨领域、跨区域协调机制，实现氢能产业的规模化、商业化健康发展。各行业根据产业细分、企业区域特点、在地消纳能力等个性特征，合纵规划，灵活地发挥行业内各产业、各企业的优势，推进氢能向具有行业特色的方向良性发展。各行业也应基于产业链结构，与衔接部门甚至跨部门进行"连横"规划，完善跨领域和跨部门的协调机制，发挥氢能灵活性。

（二）突破关键技术，构建氢能产业自主创新体系

围绕氢能高质量发展重大需求，把握氢能产业创新发展方向，聚焦短板弱项，持续加强基础研究、关键技术和颠覆性技术创新，构建氢能产业自主创新体系。上游端应着力提升绿氢制取效率、降低制氢成本。在 AE 制氢技术路线中，加大改进槽体材料和扩大电解槽出力等降本举措的实施力度，提高制氢经济性；在 PEM 制氢技术路线中，自主研发低铂和非铂催化剂、高性能复合膜，突破关键材料的国际垄断和封锁。推动电解水制氢系统轻量化、小型化发展，在降低制氢站土建成本的同时，联合更多创新型企业共同致力于绿氢的技术开发和成本控制。中游端应着力提升运氢效率、减少泄漏隐患。在集装运氢技术路线中，攻克 IV 型气瓶内胆材料及结构设计、探索 V 型气瓶材料及储放方式，提高储运效率。在管道运氢技术路线中，攻克管线材质耐高氢损伤技术，发展高效氢气分离设备，在分配侧实现纯度可控的

氢气分离，满足下游端不同规格的用氢需求。下游端应着力拓展氢气应用场景，构建消费体系。强化氢气的原料替代作用，突破氢冶金、氢化工等领域关键技术，提高绿氢消纳能力。同时，加强燃料电池系统核心材料及关键零部件的自主研发能力，形成自主知识产权体系，摆脱设备的对外依赖。

（三）完善产业标准，推动氢能产业安全有序发展

氢能产业链覆盖度大，制氢、储运、应用等环节均需建立健全相关规范和标准体系。在制氢环节，建立氢气品质、能耗和排放的行业规范与国家标准，健全设施建设、可再生能源制氢支持性电价等相关政策；以绿氢为导向，推动上游制氢规模的有序扩大。在储运环节，建立氢能储罐/管道的设计、建造、检验、运行、维护、风险评估等行业规范与国家标准；以智慧能源网络为导向，推动中游氢储运网络的安全发展。在用氢环节，在氢冶金、氢化工、氢燃料电池等应用领域，结合各领域特点，建立性能、安装、试验、安全等方面的行业规范与国家标准，推动下游用氢规模的全面扩大。针对全产业链，建立技术、管理、评价、服务等领域的相关规范与标准，健全国家和行业标准体系，通过制度规范保障氢能产业市场健康发展。

G.18
碳普惠：有效实现碳中和的消费端减排机制

蒋南青*

摘　要： 碳普惠，是促进实现消费端碳中和的一种新型碳市场机制，既需要国家政策设计，以确保实现绿色生产生活方式，更需要地方、企业和个人的参与。在此背景下，如何最大限度地释放全社会共建共享绿色低碳生活方式的巨大潜力，成为当前各方关注的焦点。本文介绍了碳普惠的来源、碳普惠概念、碳普惠和行业碳减排的关联关系、碳普惠市场要素、碳普惠发展历程，以及数字技术助力碳中和的创新应用，提出了推广碳普惠促进消费端减排的建议。

关键词： 碳中和　碳普惠　消费端减排　个人低碳行为

中国科学院的一项研究表明，消费端如工业过程、居民生活等的碳排放量已经占到碳排放总量的53%。消费端的碳减排不容忽视。此外，城市是人为温室气体排放的"主角"，有数据显示，75%的人为温室气体排放是从城市产生的。因此，从消费层面和城市层面探索实现碳中和的方式是新的挑战，没有现成的方法学和碳市场机制，特别是在个人参与碳中和方面。

与此同时，在碳减排大背景下，各地政府纷纷发布政策文件和碳中和路线图，力求带动民众参与，实现区域绿色生活方式转型。全社会急需能够促进全民参与的城市多元碳普惠落地机制和解决方案。

---

* 蒋南青，中华环保联合会绿色循环普惠专委会秘书长。

一　碳普惠：从行业碳减排走向消费端减排的路径

（一）碳普惠与行业碳减排的关联关系

2021年9月国家公布的《中共中央国务院关于完整准确全面贯彻新发展理念做好碳达峰碳中和工作的意见》和2021年10月国务院发布的《2030年前碳达峰行动方案》共同组成"1+N"政策体系的"1"，即总体目标。在"双碳"目标大背景下，各行业和各地政府发布的碳达峰碳中和相关的具体的政策文件构成"1+N"政策体系的"N"。

从工业、农业、建筑、交通等行业和产品碳排放看，很多在运营端和废弃端碳排放占比大的行业和产品，其碳排放量不断增加，如交通碳排放已占全国终端碳排放的15%，建筑碳排放占1/3以上，消费品范围三碳排放一般超过80%。

例如交通行业碳排放，主要产生于汽车生产阶段、车辆行驶阶段，以及车主选择出行方式阶段。车辆行驶阶段的燃油排放占60%。2021年中国汽车保有量达2.6亿辆，机动车保有量超过300万辆的城市达20个，已是约5人中就有一辆汽车。国际上，2019年底欧盟发布绿色新政承诺到2050年实现碳中和，像欧盟这样的已经实现碳达峰进入碳中和阶段的区域，仍然面临着交通行业碳排放持续上升的挑战（见图1）。

建筑、交通行业和产品碳排放都是典型的消费端排放，涉及公众如何参与减排的问题。然而生活消费端的碳排放虽然分散，但总量巨大。如在饮食方面，2010~2016年，全球温室气体排放量中有8%~10%来自食物损失和浪费。① 世界资源研究所估算数据显示，中国每年因食物损失与浪费产生的温室气体排放量约为11亿吨。

① 联合国政府间气候变化专门委员会：《气候变化与土地特别报告》（Special Report on Climate Change and Land），2019。

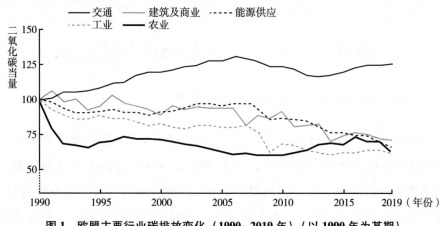

图 1 欧盟主要行业碳排放变化（1990~2019 年）（以 1990 年为基期）

中国消费部门已是仅次于工业的第二大能源消费部门，并且能源消费还在呈现不断上升趋势。在运营使用阶段和后端处置过程中的碳排放，与消费者行为选择密切相关，这部分碳排放原则上不属于企业排放清单范围。然而随着消费端碳排放的重要性不断凸显，根据发达国家的经验，消费端减排不容忽视。

此外，消费者个人也希望能够参与碳市场交易，并能知道自己的碳减排量以及如何拥有碳资产。更多的非控排企业以及非可再生能源企业也希望有类似的自愿减排市场机制，可以通过碳普惠市场抵消一定比例的排放指标。这也为推进多元碳普惠机制实施提供了可能。同时碳普惠也可以带来更多经济、科技和就业发展机遇，意义已经远超碳普惠本身。

（二）消费端排放的特点

1. 分散性和个体数值微小

生活消费端的碳减排场景比较分散，几乎涵盖日常生活的方方面面，如出行方面有步行、骑行、公交地铁出行、机动车停驶、新能源汽车使用等场景；餐饮方面有点小份餐、不提供一次性筷子、光盘行动等场景；办公方面有无纸化办公、线上会议等场景；节约资源方面有购买节能产品、垃圾分类、二手交易等场景。这些碳减排场景较为分散，碳减排量较小，因此不便于统计。

2. 难以定量和标准化

消费端量化最大的难点在于，每个人的生活习惯和环境不尽相同，个体的行为选择无法硬性规定，制定个人生活消费碳减排标准是一个难题。不同的生活方式中减排场景的碳减排量化，需要在不同的地区、企业和行业互联应用 App 使用统一的科学计算方法，以便为碳普惠交易打下基础。

3. 重复性和真实性

由于生活场景中有各种 App，一个人会同时使用多个数字平台，而每个数字平台计算碳积分的方式和激励手段多样化，但相互之间不连通，一个用户的同一个行为可能在不同的平台上得到记录，如走步、充电等，减排量重复计算，实际减排量被高估。

证明用户低碳行为的真实发生也是一个问题，比如上传光盘照片无法证明食物是否全部吃完，或者是否使用别人的照片等。

（三）碳普惠定义

碳普惠制，即在政策的影响和带动下，对个人或企业带动下的群体的低碳行为（行动）场景进行记录，并将其行为与碳减排量挂钩进行奖励，激发或引导其践行绿色低碳行为的正向引导激励机制。[①]

碳普惠的基本逻辑就是围绕公众衣、食、住、用、行、游等绿色生活场景，收集居民低碳行为数据，建立科学的方法或者标准对行为选择所避免的排放量进行量化、核算，并记录、登记到个人碳账本中，再通过市场化手段，在相关权益奖励平台上换取优惠产品（券）等多元权益，进而激发全社会积极行动、共建共享，建立新经济模式、新生活方式，促进经济社会高质量发展和可持续发展目标实现。

---

① 翁建宇：《浅析碳普惠制现状及其发展意义》，http：//www. hbjnxh. com/index. php？m＝content&c＝index&a＝show&catid＝21&id＝445。

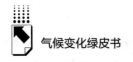

（四）碳普惠市场要素

作为一种绿色生活方式的闭环回馈机制，碳普惠运行需要场景、标准、数字化平台、监管机制等多要素共同支撑，同时也需要政府、企业、公众、科研机构、商业、金融、公益组织等多行为主体共同参与。

1. 政策支持

中国向《联合国气候变化框架》公约秘书处提交的《中国落实国家自主贡献成效和新目标新举措》和《中国本世纪中叶长期温室气体低排放发展战略》均倡导碳普惠机制。

2. 行为

个人低碳行为主要是由其环境态度决定的。而国内外研究者通过调查分析得出另外一个结论：公众的环境态度和环境行为之间存在不一致的现象[1][2]。公众对环境可以持有很高的认同感，但不等同于会有环境保护的行为。生态环境部环境与经济政策研究中心2021年发布的《公民生态环境行为调查报告》显示，公众普遍具备较强的环境责任意识和行为意愿，但在践行绿色消费、分类投放垃圾、参加环保实践等领域却存在"高认知度、低践行度"现象，践行情况"表现一般"。

美国经济学家、芝加哥大学教授理查德·泰勒提出"助推（Nudge）"理论，指出正确的助推可以帮助人们做更好的决定。微小的决定可以对人们的行为产生很大影响。2020年，联合国环境署出版《绿色微行动手册》，选择了40多种学生、教工和其他校园成员在生活中作出的环保小决定，即"绿色微行动"。这些微行动，可以促使人们养成减少浪费和过度消费、拥抱节能低耗的生活方式。通过这些方法，学校的管理者和环保人士可以促进师生践行环保理念，将来自衣、食、住、行的个人碳排放减少约75%。

---

[1] Scott, D., Willits, F. K., "Environmental: Attitude and Behavior: A Pennsylvania Survey", *Environmental & Behavior*, 26, 1994.

[2] Melgar, N., Mussio, I., Rossi, M., *Environmental Concern and Behavior: Do Personal Attributes Matter?* Montevideo: Universidad De La Republic, 2013.

3. 基于个人行为的数字化全社会场景

在消费者和企业的各种消费行为中，需要辨识出有效场景（Scenario），可以覆盖全社会的生活场景，让公众意识到行为可以实现。数字化技术为公众践行绿色低碳场景和记录行为提供了便捷可能，且实时动态，让传统技术条件下不可能实现的行为成为可能，如网络购物、网上外卖、在线教育、在线会议、共享出行、旧物回收等场景（见图2）。

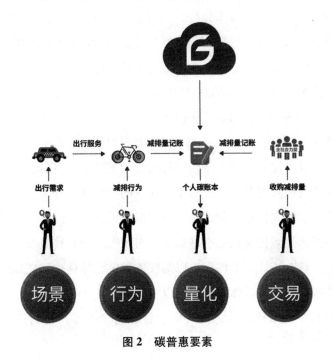

图 2　碳普惠要素

4. 消费端减排场景的碳普惠方法学或标准

公平公正原则是碳普惠机制的重要基础，不同的绿色行为需要不同的量化核算方法学，这对方法学提出了更高要求。在目前没有现成相关部门认可的方法学的情况下，可采用团体标准或者行业标准的形式。

2022 年初，中华环保联合会发布首个团体标准《公民绿色低碳行为温室气体减排量化导则》，提出了行为减排计算的原则和量化导则，并提出 40多个具体的减排行为，如共享出行、临期食品、塑料包装替代材料、餐饮行

业减少食物浪费等，并不断在增加。企业方面，如阿里巴巴集团制定企业标准，先行内部统一各种场景。

在计算上，场景可能与企业端、消费端都有交集。若产品的减排量来自产品本身的设计，如低碳产品，可将在使用阶段减少的碳排放量平摊到个人每天的账户上。而对于消费者选择带来的避免排放，确定基准线和替代场景，以及是否会带来其他额外的排放量，如不需要餐具，就是餐具本身的排放量，而对于小份菜，减排来自减少的餐食的浪费部分，但会带来餐盒和配送的额外排放。并非所有的数字化场景都有减排量，未来仍然需要进行更多的实际数据调研和分析，形成科学的减排计算方法。

5. 第三方个人碳减排账本数字化平台

基于个人行为场景利用数字化技术，构建个人数字化碳账本，将其作为生活消费端自愿减排交易平台基础。因为需要对各平台设立的减排核算方法或标准进行认证，建立第三方平台可打通生活消费端碳普惠自愿减排交易与核证自愿减排的核算规则体系。对于经认证的平台可以开展自愿减排交易。

数字化技术和碳普惠机制结合，可以极大地激发公众参与的积极性。在统一适用的行为碳减排量化标准基础上，对个人、企业和城市不同层面输出碳减排账本，具有统计计量作用，以第三方数字化绿色生活减碳计量的底层平台展示碳减排动态。具体要求包括以下4点。

（1）授权个人减排行为，通过模型计算将个人减排行为即时量化为减排量或绿色积分；

（2）公众、社团、企业、地区单位可实时查看自身践行绿色行为在个人、企业和地区范围内的减排效果，亦可进行分散式集中管理；

（3）后端进入交易，负责发放物质、精神或金融激励，并实时抵消；可实施减排量排名等竞争机制，颁发碳减排或碳中和认证证书；

（4）过程公开透明，准确持续发放，实时监督结果可控。公开接受政策监管。

6. 避免重复计算、可进行交易的碳普惠机制

碳普惠若要参与自愿减排市场，就需要有统一的标准、量化工具、实时

交易平台机制以激发个人参与。由于碳普惠的减排量与前端生产环节、后端个人行为选择移动出行方式，或者产品的租赁、回收或者共享服务，需要与供应链中减碳核算相对应，既形成企业对于整个供应链减排的可追溯，同时也防止重复核算。

二 碳普惠在我国的政策和实践进展

（一）中国碳普惠发展历程

早在 2014 年，中国碳普惠机制就率先在武汉试点。2015 年，广东发布《广东省碳普惠制试点工作实施方案》开展碳普惠制试点工作。2017 年广东省发改委发布《关于碳普惠制核证减排量管理的暂行办法》，对于试点地区的企业或个人参与的减排和增加碳汇等低碳行为所产生的核证自愿减排量（PHCER），可允许接入省级碳交易市场。参与 PHCER 的企业，应承诺不再重复申报国家核证自愿减排交易。

2020 年中国提出"双碳"目标后，将"绿色低碳全民行动"作为碳达峰碳中和的重要举措之一，力求最大化释放全社会各方力量深入参与的潜力，碳普惠制也随着政策的推动又一次进入快车道。

2021 年初生态环境部等部门将"建立和完善绿色生活激励回馈机制，推动绿色生活方式成为公众的主动自觉选择"纳入政策文件《"美丽中国，我是行动者"提升公民生态文明意识行动计划（2021—2025 年）》。国务院顶层设计文件《国务院关于印发 2030 年前碳达峰行动方案的通知》中规划了"碳达峰十大行动"，其中就包括要开展绿色低碳全民行动。同月，在提交给联合国的《中国落实国家自主贡献成效和新目标新举措》报告里，明确指出构建"碳普惠"长效机制。绿色消费方式也作为推动绿色低碳循环发展的消费体系的重要部分进入《促进绿色消费实施方案》，该方案特别强调公众应自觉选择，推动绿色低碳产品发展。

在国家《"十四五"数字经济发展规划》中，数字化公共服务朝着更加普

惠的方向发展。随着数字基础设施广泛融入生产生活，其与政务服务、公共服务、民生保障、社会治理的结合为碳普惠提供了科技支撑。以大数据、区块链、5G等为代表的数字化新兴技术，具有高创新性、强渗透性、广覆盖性，不仅是新的经济增长点，而且成为构建低碳经济、绿色经济的支撑。

（二）城市、企业碳普惠行动案例

在实践层面，一些地区、城市、企业已经率先发力，搭建平台开展碳普惠行动。陕西、重庆、河北、天津、湖北、浙江、海南、上海、江苏、广东、江西、北京及广州、泸州、深圳、苏州等省市纷纷出台碳普惠相关政策文件。其中，上海、重庆、深圳等地分别出台了相应工作方案（见表1）。

表1　各地发布的碳普惠文件（部分）

时间	省（市）	文件	内容
2021年6月3日	重庆	《重庆市生态环境保护"十四五"规划（2021—2025年）（公开征求意见稿）》	持续推进"碳汇+"生态产品价值实现试点，建立碳履约、碳中和、碳普惠三类产品的价值实现体系
2021年9月18日	陕西	《陕西省"十四五"生态环境保护规划》	积极开展"碳普惠"试点，推广使用低碳产品
2021年9月27日	天津	《天津市碳达峰碳中和促进条例》	探索建立碳普惠机制，推动构建碳普惠服务平台
2021年11月14日	湖北	《湖北省生态环境保护"十四五"规划》	开展碳普惠制试点，鼓励金融机构开发碳信用卡、碳积分、碳币等创新性碳普惠金融产品 积极搭建碳普惠平台，建立碳普惠数据采集、登记系统，促进碳普惠制试点
2022年2月16日	上海	《上海市碳普惠机制建设工作方案》	2022~2023年，形成碳普惠体系顶层设计；2024~2025年，完善碳普惠平台建设，……探索通过商业激励机制，逐步形成规则明确、场景丰富、发展可持续的碳普惠生态圈
2022年2月17日	浙江	《关于完整准确全面贯彻新发展理念做好碳达峰碳中和工作的实施意见》	开展全民碳普惠行动。推广碳积分等碳普惠产品。推动全省统一的碳普惠应用建设，逐步加入绿色出行、绿色消费、绿色居住、绿色餐饮、全民义务植树等项目

时间	省(市)	文件	内容
2022年3月16日	江苏	《省生态环境厅2022年推动碳达峰碳中和工作计划》	建设碳普惠体系,分步推进碳普惠体系建设。落实长三角碳普惠合作协议,探索碳普惠核证减排量跨区域交易机制
2022年4月6日	广东	《广东省碳普惠交易管理办法》	深化完善广东省碳普惠自愿减排机制,进一步规范碳普惠管理和交易
2022年4月6日	江西	《关于完整准确全面贯彻新发展理念做好碳达峰碳中和工作的实施意见》	倡导绿色低碳生活。开展绿色低碳社会行动示范创建活动,深入创建节约型机关、绿色(清洁)家庭、绿色社区、绿色商场等。推行碳积分、碳账户等碳普惠政策
2022年5月20日	山东	《山东省碳普惠体系建设工作方案(征求意见稿)》	2022~2023年,形成碳普惠体系顶层设计,构建相关制度标准和方法学体系,搭建碳普惠平台,建立个人碳账户; 2024~2025年,逐步完善碳普惠体系,基本形成规则清晰、场景多样、发展可持续的碳普惠生态圈

　　总体来讲,国内碳普惠平台目前主要有政府主导的和企业主导的两种类型。政府主导的碳普惠平台,包括北京的"绿色出行碳普惠"、广东的"碳普惠服务平台"小程序、重庆的"碳惠通"、山东的"碳惠山东"、广东深圳的"低碳星球"、四川成都的"碳惠天府"、四川泸州的"绿芽积分"等(见表2)。

　　泸州"绿芽积分"是政府主导的碳普惠平台的一个典型代表。"绿芽积分"由泸州市生态环境局指导开发,"绿普惠云"提供技术支持。"绿芽积分"依托数字化技术,对个人多个绿色场景的减排行为进行数据采集,按照标准方法学进行科学量化,这种分布式架构系统构成绿色账本统计算法,可按照个人、企业的标识属性自动建立个人、企业、政府3个层面的碳减排数字账本,动态展示泸州市民的绿色生活方式和城市碳减排量。2021年,该项目获评2021年生态环境部全国十佳公众参与案例。

表 2　各地碳普惠平台（部分）

地区	小程序名称	地区	小程序名称
北京	我自愿每周再少开一天车	北京	绿色出行碳普惠
广东	"碳普惠服务平台"小程序	重庆	碳惠通
山东	碳惠山东	江西	江西低碳生活、绿宝碳汇 App
福建	一元碳汇	天津	津碳行
甘肃	丝路碳惠	广东深圳	低碳星球
江苏南京	我的南京	四川泸州	绿芽积分
江苏无锡	碳时尚	四川成都	碳惠天府
山东青岛	琴岛碳普惠	山东烟台	碳惠烟台
福建莆田	莆田碳普惠	江西吉安	吉安碳普惠
江西赣州	赣州碳普惠	河北沧州	沧州碳普惠
河北张家口	张家口碳普惠	河北保定	保定碳普惠
云南昆明	昆明低碳积分	云南曲靖	碳惠爨城
云南普洱	普洱碳普惠	青海西宁	西宁碳积分
陕西榆林	榆林信用	福建厦门思明区	思明碳行者

其他如重庆的"碳惠通"，2021 年 10 月 22 日上线当天，交易二氧化碳核证自愿减排量 40.6 万吨，交易额达 1015 万元；江苏无锡的"碳时尚"，截至 2021 年 8 月 26 日，注册人数接近 5 万人，共产生了 1950 万碳积分，相当于减少了 196 吨二氧化碳排放；江苏南京的"我的南京"，截至 2020 年 8 月，碳积分总用户达 48.6 万人，用户留存碳积分总数达 196 万。

以政府为主体的碳普惠平台优势是公益性强，可信度比较高，但也面临几大挑战。一是缺少企业支持，激励力度较小，公众感知度、参与度不高，减排数据不足。二是对于消费行为端缺少统一的碳减排计量方法学或标准，团体标准、地方标准各自存在，各地和企业之间碳减排量无法连通。三是缺乏参与碳普惠激励机制的标准门槛，难以形成市场化可持续的运营模式。

企业方面，主要是以互联网企业为主体的碳普惠平台，如线上支付平台"蚂蚁森林"、打车平台"滴滴绿洲"、外卖平台"美团外卖—青山计划"、物流平台"京东集团—青流计划"、电动车平台"蔚来汽车—蓝点计划"、山东日照银行推出的"个人碳账户平台"、中信银行的"中信碳账户"、饿了么的"e点碳"、高德地图上线的"绿色出行—碳普惠"平台、深圳市生态环境局和腾讯公司推出的"低碳星球"小程序等。大型互联网企业纷纷发布碳中和路线图，其中，阿里巴巴集团2021年承诺将通过旗下数字化全场景减排方式，用15年时间带动生态系统伙伴累计减碳15亿吨。

企业主导的碳普惠平台优势明显：一是用户本身就是平台用户，平台推出的低碳服务、产品及奖励对其更具吸引力；二是平台基于自身用户体量和活跃度，使得用户参与度更高；三是互联网企业的技术平台可为平台提供技术支撑，促进公众绿色低碳行为的转变；四是实时记录和展示，可以直观了解绿色低碳行为的效果和改变，为公众长期绿色低碳行为习惯的养成提供动力。

如作为融合个人、企业和政府多重属性的"绿色出行碳普惠"平台，从2021年8月启动到2022年6月23日，已记录和量化的减排人数累计336万人，减排次数累计1.13亿次，实现减排量4.38万吨。其参与的冬奥碳普惠项目，带动了270余万人参与冬奥碳普惠活动，实现上亿次减排行为，累计碳减排近3万吨。

（三）碳普惠对于城市实现碳中和的作用

在全球碳排放进程中，城市扮演了重要角色。据联合国人居署统计，城市消耗全球78%的能源，制造了超过全球60%的二氧化碳及大量其他温室气体的排放。碳普惠机制作为城市碳中和的综合解决方案备受关注。

中国已经有87个低碳试点城市，按照联合国报告，如果要实现碳中和，2030年人均二氧化碳排放量需要减少到2～2.5吨，这在技术路径上是可行的。首先，应发展零排放的清洁能源基础设施；其次，依靠可持续的自然生态系统，如森林、农业、湿地等，不但可以应对气候变化，保护生物多样性，还可以涵养水源、净化空气、提供人类食物；再次，在建筑和交通这类生命周期长的领域要实现碳减排；最后，使用循环产品，不再消耗能源和资源。

2022年全国低碳日，生态环境部宣传教育中心、中华环保联合会、中国互联网发展基金会数字碳中和专项基金、绿普惠碳中和促进中心和碳中和国际研究院联合发布的《数字化工具助力公众绿色出行研究报告》显示，以腾讯地图为代表的数字化地图极大地提升了城市出行的便利性，能有效提升公众的绿色出行意愿。2021年全年，深圳市民通过腾讯地图刷码搭乘公交和地铁绿色出行，实现减少二氧化碳排放约50万吨。

城市碳中和需要消费者广泛参与，消费者成为城市碳普惠的一个重要参与要素。碳普惠让城市的服务功能与碳减排自动相关，比如商业消费、餐饮、文旅等，同时改善建筑和交通领域的基础设施运营，构建零碳校园和社区，还可为企业创造新型数字化业务、提供新技术的巨大增长空间，如消费金融服务等。通过数据平台的搭建，降低城市运营成本，助力个人、企业和政府构建和运营碳账本，为政府动态管理城市提供大数据支撑，保障城市的生态系统特色和碳汇价值。

三　推广碳普惠促进消费端减排的挑战和建议

一是推行碳减排核算标准互认规则。在碳排放数据核算方面，如上所述，地方或者企业标准和平台，存在不兼容、数据场景分散、标准不统一、个人减排行为重复计算等问题，这对碳普惠市场进行碳减排核证提出了更高的要求。此外，消费端与企业生产端在碳核算和规则方面也尚未关联打通，现有智慧城市平台接入公共管理场景的数据，仍有障碍，不能满足城市共治的管理要求和目标。

打破地域和企业之间的壁垒，促进生活消费端碳减排量的流通，为绿色金融打开市场，因此，应针对消费端减排场景的标准进行认证和采信，标准监管部门协调各地设置的差异化碳排放因子和系数，推行碳减排核算标准互认规则。

二是建立消费端碳普惠市场。我国目前的碳交易政策侧重碳排放配额的管理，尚未重启的国家核证自愿减排量（CCER）市场交易，也未涉及生活消费端。因此，需要建立个人参与的碳普惠市场，采用数字化技术和"政策+公益+商业化"多元运营模式，允许生活消费端碳减排通过第三方数字化碳平台建立碳普惠计量、交易和抵消的认证体系，降低城市碳中和成本。

三是第三方数字碳普惠平台应保障数据安全、公正和透明。碳普惠面临海量数据和丰富场景，因此需要使用第三方数字碳普惠平台确保个人隐私安全，构建安全可控的智能化综合性数字信息基础设施；为防止不同平台重复核算个人和单位的碳足迹和碳资产，碳账本需要实行实名制。各种数字化平台通过大数据、区块链、云计算等如实记录和核算，保证数据的实时性、可追溯性和不可篡改性，确保碳普惠市场的透明性和公正性。数字化还能实现数据的实时验证和碳信用的实时发放，保证个人自愿的碳市场交易机制。

"绿普惠云"是首个基于碳普惠架构的第三方数字化减碳计量底层平台。该平台以中华环保联合会发布的团体标准《公民绿色低碳行为温室气体减排量化导则》为依托，由生态环境部宣传教育中心指导，为企业量化用户减排行为，为政府提供全民减排数字化工具，形成个人、企业、政府三位一体碳账本，以数字化方式助力全民碳中和（见图3）。该平台利用计算引擎模式输出，记录用户在不同平台的减排量，其全流程追溯、多方共识等特性，可满足监管审计要求，并兼顾创新与风险平衡，构成了"政府为主导、企业为主体、社会组织和公众共同参与"的碳中和解决方案（见图4）。

四是搭建可持续的社会合作网络。由于个人减排总量微小，即使可以在碳普惠市场交易，小额交易也很难激励个人行为改变。因此应通过建立政策、企业、公益、金融等多方参与的可持续的社会合作网络，形成兑换激励准则，完善绿色普惠交易市场。

2022年6月15日，由生态环境部宣传教育中心、中华环保联合会、中国互联网发展基金会、国家发展和改革委员会国际合作中心、中国生态文明研究与促进会合作发起创立的碳普惠合作网络宣布成立。该网络将广泛联合各方力量，以立体化、系统性、多元化的方式推进碳普惠事业。

五是完善相关政策体系。随着各地"双碳"政策落地，碳普惠也在多个城市展开试点，开展形式多属于自愿参与奖励形式。而对于碳普惠交易，

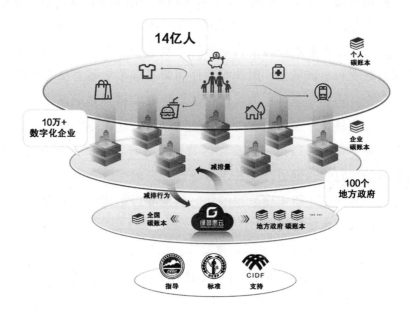

图3 绿普惠云——碳减排数字账本

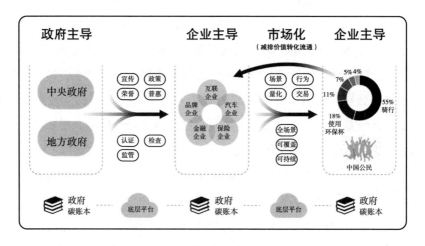

图4 多元化碳普惠机制设想

国家在法律和行政法规层面尚未作出规定，相关部门的规章也未涉及，缺乏法律依据，而联合国的报告也仅将生活方式作为重要的碳减排方式之一①。因此，有必要结合生活消费端的碳减排潜力、地方政府的试点情况和国际实践的共识，制定生活消费端碳减排及碳普惠交易的体系和政策。

---

① United Nations Environment Programme, *Emissions Gap Report 2020*, Nairob, 2020.

G.19
湿地碳汇的科学基础与利用的热点研究[*]

张称意　于宏敏　李贵才　邓正苗　谢永宏　巢清尘　袁佳双　王世坤[**]

摘　要： 本文从湿地碳汇的科学基础出发，综述了湿地碳汇估算的基本方法，即库差法和益损法，以及它们在使用中需要注意的问题。同时，还基于对湿地碳汇的科学认识，分析了湿地碳汇可持续利用的主要研究方向与政策基础。本文认为，降低湿地植物的分解和适宜的还湿、湿地恢复等保育管理是湿地保持并扩大其持续碳汇力的基本方向。我国已将湿地碳汇能力巩固提升作为碳达峰行动方案的重要部分，但如何将湿地碳汇纳入自愿减排市场或抵扣强制减排量，仍需制定可执行的政策与规范。

关键词： 湿地碳汇　湿地恢复　碳市场

一　引言

在 2015 年 12 月通过的《巴黎协定》明确：到 21 世纪末将全球平均温

* 感谢 973 项目"气候变暖背景下我国南方旱涝灾害风险评估与对策研究"（2013CB430206）、中国气象局东北区域中心生态气象创新实验室开放基金项目（编号：stqx201703）的资助。

** 张称意，理学博士，国家气候中心研究员，研究领域为温室气体清单方法学和地气间 GHG 交换通量；于宏敏，黑龙江省气象科学研究所研究员，研究领域为气候与气候变化；李贵才，国家卫星气象中心研究员，研究领域为生态系统碳遥感；邓正苗，中国科学院洞庭湖湿地生态系统观测研究站副研究员，研究领域为湿地生态过程；谢永宏，中国科学院洞庭湖湿地生态系统观测研究站研究员，研究领域为湿地生态过程；巢清尘，国家气候中心研究员，研究领域为气候与气候变化；袁佳双，国家气候中心研究员，研究领域为气候与气候变化；王世坤，黑龙江省大兴安岭地区气象局工程师，研究领域为气候与气象服务。

升控制在 2℃ 之内，并努力将温升控制在 1.5℃ 以内。为达到上述控温 1.5℃ ~ 2℃ 的目标，全球需要在 2050 ~ 2080 年实现碳中和（Carbon Neutrality），即大幅减少人类活动导致的温室气体排放，并利用碳汇来抵消剩余的温室气体排放[①]。而湿地是地球生态系统碳库的重要部分。

据《国际湿地公约》，湿地（Wetlands）系指不问其为天然或人工、长久或暂时之沼泽地、湿原、泥炭地或水域地带，带有或静止或流动，或淡水、半咸水或咸水水体者，包括低潮时水深不超过六米的海洋水域。[②] 因而，《国际湿地公约》所定义的湿地是以水湿为特征的一类生态系统。而从人类活动所导致的温室气体排放和移除出发，IPCC 在 2014 年对湿地的定义为：湿地是一土地类型，其全年或一年部分时间被淹没或水分饱和以至于达到其生物群落，特别是土壤微生物和生根植物，适应厌氧条件并控制年度内温室气体排放或移除的种类和数量[③]。可以看出，IPCC 这一定义更关注温室气体的排放或移除。IPCC 与《国际湿地公约》对湿地的定义存在明显的差别，其中，IPCC 定义的湿地结合了多个生态系统，但核心与实质仍然以水湿环境条件为前提。

总的来看，无论如何定义湿地，水湿的环境条件和适应水湿环境的生物，以及与之密切关联的碳储功能或碳排放，都是湿地的基本特质。充分利用湿地的基本特质，为实现碳中和目标提供助力，是人类的渴望与努力的方向。特别是，充分利用湿地的碳汇功能，尤其是可行、有效的以及能充分依托湿地自然优势取得多重效益的湿地碳汇开发利用方案，有着广泛的社会需

---

① IPCC, Summary for Policymakers. In：Climate Change 2021：The Physical Science Basis. Contribution of Working Group I to the Sixth Assessment Report of the Intergovernmental Panel on Climate Change［Masson‑Delmotte, V., P. Zhai, A. Pirani, S. L. Connors, C. Péan, S. Berger, N. Caud, Y. Chen, L. Goldfarb, M. I. Gomis, M. Huang, K. Leitzell, E. Lonnoy, J. B. R. Matthews, T. K. Maycock, T. Waterfield, O. Yelekçi, R. Yu, and B. Zhou（eds.）］. Published：IPCC, Switzerland, 2021.

② Convention on Wetlands of International Importance especially as Waterfowl Habitat, 1994.

③ Wirth, T., Zhang, C., Anshari, G. Z., et al., Chapter 1, Introduction. In：2013 Supplement to the 2006 IPCC Guidelines for National Greenhouse Gas Inventories：Wetlands.［Hiraishi, T., Krug, T., Tanabe, K., Srivastava, N., Baasansuren, J., Fukuda, M. and Troxler, T. G.（eds.）］. Published：IPCC, Switzerland, 2014.

求、价值，也吸引着研究者和学术界的兴趣①。

应当看到的是，湿地是否为碳汇或碳源，与其是否具备水湿环境条件直接相关。一方面，自然状态或保持完整生态特征的湿地，具有独特的水湿环境并支持着茂密的湿地植被和旺盛的植物生长，因而湿地往往有较高的净第一生产力；另一方面，水湿环境中的厌氧条件，使植物的枯枝落叶、残体、死亡的根系等往往得不到迅速彻底分解，大量半分解、初分解有机碳在湿地中积累，形成了含有丰富有机质的湿地土壤和泥炭层，使湿地表现出碳储功能，这就是湿地碳汇形成的关键所在与湿地提供储碳功能的基本特征。② 因而湿地是地球自然生态系统中碳积累最快的生态系统之一，是地球重要的碳库之一，是大气主要的碳汇，受到国际组织、各国政府以及致力于保护地球环境的民间组织等的高度重视。当然，水湿环境也导致了湿地产生甲烷排放，使其即使在自然状态下也是地球生态系统重要的甲烷排放源。③

湿地碳汇与以绿色木本为主的森林碳汇有着明显的差别。其一，一旦水湿条件消失，则极易引起湿地长期积累的有机质氧化甚至燃烧，使其由碳汇转变为碳源；④ 其二，湿地几乎不存在森林碳汇的平衡期。森林群落进入成熟期后，其吸收固定碳量与分解释放碳量达到动态平衡，使得森林净固碳量围绕零值上下波动。而湿地的水湿条件与生物、土壤等其他生态特征在不变或基本保持不变的情况下，可以一直保持碳储功能，成为持续的碳汇。⑤

① Zinke, L., "The Colours of Carbon", *Nature Reviews Earth and Environment*, 1 (3): 2020.

② Armentano, T. V., Menges, E. S., "Pattern of Change in the Carbon Balance of Organic Soil-wetlands of the Temperate Zone", *The Journal of Ecology*, 22 (2): 1986.

③ Bridgham, S. D., Megonigal, J. P., Keller, J. K., et al., "The Carbon Balance of North American Wetlands", *Wetlands*, 26 (4): 2006.

④ Gaveau, D. L. A., Salim, M. A., et al., "Major Atmospheric Emissions from Peat Fires in Southeast Asia during Non-drought Years: Evidence from the 2013 Sumatran Fires", *Scientific Reports*, 4, 2014.

⑤ Mitra, S., Wassmann, R., and Vlek, P. L. G., "An Appraisal of Global Wetland Area and Its Organic Carbon Stock", *Current Science*, 88 (1): 2005.

基于上述的湿地碳汇基本特质，本文从湿地的含碳温室气体排放与移除出发，首先，以碳汇测定的方法和存在的问题为出发点简要描述湿地碳汇的估算方法；其次，介绍湿地碳汇如何实现可持续利用，尤其关注湿地碳汇可持续利用的基本原理和存在的问题；最后，对国际、典型经济体或国家利用湿地碳汇实现碳排放减少、碳中和目标的基本政策进行分析。

需要指出的是，本文所说的湿地，无论其土壤是有机的还是矿质的，多数是生长有生根植物的普通湿地。以水体过程为主的水库、湖泊以及低潮时水深不超过六米的海洋水域等湿地，因与普通湿地相比有明显的不同，本文多数情况下不涉及。

二 湿地碳汇的估算

湿地是重要的大气二氧化碳（CO_2）汇，也是重要的甲烷（CH_4）排放源，对大气中二氧化碳和甲烷的动态变化有着重要影响。

对于碳汇，《联合国气候变化框架公约》（UNFCCC）的定义是：碳汇是指从大气中清除温室气体、气溶胶或温室气体前体的所有过程、活动或机制[1]。这一定义也为 IPCC 所采用。"碳汇"与"碳移除"（Carbon Removal）的含义基本相同。在国家清单报告（NIR）和两年更新报（BUR）等提交给 UNFCCC 秘书处的文件中，"碳汇"已被明确要求在其前面加负号，用来表示该碳汇是自大气中移除温室气体。若按照碳汇此定义，湿地碳汇应当被定义为"在人类活动直接影响下湿地所产生的对大气二氧化碳的清除"。

湿地碳汇尽管有其独特性，但对其测定的要求如同其他碳汇一样，准确性仍然是第一位的。如同其他的土地利用（如林地、草地），湿地碳汇的测量应当分别测定湿地对含碳温室气体和不含碳温室气体（对湿地而言主要是氧化亚氮）的移除或排放。而遗憾的是，迄今为止，湿地氧化亚氮

---

① 《联合国气候变化框架公约》第一章第 8 条。

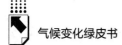
（N₂O）的排放仍缺乏广泛接受的国际算法指南①②③。因而本文所讨论的湿地碳汇估算，主要针对湿地对含碳温室气体的移除或排放（基于湿地的特点，湿地的含碳温室气体移除或排放仅限于二氧化碳和甲烷的动态变化），较少涉及氧化亚氮这一非含碳温室气体的排放。

特别是，在一些有识之士的努力下，当今社会还开展了众多的湿地保护、湿地还湿、湿地恢复等项目。这些项目究竟能获得多大的净碳汇，以及这些碳汇是否能成为可证实的标的进行市场交易，都是湿地经营管理者、科学研究人员、政府部门、碳市场参与者、社会公众所密切关注的问题。针对这些问题，本文依据有关IPCC等国际组织的算法指南，归纳总结出如下湿地碳汇估算方法，抛砖引玉，希望后辈学者能不断完善该算法，提高其精确度与便捷性、实用性。

总的来看，湿地碳汇的估算分为库差法（Stock-Difference Method）和益损法（Gain-Loss Method）。④

库差法就是计算湿地各个碳库的某个时段或时间序列的单一或各个始末时间的碳储量差。也就是说，地上生物量（Aboveground Biomass）碳库、地下生物量（Belowground Biomass）碳库、死有机物（Dead Organic Matter）碳库、土壤有机（Soil Organic）碳库、木质林产品（Harvested Wood Products）碳库在估算或考查期始末的差值，即为湿地的碳汇或碳源。正值表示湿地积累碳；

① IPCC, 2006 IPCC Guidelines for National Greenhouse Gas Inventories, Prepared by the National Greenhouse Gas Inventories Programme. ［Eggleston, H. S., Buendia, L., Miwa, K., Ngara, T. and Tanabe, K. (eds.) ］. Published: IGES, Japan, 2006.

② IPCC, 2013 Supplement to the 2006 IPCC Guidelines for National Greenhouse Gas Inventories: Wetlands. ［Hiraishi, T., Krug, T., Tanabe, K., Srivastava, N., Baasansuren, J., Fukuda, M. and Troxler, T. G. (eds.) ］. Published: IPCC, Switzerland, 2014.

③ IPCC, 2019 Refinement to the 2006 IPCC Guidelines for National Greenhouse Gas Inventories. ［Calvo Buendia, E., Tanabe, K., Kranjc, A., Baasansuren, J., Fukuda, M., Ngarize, S., Osako, A., Pyrozhenko, Y., Shermanau, P. and Federici, S. (eds.) ］. Published: IPCC, Switzerland, 2019.

④ IPCC, 2006 IPCC Guidelines for National Greenhouse Gas Inventories, Prepared by the National Greenhouse Gas Inventories Programme. ［Eggleston, H. S., Buendia, L., Miwa, K., Ngara, T. and Tanabe, K. (eds.) ］. Published: IGES, Japan, 2006.

负值表示湿地碳丢失，很可能是向大气排放二氧化碳。可用如下公式表示：

$$\Delta C = \frac{(C_{agb.t2} - C_{agb.t1}) + (C_{bgb.t2} - C_{bgb.t1}) + (C_{dom.t2} - C_{dom.t1}) + (C_{soc.t2} - C_{soc.t1}) + (C_{HWP.t2} - C_{HWP.t1})}{t2 - t1}$$

（公式1）

其中：C_{agb}、C_{bgb}、C_{dom}、C_{soc}、C_{HWP} 分别代表地上生物量、地下生物量、死有机物、土壤有机、木质林产品的碳储量。

地上生物量碳库：存在地表上的所有活的生物体储藏的碳量。地下生物量碳库：存在地表下的所有活的生物体储藏的碳量，包括植物的根系、土壤动物。死有机物碳库：存在于地表上的死生物体、半分解的生物残体所储藏的碳量，在有树木生长的内陆湿地包含枯立木和枯枝落叶等死的有机体，在以草本植物为主的内陆湿地往往是其有机质层。土壤有机碳库：土壤中含碳有机化合物与微生物体所合称的土壤有机碳所储藏的碳量。木质林产品碳库：仅存在于有树木生长的湿地且有木材收获并形成木质产品所储藏的碳量。[①]

在采用库差法估算或考查湿地碳汇时，特别需要注意如下两点。其一，由于湿地的水湿环境，湿地会产生甲烷排放，因而在计算出碳库差值后，需要采用等量途径减去或加上同期的甲烷排放量，以此得到的结果才是湿地在估算或考查时期的净碳汇量或净碳排放量。其二，需要对库差法的适用性有充分认识，库差法需要对各个碳库进行计算，而有的湿地因土层深厚也存在着测得的土壤有机碳含量、土壤容重等主要参数空间变异大的问题，且估算期内的土壤碳库变化相对于已有库容量太小并未明显超过测定误差，那么采用库差法进行湿地碳汇估算就会严重受限，甚至计算结果偏差较大、无法反映真实情况。此种情况下，就需要采用益损法来对湿地碳汇进行计算。其三，湿地的氧化亚氮排放量较小可忽略不计或依据某种规则不需要计算时，库差法才可以使用，否则，需要在库差法计算结果上减去或加上（净碳源情况下）氧化亚氮的排放量，才是湿地的温室气体碳汇量或排放量。

益损法是在估算或考查期内，利用湿地在各种因素影响下碳的固定量与

① UNECE, Harvested Wood Products in the Context of Climate Change Policies, Geneva, Switzerland, 2008.

损失量的净差值减去甲烷、氧化亚氮的排放量，即可得湿地净碳汇或碳源量。[①] 与库差法同理，正值表示湿地积累碳；负值表示湿地碳丢失，很可能是向大气排放二氧化碳。益损法常常由通量值表示。因此，通量值的确定为湿地碳汇或碳源量的估算提供了基础与可行保证。益损法估算的湿地碳汇或碳源量可用如下公示表示：

$$\Delta C_{eq} = C_{sq} - C_{em} - CH_{4em} - N_2O_{em} \qquad (公式2)$$

其中：ΔC_{eq}、C_{sq}、C_{em}、CH_{4em}、N_2O_{em} 分别表示二氧化碳当量的碳汇或碳源量、碳固定量（不含横向输入量）、碳排放量（不含横向流失量）、甲烷排放量、氧化亚氮排放量。

当湿地的氧化亚氮排放量小到可忽略不计时，依据益损法原理，可直接运用二氧化碳通量值与甲烷通量值的测定结果来衡量湿地的碳汇或碳源量。

需要专门指出的是，湿地碳汇应当视为其净固碳量。由人工污染物或废弃物（如沥青或生活垃圾等），或来源于上游的，或其他源的有机碳等堆积在湿地中，导致湿地储碳量增大或/和排放量增大（如甲烷排放量增大），都应当依据这些源的输入量进行相应扣除。[②] 依据国际广泛使用的 IPCC 指南，原则上这些源已在其他领域或土地利用类型中做过了有关的核算统计。[③] 因此，在估算或统计一些非源头的河流型湿地、红树林湿地、开放型盐沼等的碳汇时，这一点需格外注意。

三　湿地碳汇的可持续利用

湿地碳汇的可持续利用不仅能够获得可持续的碳汇，而且也有利于湿

---

① IPCC, 2006 IPCC Guidelines for National Greenhouse Gas Inventories, Prepared by the National Greenhouse Gas Inventories Programme. [Eggleston, H. S., Buendia, L., Miwa, K., Ngara, T. and Tanabe, K. (eds.)]. Published: IGES, Japan, 2006.

② Gallagher, J. B., Zhang, K., Chuan, C. H., "A Re-evaluation Wetland Carbon Sink Mitigation Concepts and Measurements: A Diagenetic Solution", *Wetlands*, 2022.

③ IPCC, 2006 IPCC Guidelines for National Greenhouse Gas Inventories, Prepared by the National Greenhouse Gas Inventories Programme. [Eggleston, H. S., Buendia, L., Miwa, K., Ngara, T. and Tanabe, K. (eds.)]. Published: IGES, Japan, 2006.

地的可持续生物多样性保护、湿地美学价值的持续、下游水质的持续可靠改善、流域的水资源可持续管理等多重的生态功能与服务的持续性。① 针对湿地碳汇保持和以此为依托的持续利用，保持并扩大湿地持续的固碳力以及减少碳的分解，成为迄今为止科学家对湿地碳汇进行可持续利用的关键所在。②

对于保持并尽可能扩大湿地的固碳力从而使更多的碳被固定并进入湿地生态系统，制止使湿地水位下降的排水、避免湿地的生物量与有机质被氧化甚至燃烧而导致的碳丢失，即采取保护措施保持湿地的水湿环境，保持湿地自身特有的碳汇功能，已成为科学界的共识。③ 这是包括湿地碳汇可持续利用在内的湿地一切管理措施的基本出发点与首要选择。

减少植物枯落物的分解从而使更多的生物碳转化为有机碳并积累在湿地中，从理论上讲是扩大湿地碳汇的另一重要途径。而如何减少植物枯落物的分解，则需要先搞清楚植物枯落物在湿地的分解机理④，这是近年来湿地碳汇研究领域的新热点。在探索湿地植物枯落物分解机理方面，科学界已初步认识到：水温、pH 值、溶解性氮素含量等环境因素影响着植物枯落物的分解和有机质的转化；⑤ 对于湿地植物自身而言，木质素含量丰富的植物枯落物有较低的分解率和较高的有机质转化率，这得到了一些研

① Lal, R., "Carbon Sequestration", *Philosophical Transactions of the Royal Society B：Biological Sciences*, 363（1492）：2008.

② Gallagher, J. B., Zhang, K., Chuan, C. H., "A Re-evaluation Wetland Carbon Sink Mitigation Concepts and Measurements：A Diagenetic Solution", *Wetlands*, 2022.

③ Kayranli, B., Scholz, M., Mustafa, A., et al., "Carbon Storage and Fluxes within Freshwater Wetlands：A Critical Review", *Wetlands*, 30（1）：2010.

④ Villa, J. A., and Bernal, B., "Carbon Sequestration in Wetlands, from Science to Practice：An Overview of the Biogeochemical Process, Measurement Methods, and Policy Framework", *Ecological Engineering*, 114：2018.

⑤ Ferreira, V., Chauvet, E., and Canhoto., C., "Effects of Experimental Warming, Litter Species, and Presence of Macroinvertebrates on Litter Decomposition and Associated Decomposers in a Temperate Mountain Stream", *Canadian Journal of Fisheries and Aquatic Sciences*, 72（2）：2015.

究的证实。①

湿地排干（Drainage）是一种通过开挖排水沟渠或设置排水泵站等其他排水设施自湿地排水并降低湿地水位，进行采挖湿地泥炭、有机质或放牧等的人为干扰（也有人认为是一种湿地管理措施）。湿地排干直接导致湿地水湿环境的改变甚至消失，进而引起湿地植物群落的改变和碳水过程的改变，并使其由碳汇转变为以 CO_2、CH_4、N_2O 排放为主的温室气体排放源。因而，阻断湿地排干并对湿地还湿（Rewetting）已被证实是使湿地重新恢复生态功能，实现湿地碳汇可持续的基本途径。② 这里的湿地还湿是指人为有意阻断湿地的排水设施并提高水位使湿地重新恢复到排水前的水湿状态，并实施湿地植被恢复或其他湿地保育措施［如湿地培育（Paludiculture）］的一类人工湿地保护实践③。在实施了还湿、恢复等湿地保育措施后需要经历几年或十几年的时间，湿地才会重新表现出难分解外源碳（Recalcitrant Allochthonous Carbon）的积累④，即碳汇功能的恢复。对于湿地，什么样的还湿、恢复等保育措施能使湿地在尽可能短的时间内满足主要功能目标并表现出最大的难分解外源碳累积，是近年来湿地科学研究的热点问题之一。

四　湿地碳汇利用的政策基础

IPCC 的《2013 湿地增补指南》以及《2019 对 2006 国家温室气体清单

---

① Chen, Y., Ma, S., Jiang, H., Yangzom, D., et al., "Decomposition Time, Chemical Traits and Climatic Factors Determine Litter-mixing Effects on Decomposition in an Alpine Steppe Ecosystem in Northern Tibet", *Plant and Soil*, 2019.

② Joosten H., Peatlands, Climate Change Mitigation and Biodiversity Conservation, 2015.

③ IPCC, 2013 Supplement to the 2006 IPCC Guidelines for National Greenhouse Gas Inventories: Wetlands. [Hiraishi, T., Krug, T., Tanabe, K., Srivastava, N., Baasansuren, J., Fukuda, M. and Troxler, T. G. (eds.)]. Published: IPCC, Switzerland, 2014.

④ Needelman, B. A., Emmer, I. M., Emmett-Mattox, S., et al., "The Science and Policy of the Verified Carbon Standard Methodology for Tidal Wetland and Seagrass Restoration", *Estuaries and Coasts*, 2018.

指南的精细化》为湿地碳汇的估算提供了基本方法学，也为将湿地碳汇纳入国家气候变化缓解的碳核算体系提供了基本依据。

2021 年 1 月欧洲议会以压倒性的投票结果通过了《欧洲绿色新政》（European Green Deal）。这一新政明确提出：到 2050 年，欧洲将成为全球首个"碳中和"地区，即二氧化碳净排放量降为零。《欧洲绿色新政》的生效，为将湿地保育、保护性利用等管理下生产的碳汇纳入国家应对气候变化行动目标提供了法律保障。[①]

2021 年 10 月，国务院在《2030 年前碳达峰行动方案》中明确提出了实现碳达峰的"十大行动"。其中，在"碳汇能力巩固提升行动"中对湿地碳汇明确提出了如下的政策要求。第一，通过国土空间规划、生态红线保护、国家公园建立等途径，稳定现有湿地的固碳作用。第二，加强河湖、湿地保护修复，提升生态系统碳汇能力。第三，建立生态系统碳汇监测核算体系；开展湿地碳汇本底调查与碳储量评估、潜力分析，实施生态保护修复碳汇成效监测评估；加强湿地生态系统碳汇基础理论、基础方法、前沿颠覆性技术研究；建立健全能够体现湿地碳汇价值的生态保护补偿机制，研究制定湿地碳汇项目参与全国碳排放权交易的相关规则。[②] 2022 年 6 月，生态环境部、国家发改委、工信部等 7 部门联合发布《减污降碳协同增效实施方案》，将湿地休养生息作为生态建设的减污降碳协同增效的重点工作领域之一。[③]

另外，理论分析显示，湿地在净化水质、水资源涵养、生物多样性保育等方面的生态服务以及通过湿地管理（如项目设计下持续投入）所得到的碳汇增量，也应纳入湿地碳汇管理的政策支持范畴。[④]

---

① Usman, Z., Abimbola, O., and Ituen, I., What Does the European Green Deal Mean for Africa? Carnegie Endowment for International Peace, Washington, DC 20036, USA, 2021.

② 《国务院关于印发 2030 年前碳达峰行动方案的通知》，中国政府网，2021 年 10 月 26 日，http://www.gov.cn/xinwen/2021-10/26/content_ 5645001. htm。

③ 《关于印发〈减污降碳协同增效实施方案〉的通知》，中国政府网，2022 年 6 月 21 日，http://www.gov.cn/zhengce/zhengceku/2022-06/17/content_ 5696364. htm。

④ Villa, J. A., and Bernal, B., "Carbon Sequestration in Wetlands, from Science to Practice: An Overview of the Biogeochemical Process, Measurement Methods, and Policy Framework", Ecological Engineering, 2018.

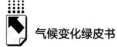
　　截至目前，将湿地碳汇纳入国家整体的碳收支，特别是纳入 UNFCCC 缔约方国家清单报告，已成为各缔约国不约而同的行为。[①] 但将湿地碳汇纳入自愿减排市场或用于抵消部分的强制减排量，还需要在湿地碳汇的定量证实、交易量核定、定价机制形成诸方面制定可执行的政策与规范。

---

　　① UNFCCC, GHG Data from UNFCCC, 2002, https：//unfccc. int/process-and-meetings.

行业碳中和目标与企业案例

The Carbon Neutrality Goals of Industry and Euterprise Cases

G.20

中国企业落实"双碳"
目标行动进展分析

于志宏　胡文娟　王秋蓉　朱琳*

摘　要： 自 2020 年 9 月中国承诺 2030 年前实现碳达峰，2060 年前实现碳中和以来，助力实现"双碳"目标已成为中国企业履行环保责任的首要话题和实现自身低碳转型、绿色增长的新支点。在明确的政策信号和市场导向下，企业界积极响应，一批领先企业率先提出了碳中和时间表和路线图，并且在降碳的重难点领域展开探索行动。本文旨在系统分析中国企业响应碳达峰碳中和的整体情况，总结中国企业落实"双碳"目标的阶段性特征，展示企业的典型行动和优秀实践案例，并尝试就现阶段观察到的问题提出相关建议。

* 于志宏，《可持续发展经济导刊》社长兼主编，研究领域为企业社会责任（包括 ESG）和可持续发展战略、管理、传播和品牌建设等；胡文娟、王秋蓉、朱琳，《可持续发展经济导刊》记者/编辑。

关键词: 碳中和 低碳转型 绿色增长 低碳人才

一 引言

自 2020 年中国正式提出"双碳"目标以来,碳中和已成为我国经济社会领域的热门话题。实现碳中和目标,不仅仅是为了解决环境问题,更是从本质上推动我国发展范式的系统性转变,为经济绿色高质量发展提供强劲动能。企业是经济发展的重要支柱,也是主要的碳排放源和创新主体,企业的行动选择不仅关乎"双碳"目标实现进程,更关乎企业自身的生存与发展。

随着碳中和相关法规政策的制定和出台、全国碳市场的开启以及来自供应链和消费者的低碳转型压力持续增加,中国大多数企业逐渐感受到了绿色低碳转型的挑战和约束。与此同时,碳中和也带来产业经济切换赛道、提升竞争力的机会,一些新兴低碳产业将迎来巨大发展机遇。本文从不同维度梳理了近年来中国企业对"双碳"目标的响应进展,并尝试描绘中国企业低碳转型新图景,展示中国经济高质量发展的新动能。

二 中国企业落实"双碳"目标行动进展

(一)中国企业响应"双碳"目标阶段性特点分析

"碳达峰、碳中和"目标的提出,促使国内企业加速推进低碳行动。在起始阶段,一部分先发企业的表态和承诺形成了高关注效应,使碳中和"火爆出圈",但热潮背后对碳中和认识得不全面、不彻底以及能力不足,也让企业低碳行动陷入困局。伴随国家层面、行业层面"双碳"政策体系和指导性文件不断完善、出台,企业低碳行动逐渐从加强认知转化为具体行动。而且,在充分认识到碳中和战略意义和底层经济逻辑后,挖掘新商业机遇逐渐成了中国企业减碳的原动力。

1. 积极响应，争相表态承诺

"双碳"目标提出后，社会各界关于碳中和的讨论陡然增多，关注者也不再局限于气候变化和环保领域。面对来自最高层的明确政策信号，一批领先型企业率先响应，或积极表态，或抓紧时间着手研究，甚至有先行者率先承诺，提出了碳达峰碳中和的时间表。其中，一马当先的就是中央企业。例如，三大石油公司迅速启动碳中和路径研究——2020年11月23日，中国石化联合三家权威机构率先启动碳达峰与碳中和战略路径研究，制定企业自身转型发展的战略目标、重点任务、实施路径和保障制度；2021年1月15日，中国海油正式启动碳中和规划，以绿色发展为导向，布局新赛道；2021年3月10日，中石油集团召开碳达峰碳中和目标下能源发展战略研讨会，安排部署实现"双碳"目标的重点任务。此外，国家电投（2023年）、大唐集团（2025年）、华电集团（2025年）、三峡集团（2023年）等央企也相继宣布了实现碳达峰的时间表。2021年3月1日，国家电网正式对外发布"碳达峰、碳中和"行动方案，成为首个发布有关"双碳"目标"施工图"的央企。

在众多能源央企积极响应的同时，市场敏锐度较高的金融领域也积极布局谋划，推动实质性措施出台。2021年2月8日，全国首批6只"碳中和债"在银行间债券市场成功发行，合计发行规模达人民币64亿元，发行企业包括华能国际、国家电投、南方电网、三峡集团、雅砻江水电和四川机场集团。2021年3月中下旬，高瓴资本、红杉中国相继推出绿色基金和碳中和技术基金。同时，互联网巨头也踊跃加入碳中和竞赛，其中，腾讯于2021年1月12日，宣布启动碳中和规划；2021年3月，蚂蚁集团承诺在2030年实现净零排放。

2. 纠正偏差，回归科学落实

在助力落实"双碳"目标的前期，一些企业出现了不知如何行动，甚至"跑偏"的现象。例如，有些企业口号大于行动；有些企业提出的碳达峰、碳中和目标缺少科学论证；还有些企业避重就轻，绕开与业务相关的核心——减碳，在"碳补偿"方面大做特做文章；也有企业错把"碳达峰"

理解为"碳冲锋"。

2021年7月30日，中共中央政治局会议明确指出，要统筹有序做好碳达峰、碳中和工作，尽快出台2030年前碳达峰行动方案，坚持全国一盘棋，纠正运动式"减碳"，先立后破，坚决遏制"两高"项目盲目发展。在中央点名"运动式"减碳之后，企业的减碳热情仍在，但在政策指引下减碳行动趋于科学、理性。在对碳中和认知不断深化的基础上，企业开始寻求科学的碳核查以及减排目标，并且根据实际发展现状合理规划减碳路径与行动。2021年11月18日，中国宝武钢铁集团正式发布《中国宝武碳中和行动方案》；2021年12月29日，鞍钢集团正式发布低碳冶金路线图，提出了低碳发展愿景、"三个使命"和"五大路径"①。两大钢铁领军企业从不同角度提出了中国钢铁实现"双碳"目标的方向和路径，为我国全面建设钢铁强国、全面引领世界钢铁明确了方向。与此同时，在各类行业协会的指导和推动下，钢铁、建材、有色、化工、石化、电力、煤炭等重点行业陆续提出明确的达峰目标并制定达峰行动方案、配套措施等；研究机构和国际组织也陆续发布各种有关企业碳中和路径的文件和指导文件，为企业实现碳中和提供了指导，指明了路径。

3. 立足行动，挖掘商业价值

在我国从顶层设计上明确做好碳达峰碳中和工作的主要目标、减碳路径措施及相关配套措施②的同时，各领域各行业的碳达峰碳中和实施方案也在加快制定，企业深入开展低碳转型的共识和行动也显著增强，企业的碳中和行动也越来越专业、越来越具体。例如，2021年，京东物流通过打造"绿色基础设施+减碳技术创新"双核动力，不断优化园区仓储科技，提升能源循环利用效率。其中，京东物流西安"亚洲一号"智能物流园区已获得认证，成为我国首个"零碳"物流园区，宿迁"亚洲一号"智能物流园区的碳中和工作也已启动。例如，为了实现价值链碳中和，远景科技集团利用零

---

① 鞍钢集团：《绿色钢铁》，http://ansteel.cn/kechixufazhan/shehuizeren/lvsegangtie/。

② 新华社：《中共中央 国务院关于完整准确全面贯彻新发展理念做好碳达峰碳中和工作的意见》，中国政府网，2021年10月24日。

碳解决方案——"方舟碳管理系统"和全球首台绿色充电机器人摩奇
（Mochi）等，协助供应商合作伙伴探索低碳转型机会。目前，依靠技术赋
能，远景科技集团正在帮助微软、凯德、阿斯利康、耐克等公司加速零碳
转型。

在全面理解了碳中和对中国的战略意义以及其底层经济逻辑后，企业界
也开始意识到，碳中和不只是"碳核查""碳管理"，在转型压力和减排成
本之外，碳中和更是经济的"新增长故事"。例如，隆基股份利用云南当地
水电制造单晶硅棒、硅片、电池和组件等光伏产品，不仅使光伏发电成本下
降，还推动了云南水电产业的持续发展。截至 2020 年，隆基股份位于云南
的 5 个工厂实现生产 100% 使用可再生能源电力，累计消纳水电 25 亿度，相
当于减少 135 万吨的温室气体排放。① 2020 年 12 月，隆基股份得到了高瓴
资本 158 亿元的投资。与此同时，伴随着消费者越来越愿意接受企业产品或
服务中的"低碳价值"并为其买单，消费产业也刮起了"低碳风"，低碳产
品、零碳产品不断涌现，低碳环保也逐渐成为增强品牌市场竞争力的重要
元素。

（二）中国企业全面落实"双碳"目标典型行动分析

在"双碳"目标之下，不同行业、企业因业务性质不同，所面临的机
遇、挑战和责任也各有差异。总体而言，在落实"双碳"目标的过程中，
中国企业有四个较典型的行动方向。

1. 基于业务特征确立减碳战略与目标

实现"双碳"目标本质上是要求企业实现整体业务转型，企业必须从
战略层面制定行动规划并予以精准执行，因此，制定战略目标并匹配具体路
径是中国企业的必经之路。

目前，中国企业发布的碳中和战略有两种类型。第一种类型相对常见，
即以企业自身减碳为首要目标，制定具有经营特色的方案。以顺丰控股发布

---

① 杨小梅：《隆基股份：让"屋顶"发电》，《陕西日报》2021 年 7 月 16 日。

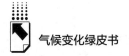

的《顺丰控股碳目标白皮书2021》为例①，以2021年为基准线，顺丰计划于2030年实现快件包裹平均碳足迹降低70%左右，同时自运营碳效率提升55%。该目标在实践路径上被做了进一步拆解，如将在合适的产业园投建光伏，并逐步加大新能源物流车应用，以此实现用能结构调整，降低业务运营碳排放。2021年，顺丰温室气体排放强度相较上一年已降低6.5%。②

第二种类型是直接围绕国家层面的"双碳"目标构建自身目标，将自身转型作为国家整体转型的前置条件。这种做法多见于在国民经济发展中占据重要地位的基础行业企业，特别是央企。以电力行业为例，电力企业需在确保能源电力供应的基础上探索碳减排的务实路径。2021年，国家电网公司发布"碳达峰、碳中和"行动方案③，以助力中国实现碳中和为最终方向，提出了到2025年输送清洁能源占比达50%，到2030年风电、太阳能发电总装机容量达到10亿千瓦以上等具体目标。对应相关目标，国家电网制定了以构建多元化清洁能源供应体系和推进电气化与节能提效为核心的6个方面18项举措，通过发挥电网企业的桥梁作用，推动全社会实现碳中和目标。截至2021年，国家电网累计新增风电、太阳能发电并网装机容量已达5.36亿千瓦，利用率保持在97%以上。④

2. 聚焦绿色低碳技术攻关和推广应用

科技创新于微观层面可推动企业生产技术迭代，于宏观层面可通过完善的产业技术创新体系突破行业壁垒，实现跨领域的多能融合互补，最终推进全社会经济结构向低碳化、高端化方向转型，这是支撑我国实现"双碳"目标的基础。

不同领域的企业有不同的减碳定位，因而有不同的技术突破方向。对工业、交通、建筑等高排放行业来说，低碳技术的应用主要体现在优化生产工

---

① 顺丰控股：《顺丰控股碳目标白皮书2021》，2021年6月5日。
② 顺丰控股：《零碳未来》，https://www.sf-express.com/we/ow/chn/sc/product-promotion/sustainable/green-innovation。
③ 《国家电网公司发布"碳达峰、碳中和"行动方案》，新华网，2021年3月2日，http://www.xinhuanet.com/energy/2021-03/02/c_1127158604.htm。
④ 国家电网有限公司：《2021国家电网有限公司社会责任报告》，中国电力出版社，2022。

艺从而降低能耗等方面。例如，中国宝武钢铁集团着力探索低碳冶金技术以提升生产能效，其建设的八钢富氢碳循环高炉为全球最大规模的低碳冶金创新试验装置。2020 年以来，八钢富氢碳循环项目已陆续完成全氧鼓风、固体燃料消耗降低约 30%、碳减排约 21% 等多项阶段性试验目标，并将通过持续开展对煤气脱碳自循环等工艺的应用探索，最终达到大幅提高冶炼炉利用系数、工序减碳 30% 以上等目标。[①] 相关技术突破不仅有利于中国宝武钢铁集团实现自身降碳，更将对全球钢铁低碳转型技术研发起到引领作用。

相较传统产业，高科技产业在全球数字化转型的大背景下更擅于挖掘云计算、大数据、人工智能、区块链等新兴技术的减碳功能。例如，腾讯已将 AI 技术有效应用于数据中心节能、办公建筑节能等多个领域，其利用自身运营经验和 AI 技术打造的智维平台可通过建立数据中心冷源系统仿真模型，实现系统的最优运行。[②] 蚂蚁集团基于区块链技术推出的企业碳中和管理平台"碳矩阵"，利用了区块链技术不可篡改和可溯源的特点，实现企业碳中和数据统一平台管理以及数据可视化。[③] 该技术既被用于蚂蚁集团内部碳管理，也将助力更多企业实现碳排放管理数字化升级。

3. 创新绿色金融产品为低碳转型输血

中国金融机构自身碳排放量相对较小，但其投资资金配置方式与融资管理机制却对我国碳中和进程有着重大影响。因此，中国金融机构的实践主要集中在升级自身业务模式以减少投资项目过程中造成的碳排放，以及为其他行业的绿色发展拓宽资本市场融资渠道两方面。

以银行业为例。近年来，我国绿色债券市场蓬勃发展，特别是国有企业的绿色债券发行规模占比一直保持较高水平。中国工商银行于 2022 年发行了我国境内首单碳中和绿色金融债券，总值达 100 亿元，债券期限 3 年。按

---

① 徐琳、王振邦：《宝武富氢碳循环氧气高炉（HyCROF）取得重大技术突破》，中国宝武，2022 年 11 月 19 日，https://mp.weixin.qq.com/s/L7FvakWW4s9X-LXpIgzDAA。

② 腾讯：《腾讯社会责任报告（2020）》，https://static.www.tencent.com/uploads/2021/10/26/2e29750b827f03d6cc6cde3ba2b69bf0.pdf。

③ 张威：《蚂蚁链上线碳中和 SaaS 产品"碳矩阵"》，中国软件网，2021 年 9 月 8 日，https://www.soft6.com/news/2021/09/08/377947.html。

照第三方认证机构的预估，此项目具有显著的环境效益，不仅能有效减少大量有害气体排放，而且每年还将减少 350 万吨左右的碳排放。①

具有长期资本特征的保险资金与需要长期发展的绿色项目有明显的契合点。中国保险企业近年来也积极响应政策目标，持续丰富绿色保险产品供给。以中国平安集团为例，平安产险开发的新能源车综合商业险、充电设施责任险、动力电池责任险等一系列险种，旨在提升消费者的购买意愿，促进新能源汽车市场的发展。自 2008 年推出业内首款环境责任险以来②，平安产险从生态损害、渐进污染等不同维度开发的多类险种，都为生态环境治理提供了相应的助力。③ 截至 2020 年，已有近 4000 家企业得到平安产险超200 亿元的环境污染责任风险保障。④

4. 拓展自身资源优势向全社会进行赋能

基于碳中和目标的企业社会责任具有双重性，除实现企业自身运营碳中和外，以技术、产品、资本赋能社会，借助品牌影响力引领和加强区域、行业、公众的"双碳"责任意识与实际参与，也是许多中国企业的重要行动方向之一。

例如，阿里云在 2021 年发布的"双碳"解决方案中包含三款面向外部的碳中和产品。其中，面向地方政府的"碳眼"可通过以人工智能算法预测碳排放趋势等方式为政府提供因地制宜的碳减排路径并进行绩效跟踪；面向企业的"能耗宝"可帮助用能主体诊断能源使用情况并为用能主体提供优化建议；面向社区的碳普惠平台可将低碳行为换算为"碳币"，以兑换商

---

① 王恩博：《中国工商银行成功发行 100 亿元绿色金融债券》，中国新闻网，2021 年 9 月 27 日，https：//baijiahao. baidu. com/s？id=1712061862324090818&wfr=spider&for=pc。

② 《环境责任险试点 平安产险成立专门小组布局市场》，中国平安官网，2013 年 3 月 11 日，http：//about. pingan. com/pinganxinwen/1362995167034. shtml。

③ 董方冉：《中国平安的"绿色承诺"》，中国金融家，2021 年 7 月 9 日，https：//www. financialnews. com. cn/zgjrj/202107/t20210709_ 222923. html。

④ 陈晶晶：《绿色保险突进：三年保额高达 45 万亿》，《中国经营报》2021 年 9 月 25 日，https：//baijiahao. baidu. com/s？id=1711807189807269304&wfr=spider&for=pc。

品奖励的方式,鼓励公众行为。[1] 这三款产品均以阿里云在数字化技术方面的积累为依托,既是企业响应当前绿色转型需求而开发的全新服务产品,也为实现更大范围的碳中和目标提供了有效工具。

各行业具有影响力的头部企业多以促进整个产业结构升级为目标输出经验。例如,伊利集团将推进全链减碳视为企业目标之一,在自身减碳实践的基础上建立能源环保数据核算体系,并在其供应商中进行逐步推广,减少产业内中小企业的低碳转型成本;其于 2021 年成立的"供应链能力发展中心"主要用于为合作供应商提供"双碳"方面的全方位专业培训,以此为整个产业链输送低碳技术人才。[2]

(三)中国企业破解低碳发展难题的优秀实践

一般而言,企业开展碳减排行动,主要从节能增效、能源替代(新能源、可再生能源)、碳移除(二氧化碳捕获利用与封存、林业碳汇)三个方面着手[3],而这三个方面都面临不同的挑战和难题。从实际情况而言,我国大多数企业尤其是行业头部企业从自身绿色低碳转型升级出发,以节能减排为导向,从碳资产管理、能源使用、节能增效、技术创新、供应链管理等方面先行先试,开展碳减排行动,形成了各具亮点的优秀实践,在推进实现碳达峰、碳中和目标的进程中努力发挥示范引领和行业推动作用。

1. 加强碳资产专业化管理,关注碳价值

企业开展碳中和的首要工作就是进行碳排放的核算与核查,摸清家底,构建低碳管理体系制度,从源头抓起,从管理入手,对企业碳减排和碳资产进行系统管理。在这方面,目前部分央企已经组建了碳资产管理的专业机构,对碳资产进行规范管理,主动提升自身的碳资产管理能力,并积极参与

---

① 朱承、叶怡霖:《阿里云发布"双碳产品三件套",覆盖社区企业政府全链条》,《浙江日报》2021 年 10 月 20 日。

② 伊利:《伊利集团零碳未来报告》,https://www.yili.com/cms/rest/reception/files/list? categoryId=41。

③ 王灿、张九天:《碳达峰碳中和 迈向新发展路径》,中共中央党校出版社,2021。

碳排放交易。例如，中国大唐集团从 2005 年开始布局碳资产业务，于 2016 年组建大唐碳资产有限公司，对集团碳资产进行统一管理，包括出台《中国大唐集团有限公司碳资产管理办法》《中国大唐集团有限公司碳履约工作规则》《中国大唐集团有限公司碳交易工作指引》《中国大唐集团有限公司碳履约工作指引》等[①]，实现了对碳资产的专业管理和开发，并在行业内形成了丰富的碳资产管理经验和优势。

2. 加速能源替代，破解大规模新能源并网瓶颈

加速推广使用以风能、太阳能为主体的可再生能源，已成为我国各行业企业实现碳减排的迫切选择。然而，新能源大规模替代化石能源在技术上存在瓶颈，其中的难题之一就是风能和太阳能发电具有波动性、随机性及间歇性的特点，导致新能源发电难以高效利用。如何将新能源电能安全地、可靠地接入电网成为亟须解决的世界难题，也是我国电力行业作为供给侧实现低碳转型面临的重大挑战。国网冀北张家口风光储输新能源有限公司采用世界首创风光储输联合发电技术路线，自主设计建造新能源综合性示范项目——国家风光储输示范工程，该项目集"风力发电、光伏发电、储能系统、智能输电"于一体，破解了大规模新能源集中并网、集成应用的世界性难题。[②] 当然，这样的示范项目还需要进一步推广和应用。

3. 节能降碳增效，注重系统性协同性

节能降碳是各行业企业实现碳中和的重要方向，国务院印发的《2030年前碳达峰行动方案》已将其作为十大行动之一，强调节约优先，提升能源资源利用效率。由于节能降碳是一项复杂的系统性工程，涵盖面广，涉及环节多，重点领域、重点行业企业只有按照碳达峰碳中和的目标要求，重新规划布局，加强顶层设计、统筹推进，落实到各个环节、各个层面，才能最大限度地达到节能减排的理想目标。

例如，针对能耗管理、基础设施节能改造、用能设备管理等，中国移动

---

① 齐琛冏：《企业碳资产管理：卖碳翁的生意经 | 全国碳市场一周年系列报道③》，《能源产业聚焦》，https://energy.huanqiu.com/article/48VzGigArLp。

② 钱小军：《金钥匙——可持续发展中国优秀行动集》，企业管理出版社，2022。

已经连续 14 年开展"绿色行动计划",并在此基础上于 2021 年发布"C2 三能——碳达峰碳中和行动计划",通过绿色网络、绿色用能、绿色供应链、绿色办公、绿色赋能、绿色文化 6 条路径深入推进节能减排工作①,加速碳中和进程。

4. 开展低碳技术示范,克服不确定性

发挥科技创新的支撑引领作用,加强低碳零碳负碳关键核心技术攻关,是企业实现碳中和的重要路径。绝大多数企业面临着减排技术路径不清晰、低碳技术不成熟等难题,同时面临资金投入大、见效慢、风险高、技术攻关难等瓶颈。在各类低碳技术中,碳捕集、利用与封存(CCUS)技术备受各方关注,它是我国最现实可行的化石能源低碳发展技术②,也是我国实现"双碳"目标必不可少的技术路线,但是目前面临成本高、商业化落地难等挑战,不过部分行业企业已经开展了 CCUS 的技术创新与示范应用。

例如,中国石油早已开始 CCUS 产业布局,截至 2022 年,中国石油 10 家油气田已开展 11 项 CCUS 技术重大开发试验,二氧化碳年注入能力达到 56.7 万吨,累计埋存二氧化碳超过 450 万吨。③ 下一步将启动"四大工程示范"和"六个先导试验",进一步推动中国石油 CCUS 产业布局驶入规模化发展的"快车道"。国家能源集团锦界电厂建设的 15 万吨二氧化碳捕集和封存全流程示范工程是我国规模最大的燃煤电厂燃烧后二氧化碳捕集和封存全流程示范工程,可为彻底解决大型热力发电厂的碳减排问题提供解决方案。④

---

① 中国移动通信集团有限公司:《中国移动:将绿色低碳发展理念贯穿生产经营各环节》,国务院国有资产监督管理委员会网站,http://www.sasac.gov.cn/n2588025/n2588124/c25118473/content.html。

② 袁士义:《CCUS 是最现实可行的化石能源低碳发展技术——写在〈中国碳捕集利用与封存技术评估报告〉发布之际》,《可持续发展经济导刊》2022 年第 5 期。

③ 陈钦强:《助力实现"双碳"目标! 中国石油发力 CCUS,将有大动作!》,《中国石油报》2022 年 3 月 16 日,https://baijiahao.baidu.com/s? id = 1727475309988771950&wfr = spider&for = pc。

④ 《行动向未来——金钥匙贡献"碳达峰行动方案"报告》,《可持续发展经济导刊》2021 年第 10 期。

5.供应链减排，创新共生共赢模式

实现供应链碳中和，往往面临产业链上下游企业很难达成共识，相关企业在规划、目标和路径上容易不协调、不一致的问题。这就需要行业龙头企业发挥主动性和行业影响力，加强绿色供应链管理，与价值链上下游企业开展清晰而有效的沟通，提出创新的行动方案，动员供应商、上下游合作伙伴加入碳减排行动，共同迈向碳中和。

例如，美团2017年发起"青山计划"，努力打通从源头减量、废弃物回收及再生利用的产业链条，在非必要包装减量、绿色包装替换和餐盒回收及再生利用方面开展积极探索，推动供应链环保降碳。[①] 近三年来美团已携手110家包装企业探索外卖包装解决方案。2017年，京东物流发起"青流计划"，携手供应链上下游伙伴，推动供应链端到端的绿色化、环保化。如今，"青流计划"已有超过30万家企业、亿万名消费者参与其中，已带动行业减少一次性包装100亿个。[②]

三 针对中国企业碳中和行动的建议

（一）强化认识"双碳"目标的战略意义及底层经济逻辑

碳中和不仅仅是环保问题，更是发展问题，实现"双碳"目标要求系统性地转变经济增长方式以及生产、生活方式，为企业塑造竞争力提供了历史机遇。在这场系统性变革中，企业必须顺势而为、抢占先机，将低碳转型与企业经济效益增长有机衔接，否则就会落后于时代，甚至被淘汰。

---

① 21世纪经济研究院碳中和课题组：《首席气候官·碳中和先锋企业竞争力报告2021》，2021年11月。

② 京东物流：《京东物流"青流计划"五周年：发布行业首个原发包装认证标准，绿色供应链"朋友圈"超30万》，2022年6月5日，https：//mp.weixin.qq.com/s/DDIBofshJs2Jm6tZaLWSeg。

（二）制定基于科学的碳中和目标以及实施路线图

企业低碳转型不应该只是虚喊口号，而无实际措施，也不应抛弃企业自身情况而过度行动。在正确理解碳中和对企业影响的基础上，企业应基于自身所面临的气候风险和机遇进行科学的综合评估，并基于公司层面制定科学的碳中和战略与目标、减排措施和具体计划，跟踪计划的实施情况，并对相关信息进行定期披露，与利益相关方保持充分交流和沟通。

（三）加快培育低碳行业专业人才，赋能企业节能减碳

企业若想要彻底地进行低碳转型以及创新发展，就必须解决人才短缺的问题。事实上，与碳相关的岗位人员，不仅要具备丰厚的相关理论知识储备，还必须拥有碳核算、碳交易等实践能力，以及掌握能源、金融等细分领域的专业知识。为此，加快培养低碳行业专业人才，同时对市场参与主体进行能力培训将成为实现碳中和目标的重要保障，另外，企业内部也可建立自己的人才培养机制。

（四）发挥行业协会引领作用，规范指导企业低碳行动

在国家碳中和相关政策指引下，行业协会应该充分发挥自身优势和作用，通过搭建交流平台，主动宣传"双碳"工作的重要意义；协助政府有关部门研究编制减排路线图及行动方案；协助企业开展先进适用低碳技术推广应用等，全面推动各行业切实履行碳达峰、碳中和的社会责任。

（五）带动上下游共同减碳，建立碳中和产业生态圈

实现碳达峰碳中和是一项复杂的系统工程，具有涉及领域广、包含产业多、时间跨度长等特点。因此，企业要以"双碳"目标为指引，带动供应链上下游企业、合作伙伴、行业内外的企业，以及消费者等就低碳发展达成广泛共识，通过加强交流协作，促进融合发展，推动全产业链低碳发展，建立低碳产业生态联盟等。

G.21
中国企业脱碳行动与转型路径分析

曹原　张圣　姜明君*

摘　要： 应对气候变化、减少碳排放已成为科技发展和政策制定的共识性
目标。在此背景下，作为碳排放主体，企业如何规划自身经济活
动的脱碳至关重要。本文基于相关领域文献、问卷调研及分析的
结果，梳理总结了中国企业在应对气候变化方面的态度、对脱碳
战略规划的考量与规划方向，以及各重点行业企业脱碳可参考的
技术路径及相关路径的发展状态，为企业在高质量发展的同时实
现零碳转型提供策略参考。

关键词： 中国企业　零碳转型　脱碳

　　企业的经济活动是二氧化碳排放的主要来源，企业如何规划自身及
价值链的脱碳路径、企业通过何种行动进行脱碳，影响着全球脱碳发展
的进程。"2030前碳达峰、2060前碳中和"的"双碳"目标在提出后便
引起了中国社会的广泛关注，广大企业对于脱碳议题的感知氛围、国内
重点排放行业的探索等，都可为中国企业围绕脱碳议题开展战略布局提
供参考。

　　企业正确理解"双碳"目标、科学规划脱碳战略，是未来经济活动实

---

* 曹原，商道纵横合伙人，零碳倡议项目首席顾问、广东省碳普惠专家委员会成员，环境工程
师，研究领域为气候变化、碳工作等；张圣，商道纵横合伙人，研究领域为中企海外投资、
零毁林与森林可持续、气候变化等；姜明君，商道纵横高级顾问，研究领域为零毁林与森林
可持续等。

现零碳转型的基础。

商道纵横在2021年就"企业对'双碳'目标与脱碳战略的态度"对250家企业开展了问卷调查，其中有效问卷241份。有效问卷中的受访企业有19.5%来自信息及通信技术行业，有16.6%来自能源行业，有7.1%来自钢铁行业，有5.8%来自建筑行业，有4.6%来自交通物流行业，有1.7%来自水泥行业，有1.2%来自金融行业，其余受访企业分别来自批发和零售、科研和技术服务、环境和公共设施管理、房地产等行业。其中，59%的企业属于民营企业，17%属于合资企业，15%属于国有企业，8%属于外资企业。

调研结果显示，超过半数的受访企业认同制定"双碳"战略是紧迫需求，认为"双碳"战略及行动是发展商机。此外，受访企业认为"提高能源使用效率"和"数字化管理碳排放"是"双碳"战略设计中最重要的技术路径，也将是未来短期内的工作重点。

一 中国企业对"双碳"目标与脱碳战略的态度

（一）受访企业存在制定"双碳"战略的紧迫需求，看重"双碳"带来的商业机遇

在241家受访企业中，倾向于认为规划"双碳"战略具有紧迫性的企业占据多数。其中12%的企业认为其规划"双碳"战略"非常紧迫"（"5级"）；认为紧迫性处于"4级"、"3级"和"2级"的企业占比依次为49.8%、22.0%和9.5%；只有6.6%的企业认为"不紧迫"（"1级"）。企业制定"双碳"行动战略紧迫性的平均值为3.51（见图1）。

87.23%的受访企业认为气候战略是商业战略的重要组成部分，将"双碳"看作重要的商业机遇；11.06%的企业认为气候战略与商业战略相对独立；其余1.70%的企业未给出明确答复（见图2）。

认为"气候战略是商业战略的重要组成部分"的企业主要关注来自新市场的机遇——"通过低碳产品和服务，拓展新兴市场"是被最多企业考

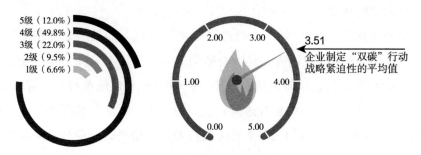

5级（12.0%）
4级（49.8%）
3级（22.0%）
2级（9.5%）
1级（6.6%）

2.00 3.00

3.51
企业制定"双碳"行动
战略紧迫性的平均值

1.00 4.00

0.00 5.00

图1 企业规划"双碳"战略的紧迫性

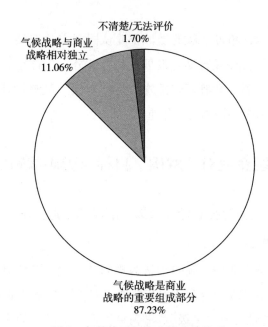

不清楚/无法评价
1.70%

气候战略与商业
战略相对独立
11.06%

气候战略是商业
战略的重要组成部分
87.23%

图2 气候战略与商业战略的关系

虑的策略（69.7%，基于参访的 241 家企业，下同）；其余依次是"通过低碳产品开发，迎合客户的需求"（62.2%）、"利用自身低碳发展先进案例，影响政策出台和行业标准的建立"（52.2%）和"提高品牌声誉，吸引消费者"（51.0%）；考虑"吸引资本市场关注，拓展新型融资渠道"的企业占比不足一半（41.5%）（见图3）。

图3 企业规划"双碳"战略的方向

（二）受访企业认为"双碳"政策和人才储备对开展相关工作的影响显著

在企业开展"双碳"战略规划的内部影响因素中，"'双碳'人才储备进展"被很多受访企业（48.1%）视为显著影响因素，高于"企业营收/利润趋势"的占比（45.2%）；之后依次是"创新技术（如新能源技术）的突破或停滞"（44.8%）、"企业高层对于'双碳'的重视程度"（43.6%）、"绿色融资等绿色金融工具的发展应用水平"（39.0%）以及"'双碳'相关工作绩效是否纳入个人绩效考核"（25.7%），而只有部分企业认为"企业碳排放数据的记录与管理水平"以及"员工的'双碳'意识"是显著影响因素，占比分别为16.2%和9.1%（见图4）。

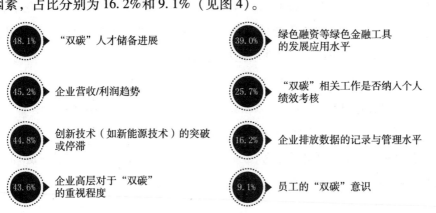

图4 企业开展"双碳"战略规划的内部影响因素

而在外部影响因素中，69.7%的受访企业认为"中央和地方'双碳'法规政策"对自身开展相关工作的影响显著，随后依次为"碳市场价格或碳税税率"（50.6%）、"能源或原材料成本变动"（47.7%）、"资本市场的需求"（36.1%）、"客户与消费者的偏好"（32.8%），而"行业碳数据管理系统的开发/应用"仅被部分企业（29.9%）认为是显著影响因素（见图5）。

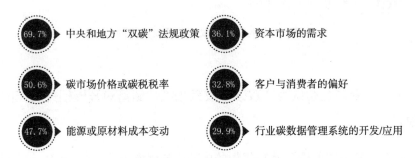

图5　企业开展"双碳"战略规划的外部影响因素

（三）受访企业认为对碳排放进行数字化管理是工作重点

受访企业对各类脱碳技术路径均表现出了较为紧迫的需求。其中，对"提升能源使用效率"技术路径需求的紧迫性最高，平均分为4.08分①，随后依次为"数字化、系统化管理碳相关事务"（3.83分）、"化石原料低碳化"（3.80分）、"整体提高清洁能源的使用比例"（3.79分）、"工艺流程创新"（3.70分）、"利用绿色金融工具的杠杆作用"（3.67分）、"使用生态固碳方案"（3.62分）、"非电能耗电气化"（3.61分）、"增加CCUS技术应用"（3.56分）和"利用碳金融工具应用"（3.53分）（见图6）。

结合现有的技术路径和管理路径，58.5%的受访企业表示计划在未来3年内"组建碳中和专项工作组（或类似的职能团队）"；52.7%的企业表示将"应用数据系统管理碳相关事务"；48.1%的企业表示将"在公司供应链/价值链范围开展碳排放数据核查，并设定碳减排目标、时间表和实现路径"；

---

① 按1~5分进行打分，1分代表不紧迫，5分代表非常紧迫。

图6 企业对各种脱碳技术路径需求的紧迫性

47.7%的企业表示"在公司范围开展碳排放数据核查";42.3%的企业表示将"围绕气候相关风险和机遇调整公司的运营战略";31.1%的企业表示将"组织'双碳'相关主题的学习培训或专题研究";27.8%的企业表示将"公开进行碳信息披露";26.1%的企业表示将"开发帮助客户或目标行业降低碳排放的解决方案";19.5%的企业表示将"参与碳排放权交易"(见图7)。

图7 企业脱碳行动规划方向

从整体看，政策依然是最受企业重视的外部因素，同时企业将"双碳"目标内部化、自主化的趋势更值得关注，受访企业对"双碳"战略和脱碳行动体现出积极应对的态度，大部分企业将"双碳"目标视为市场机遇。

对各议题反馈进行分析发现，企业普遍重视"'双碳'人才储备进展"，对数字化碳管理需求较迫切，但较少企业将企业碳排放数据管理水平视为显著影响因素。这说明当前大部分受访企业具备自主管理碳排放数据的基本能力，正处于实质性脱碳行动的起始阶段，已经开始制定企业"双碳"战略，关注各种脱碳路径和技术措施的可得性与可行性。

二 重点行业脱碳路径

在制定"双碳"战略时，受访企业考虑采用的脱碳路径可归纳为四组：脱碳措施、强化措施、补偿措施和支持措施（见表1）。

表1 脱碳路径汇总

模块	脱碳措施	强化措施	补偿措施	支持措施
脱碳路径	能源低碳化 用能电气化 原燃料低碳化 能源资源利用高效化	工艺流程创新 数字技术（包含人工智能）应用	碳捕集、利用与封存以及生态固碳方案	绿色金融 碳金融

（1）脱碳措施：包括"能源低碳化"、"用能电气化"、"原燃料低碳化"和"能源资源利用高效化"四类措施。①"能源低碳化"是指提升对可再生能源及核能等清洁能源的利用率，尤其在电力系统中，体现为非化石能源电力占比的持续提升。②"用能电气化"指在终端能源消费中采用电驱动或电加热技术，替代传统化石燃料技术，从而提升电能占终端能源消费量的比例。例如交通工具领域的"油改电"。③"原燃料低碳化"主要针对难以电气化的燃料需求，或依赖石油或煤炭原料的产品制造领域，通过生物基原料、绿色氢能、电化学合成原料以及利用大气直接碳捕集合成原料的工

艺，替代传统基于化石原燃料的工艺。航空、航运和化工行业对此路径的需求尤其明显。④"能源资源利用高效化"指通过增加需求侧弹性、提升供给端与流通系统效率、优化供需匹配的措施，降低单位经济活动的能源消费量或资源消费量。

（2）强化措施：可以加速脱碳技术在各行业渗透、提升脱碳举措的效果与经济性的相关技术措施，包括数字技术（包含人工智能）应用和工艺流程创新。①数字技术（包含人工智能）应用，是大量脱碳举措的必要的配套能力，可助力实现更高比例的可再生能源并网和消纳、用能单位持续提升能源利用效率、降低上游供应链碳足迹。②工艺流程创新，是实现"用能电气化"或"原燃料低碳化"的必要的辅助措施。

（3）补偿措施：使用碳捕集、利用与封存（CCUS）以及生态固碳方案等"碳移除"方式，对无法避免的碳排放进行补偿，从而实现净零排放。

（4）支持措施：企业实施脱碳措施、增强措施所需要的金融支持，包括绿色金融和碳金融两类。其中，绿色金融主要满足企业转型和脱碳项目的融资需求；碳金融则主要实现对企业碳排放合规风险进行定价，便于企业根据碳市场价格重新评估既有产能持续运营的合规成本，或评价增加低碳、零碳和脱碳项目的额外收益。

（一）电力企业

"能源低碳化"是电力企业在制定"双碳"战略时的核心路径。目前风电和光伏电站正在实现平价入网，新建电站的标准化发电成本已经接近甚至低于煤电价格。但考虑能源安全和电网平稳运行，煤电作为一种灵活电源依然具有成本优势。[1] 根据 IEA 预测[2]，2060 年，可再生能源发电量占比将从2030 年的 40% 提升至 80%，电力系统减排贡献将占 2020~2060 年累计减排量的 55% 以上，二氧化碳排放量将年均减少 2.6 亿吨，并将率先实现净零排

---

① WRI：《零碳之路："十四五"开启中国绿色发展新篇章》，2021。
② IEA：《中国能源体系碳中和路线图》。

放。电力系统若想实现以高波动性的可再生能源为发电主体，需要更多新型"灵活容量"，包括储能技术、水电等可调度的可再生能源以及电力需求侧响应，以满足峰值需求、爬坡灵活性、频率稳定性和抗扰动性。因此，除加大可再生能源发电站开发外，电力企业还要关注"数字技术"应用，尤其是基于能源互联网形态的新业务，包括新型储能应用示范，以及基于电力用户侧的"源网荷储"一体化示范。

此外，火电行业也高度关注 CCUS 相关技术应用。CCUS 相关技术将大规模地被运用在（被清洁能源替代后）剩余的化石能源发电上[①]，以消除化石能源发电所产生的二氧化碳排放。此外，电力行业目前已在碳金融领域开展实践——仅纳入发电行业的全国碳排放权交易市场已于 2021 年 7 月正式启动交易。

目前在电力行业向使用非化石能源转型的过程中，各类技术均已进入应用示范阶段，但电力市场机制改革仍需要持续深化。例如，电力市场定价机制尚无法支撑独立储能盈利，灵活改造后的火电参与电力辅助服务市场尚未成熟，聚合电力用户可调节负荷所需要的虚拟电厂交易机制尚在试点阶段。

同时，建设以新能源为主体的新型电力系统，需要对包括储能、火电参与辅助服务提供"灵活性服务"定价，包括辅助服务市场和现货市场定价等措施。此外，针对中国大型风光基地主要位于西北地区，而主要电力用户在东南沿海地区的基本情况，需要尽快完善跨区域可再生电力交易方式，形成体现可再生能源"绿色溢价"的全国绿色电力交易市场。

（二）工业企业

工业是中国 2030 年前碳达峰的重点领域，脱碳路径集中在"能源低碳化"、"用能电气化"和"原燃料低碳化"三个方面。在深度脱碳要求下，简单的产能淘汰、设备更换、燃料优化等举措已无法满足需求，强化措施，尤其是"工艺流程创新"被认为不可或缺，相关工艺流程的改进亟待得到

---

① BCG, Carbon Neutrality of Chinese Internet and High-Tech Companies, 2021.

进一步的加强。例如，工业锅炉窑炉等向电加热方向转换，由集中式向分布式转变，钢铁和水泥等行业的企业向循环经济模式转型，提高关键原料的循环使用率，进而降低生产过程的碳排放。

钢铁企业"双碳"战略的两个要点是建立包括短流程炼钢在内的完整的废钢循环利用的"能源资源利用高效化"产业链和开发以零碳炼铁（氢还原炼铁）技术为代表的"工艺流程创新"技术。

水泥企业的技术路径需要重视"工艺流程创新"和"碳捕集、利用与封存"技术应用。由于水泥企业同时需要面对需求减少和落后产能退出的压力，率先行动并保持更低单位产品碳排放的企业将具备更强的生存和发展能力。

对于石化企业来说，"工艺流程创新"必不可少。通过深度参与中国氢能产业发展，石化企业加速从传统"石油化工"向"太阳能化工"发展的趋势逐步清晰，轻烃化工路线副产氢的优势将强化。通过布局光伏或风电制氢，石化行业还具备开拓"化石原料低碳化"路径，探索新的化工原材料的趋势。CCUS 技术，尤其是二氧化碳封存技术和原料化技术同样重要，规模化碳捕集项目会带动以二氧化碳作为原料的工艺的发展，上游油气开发可以与二氧化碳地质封存耦合，这些都会影响二氧化碳捕集技术发展趋势和二氧化碳定价方式。

（三）建筑企业

"非电能耗电气化"是未来建筑企业降低碳排放的关键，建筑企业的全面电气化，意味着直接碳排放转化为了间接碳排放，而间接碳排放的脱碳依赖于电力系统中非化石能源发电比例持续上升，率先实现电力脱碳。

非集中供暖地区建筑部门需要考虑通过利用热泵等电气化供暖技术满足供暖需求。此外，有条件的地区利用工业低品位余热代替燃煤供暖也是一种有效举措。对于工业余热产地与供热需求地之间存在距离的问题、余热供应量与供热需求难匹配问题，需要利用跨区域联网、多热源联合供热的方式，提升供热的稳定性及可靠性。

整体上，相比于城镇地区，农村地区目前主要还在运用传统的生物质和散煤等满足采暖、炊事和生活热水方面的需求。为了降低农村地区的建筑碳排放，可利用农村地区充足的光伏、生物质等可再生能源资源条件，采用"煤改可再生"的方式进行脱碳。

（四）交通物流企业

对于交通物流企业来说，以"非电能耗电气化"为主的能源结构调整路径是其发展的重点。而人工智能技术和数字技术的应用则是交通物流企业脱碳的重点，尤其在优化货运网络规划、提升运转效率方面有显著潜力。

从碳中和目标来看，"乘用车电动化"是交通部门脱碳的主要路径，其进程依赖于电池技术和充电基础设施的发展。大型客车和货车等商用车，难以直接使用现有的新能源技术实现电动化，因此柴油的供应链将依然存在。类似情形在航空业中也存在——目前民用航空所需要的电驱动技术尚在技术验证阶段，应积极参与并支持氢能、电力合成燃料和生物质燃料等替代燃料发展。

（五）信息技术企业

信息技术企业相关设备生产商的价值链上下游碳排放（范围三[1]）占比较高，包括原材料、生产过程以及终端客户使用等过程产生的产品碳足迹。[2] 行业高增长带来能耗的快速增长，通信和数据基础设施运营则以电力消费产生的碳排放为主（范围二[3]），预计数据中心的用电量将在 2023 年增加 66%[4]。

信息技术企业的"双碳"战略短期应关注如何大力提升绿色电力在能

---

[1] WRI & WBCSD, Corporate Value Chain (Scope 3) Standard, 2011.
[2] UNGC, Corporate Net Zero Pathway: Delivering the Paris Agreement and the Sustainable Development Goals, 2021.
[3] WRI, GHG Protocol Scope 2 Guidance, 2015.
[4] 绿色和平：《绿色云端 2021》，2021。

耗中的占比，可通过建设极简高效的基站/网络和分布式风电光伏储能一体电源来降低基站或数据中心的外购电量，或直接购买或通过售电公司每年采购一定数量或比例的绿色电力。长期应注重发挥信息技术"碳中和加速器"作用，并结合"用能电气化"趋势，积极开发适用于工业、建筑和交通领域的解决方案，推动其"能源资源利用高效化"等脱碳措施落地。

以工业互联网形态为例，可结合"管理脱碳"或"技术脱碳"措施，加速提升低碳技术在各行业的渗透率，助力重点部门实现碳达峰碳中和目标。①利用数据智能优化现有系统效能，提升碳效率；②利用信息流改变能源流和物质流，降低碳足迹；③利用人工智能和算力赋能，加速绿色低碳新材料开发。

三　结论与展望：高质量发展是实现企业"双碳"目标的核心路径

根据企业对"双碳"相关政策和市场变化的敏感程度，以及企业自主脱碳能力和跨行业迁移能力，在中国零碳转型过程中，可将企业角色归为以下四种（见图6）：

①碳排放强度高（高敏感）但自主零碳转型能力较强（高活性）；

②碳排放强度低（低敏感）且具备跨行业合作零碳转型能力（高活性）；

③碳排放强度高（高敏感）且面临较大的零碳转型挑战（低活性）；

④碳排放强度低（低敏感）且不具备跨行业合作零碳转型能力（低活性）。

其中，"高敏感"企业碳排放绝对值或碳排放强度高、对政策敏感，"资产搁浅"等转型风险明显；"高活性"企业凭借零碳转型所需的关键技术或资源优势，具备自主脱碳能力，且拥有跨行业迁移潜力，通常将零碳转型视为一种发展机遇。

"高活性"企业通过提供低碳解决方案，不仅可以帮助"高敏感"企业实现有序转型，而且可以通过"技术+场景"的模式，推动新材料、新能源、新智能和新流程等零碳经济要素呈现"溢出"，带动"低敏感""低活

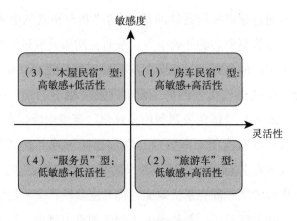

图8 企业零碳转型角色

性"企业融入零碳转型和高质量发展进程。因此，企业在制定"双碳"战略时，应结合自身高质量发展规划，不仅要持续降低自身业务"碳足迹"，也应高度关注零碳转型关键技术领域的研发和投资布局，通过做大业务"碳手印"（实现价值链以外碳减排）实现自身可持续发展。

短期看，2030年前，电力行业企业属于"房车民宿"型角色，行业中可再生能源技术的应用、储能技术的发展等对其他行业的零碳转型具有关键作用。长期看，2030年至2060年，石化、钢铁、建材以及房地产行业零碳转型的"胜出者"也都将属于这个类型：通过充分利用绿色电力、氢能，以及CCUS技术，这些行业有望在2060年前实现净零碳排放，同时也将带动其他行业零碳转型。

从整个零碳转型周期来看，新材料行业、信息通信行业和金融行业企业属于典型的"旅游车"型角色。新材料行业支撑着可再生能源开发利用、储能以及氢能的发展。信息技术领域高新技术的应用，将为各行业的管理和技术脱碳提供更加精确和及时的信息服务。金融行业则肩负满足经济零碳转型资本需求的职责——当资本市场为企业应用低碳新技术提供市场信号、融资渠道时，企业传统的财务核算逻辑会发生改变，企业会拥有更充足的转型动力，进而完成脱碳工作。

在整个零碳转型周期中，石油和煤矿开采业企业属于典型的"木屋民

"宿"型角色。例如，在全球制定"去化石能源"政策的背景下，如何帮助石油和煤矿开采业企业转型，规避资产"搁浅"、保障从业者妥善安置不仅是各国政府要考虑的风险，也是需要依靠"高活性"企业参与到此类行业企业转型中，一起努力解决的问题。从短期看，当前煤化工、石油化工、钢铁、建材和有色、地产和交通运输（尤其是航空、航运业）行业企业也都属于此类角色，这几类行业企业均需要依靠"房车民宿"型角色（如绿色电力）以及"旅游车"型角色（如数字化转型、新材料、绿色金融）帮助挖掘降碳潜力，提升零碳经济适应能力，从而实现零碳转型。

包括零售业、服务业等在内的其他行业企业属于"服务员"型角色。这类企业不属于核心排放源，因此"双碳"政策对其带来的生存压力不明显；同时，该类企业也缺乏自主脱碳的技术能力，有可能在零碳转型中被边缘化，但这类行业企业也有潜在的可以把握的机遇。它们可以通过"搭车迁徙"的模式实现零碳增长。例如，零售业和服务业企业均可以成为各种低碳技术、低碳产品在居民消费领域应用的"加速器"——通过引导消费者的消费习惯，拉动上游制造业企业强化其低碳特征优势，利用零碳转型能力赋能"创建绿色生活方式"过程，实现价值链增长。

实现"高质量零碳转型"，关键在于依靠有效的研发投入和资本支出，实现"高敏感"与"高活性"的耦合。

一方面，"低敏感+高活性"企业，例如通信与信息技术企业倾向于通过利用自身优势，提供比市场现有解决方案更低碳高效的解决方案。它们同样需要固定资产投资，以建立规模化生产替代产品的能力，例如新能源汽车行业，具有新技术优势的企业会考虑与传统汽车制造企业"联姻"。

另一方面，"高敏感+低活性"企业，亟须获取储能、绿氢制造及碳捕集、利用与封存技术，从而规避"资产搁浅风险"，同时，也需要通过设立创新投资基金、增加低碳技术研发投入，或与新技术企业"联姻"，从而实现价值链脱碳，例如钢铁和化工行业企业。

G.22

"双碳"进程中的钢铁工业现状、发展与展望

魏 炜 周佃民*

摘 要: 钢铁行业是中国制造业中碳排放量最大的行业,也是中国应对气候变化最重要的领域之一。本文意在阐述钢铁行业绿色低碳发展的现状、技术路径与未来方向。根据钢铁工业的碳排放,分析钢铁制造工艺与碳排放之间的关系,以及世界钢铁转型趋势,发现中国钢铁工业的机遇与挑战并存。废钢回收与电炉工艺、再电气化、氢冶金以及资源循环与副产品、碳捕集及利用都是转型路径中的主要工艺方式,而用能结构优化是未来发展的重要方向。因此,本文认为,在"双碳"进程中,除了冶金工艺本身的变革,清洁能源作为支撑减碳的保障角色也会越来越重要。

关键词: 钢铁工业 碳达峰 碳中和 绿色发展

一 引言

人类的文明史与材料、能源、信息的发展史相伴而行,自从进入铁器时代,钢铁制造技术被发明之后,钢铁就一直是人类的好工具与好材料,并随着时代的发展变得愈发重要。近代以来,钢铁的应用范围与用量均大幅度提

---

* 魏炜,宝武清洁能源有限公司总裁,研究领域为冶金行业清洁能源产业发展、钢铁行业能源结构优化调整及冶金行业碳达峰、碳中和路径、对策及实施;周佃民,宝武清洁能源有限公司产业发展中心副总经理、技术中心副主任,研究领域为冶金行业碳达峰、碳减排技术。

升。可以说，钢铁有力地支撑了人类文明的进步，推动了人类社会的发展。当今，作为当今世界上应用最为广泛的金属材料，钢铁已成为现代工业的"粮食"，现代人类社会的"骨架"。由于钢铁具有可回收性（磁性）及方便循环利用的特点，从全生命周期绿色低碳角度而言，钢铁在碳达峰、碳中和时代将凸显新的重要特殊意义，并将进一步发挥其优异的性能。

长期以来，传统钢铁生产以高碳化石原燃料为主，因此，具有高能耗、高排放的特点。全球气候变化问题，引发了全社会对钢铁生产所造成的环境影响的担忧。然而经过持续的努力，钢铁行业节能减排取得了巨大成效。以中国为例，中国的钢铁行业是能源密集型行业，同时也是碳排放重点行业，近30年，取得了吨钢二氧化碳排放下降幅度约为50%的卓越成绩。但行业专家普遍认为，若无工艺及能源结构的革新，钢铁行业碳排放进一步下降的幅度将极为有限。当前，中国钢铁行业的碳排放量约占全国碳排放总量的16%，居制造业首位，减碳压力巨大。[①]

2021年，中国钢铁行业价格出现大幅波动，上半年大幅度上涨，下半年显著下跌，出现了40年来少有的粗钢产量下降的现象。行业认为，"双碳"目标倒逼下的国内外钢铁行业将在未来数十年发生巨变。而在这个过程中，中国钢铁行业若要持续发展，应在规模引领的基础上，逐步实现装备引领、绿色引领和科技引领。

2022年1月，国家工业和信息化部、国家发展改革委、生态环境部三部委联合印发《关于促进钢铁工业高质量发展的指导意见》，设定的主要目标之一就是"绿色低碳深入推进"，并给出了"构建产业间耦合发展的资源循环利用体系，80%以上钢铁产能完成超低排放改造，吨钢综合能耗降低2%以上，水资源消耗强度降低10%以上，确保2030年前碳达峰"的具体目标。同时也在主要任务中提出"深入推进绿色低碳。落实钢铁行业碳达峰实施方案，统筹推进减污降碳协同治理"。并对氢冶金、低碳冶炼技术应

---

① 杜涛：《推动绿色低碳发展 实现钢铁工业"碳达峰、碳中和"》，《冶金经济与管理》2021年3期。

用、绿色能源使用比例，钢铁与建材、电力、化工、有色等产业耦合发展进行了阐述。该指导意见作为顶层设计为我国钢铁行业绿色低碳高质量发展指明了方向并作出了具体安排和部署。

值得注意的是，在国家、行业碳达峰、碳中和大环境下，国内外先进钢铁企业纷纷发布低碳发展路线图，以新能源为驱动的绿色再生钢铁——新钢铁已启程，绿色钢厂、绿色钢材逐步涌现，全球零碳钢铁发展大赛已鸣枪起跑。

可以预见，在能源与资源的双重挑战下，以绿色为底色的新钢铁将成为"青春依旧"的新材料而继续得到广泛应用。

二 当代钢铁工业与碳相伴随行

根据 IEA（国际能源署）[①] 的《钢铁技术路线图》，从全球范围来看，钢铁行业每年直接排放约 26 亿吨的二氧化碳（其中，中国钢铁碳排放量占到 60% 以上），占全球能源系统碳排放总量的 7%，从这个角度来看，钢铁行业的减碳，对全球碳达峰、碳中和意义重大。同时，作为最重要的基础工业，钢铁工业本身的绿色低碳发展，可以带动整个国家工业乃至全社会的低碳技术进步，从而促成低碳社会的构建。钢铁可用于人类生活的方方面面，如汽车、建筑、电冰箱、洗衣机、货船和外科手术刀等。因此，钢铁工业与基础设施、交通运输、工业制造、农业和能源等多种产业深度耦合，绿色的钢铁原料、能源、制造、产品等是基础性、决定性的。

（一）中国钢铁工业碳排放溯源

根据《中国钢铁生产企业温室气体排放核算方法与报告指南》[②] 的具体内容，在钢铁生产过程中，主要有三个方面的碳排放来源，分别为：化石燃

---

① IEA 国际能源署网站，https://www.iea.org/topics/industry。
② 《关于印发首批 10 个行业企业温室气体排放核算方法与报告指南（试行）的通知》，中华人民共和国国家发展和改革委员会网站，2013 年 10 月 15 日，https://www.ndrc.gov.cn/xxgk/zcfb/tz/201311/t20131101_963960.html?code=&state=123。

料燃烧排放，工业生产过程排放，以及净购入使用的电力、热力、固碳产品隐含的碳排放。钢铁生产流程中，从消耗物料角度看，焦油、炼焦原煤等原料碳排放量最大；从生产流程角度看，炼铁工序为碳排放量最高的工序。

据相关研究[①]，长流程钢厂的碳排放，主要来源于钢铁生产过程中的燃料燃烧，这个部分约占90%；其次为外购电能，碳排放约占5%；除此之外，在生产过程中，需要消耗含碳原料，如石灰石、白云石、电极、生铁、铁合金等，这些碳排放占3%~4%。而短流程钢厂的碳排放量则可以相对长流程钢厂降低50%以上。因其输入能源电力大量提升，相应的电力排放占比也大大提升，这可以通过绿电的供应来降低碳排放。由此可见，钢铁生产工艺是碳排放量的决定因素。

目前，中国钢铁行业是中国制造业31个门类中碳排放量最高的行业，面临巨大节能降碳压力。因此，钢铁工业碳排放、碳中和完成情况对全国碳中和全局影响较大，直接关系到最终目标是否能够如期实现。中国钢铁企业以长流程为主，2021年中国粗钢产量达10.35亿吨[②]，连续25年居世界第一，占世界粗钢产量的52.9%。钢铁工业是能源资源消耗密集型产业，以长流程为主的钢铁制造流程，决定了煤焦是中国钢铁企业的主要能源介质，在能源结构中的占比达90%，这也是造成钢铁行业碳排放量大现状的最主要原因。

（二）钢铁制造与碳紧密关联

钢铁制造工艺流程与碳紧密关联。高炉炼铁过程的化学公式为：

$$CO_2 + C \rightarrow 2CO$$
$$Fe_2O_3 + 3CO \rightarrow 2Fe + 3CO_2$$

从化学公式可以看出，长流程钢铁生产的碳排放不可避免，每使用铁矿石生成1吨铁，平均要释放2.21吨二氧化碳。这是长流程钢铁生产碳排放高的本质原因。

---

① 文旭林等：《钢铁企业碳排放核算及减排研究》，《广西节能》2008年第4期。
② 国家统计局网站，https://data.stats.gov.cn/search.htm? s=粗钢产量。

从中国钢铁发展现状特点看，为实现低碳发展，首先需对冶金工艺流程进行变革。从目前技术发展来看，主要类型包括：相对而言投资强度最低的低碳长流程——氧富氢高炉、投资强度居中的近零碳短流程——电炉+绿电、投资强度最高的零碳短流程——新型氢冶金，以及作为辅助措施的 CCUS。

从工艺大类来说，有以下几个方面。

1. 废钢回收与电炉工艺

采用短流程炼钢，加大资源回收力度，利用废钢直接对降碳产生效果。相比转炉炼钢，电炉炼钢具有多重优势，如工序简短、投资节省、建设快速、节能减排效果突出等，更加符合绿色钢厂的模块方向，满足钢铁工业绿色发展的要求。推进钢铁生产流程结构调整，提高电炉钢比例被认为是钢铁行业实现"双碳"目标的重要路径。

国务院发布的《2030 年前碳达峰行动方案》①指出要"大力推进非高炉炼铁技术示范，提升废钢资源回收利用水平，推行全废钢电炉工艺"。按照国家《关于推动钢铁工业高质量发展的指导意见》，到 2025 年，中国电炉钢产量占粗钢总产量的比例将提升至 15% 以上；钢铁回收加工体系基本健全，利用水平显著提高，钢铁工业利用废钢资源量达到 3 亿吨以上。②可以预见，基于 LCA（生命周期）的废钢利用③④，将在新的"双碳"时代发挥越来越大的作用。

需要说明的是，废钢回收与电炉工艺应协同发展，要通过多种手段来促进这种协同，如从产能置换、产业布局角度，引导优势地区发展电炉炼钢；从财政、税收等角度，鼓励钢铁企业发展电炉炼钢；从完善产业链条角度，

① 《关于印发 2030 年前碳达峰行动方案的通知》，中国政府网，2021 年 10 月 24 日，http：//www.gov.cn/gongbao/content/2021/content_ 5649731.htm。
② 《关于促进钢铁工业高质量发展的指导意见》，中国政府网，2022 年 1 月 20 日，http：//www.gov.cn/zhengce/zhengceku/2022-02/08/content_ 5672513.htm。
③ 王宪恩、栾天阳、陈英姿等：《基于 LCA 的废旧资源循环利用节能减排效果评估模式与方法研究——以吉林省某钢铁企业为例》，《中国人口·资源与环境》2016 年第 10 期。
④ 那洪明、高成康、郭玉华等：《"中国式"电炉炼钢流程碳排放特点及其源解析》，《东北大学学报》（自然科学版）2019 年第 2 期。

加大对废钢加工配送行业的扶持力度等。

2. 再电气化

钢铁联合企业的每道工序能源转换效率只有 60%～70%，从能量转换效率来说，直接采用电加热效率是最高的，它不用或少用化学燃料气，可实现轧钢全产线的电气化。同时通过提升绿电比例，可有效降低间接碳排放。而中国钢铁工业电能占终端能源消费比重仅为 10%，因此电气化仍存在较大发展空间，应持续提升电气化水平，拓宽电能替代领域。钢铁冶炼全流程电气化是低碳冶金的重要技术方向。

国内先进钢铁企业对再电气化高度关注。中国宝武钢铁集团党委书记、董事长陈德荣在 2022 年上半年召开的中国钢铁行业低碳发展重大问题研讨会上提出①，碳达峰碳中和事关中华民族永续发展和构建人类命运共同体，要把钢铁冶炼全流程电气化作为低碳冶金的重要技术方向，并系统考虑局部的工艺技术跟钢铁行业的整体空间布局。把钢铁冶炼全流程电气化提升至关系到钢铁行业是否可以如期实现碳中和的高度，陈德荣进一步提出，在原料和产品这两个起点和终点不变的前提下，需要同步考虑以什么样的流程、装备、能源载体，最经济最合理地把工艺路径打通，以满足钢铁行业碳中和的要求。当前，光伏和风能的发电成本已经低于传统发电的成本，随着清洁可再生能源的进一步发展以及源网荷储等技术能力的进一步提升，电能将是未来在冶金工厂中需要考虑的主要能源输入形式。

3. 氢冶金

当下碳基能源仍在钢铁流程中占决定地位，但氢能和可再生能源正在快速发展。氢能具备高能量密度、无污染排放的典型优势，并且氢能基于自身的特点，可以有效耦合传统化石能源和可再生能源，从而成为构建清洁低碳、安全高效现代能源体系不可或缺的组成部分。因此，氢能在能源转换与资源环境中将越来越活跃，并将主导未来钢铁的技术走向。

---

① 陈德荣：《选择正确减碳路径对中国钢铁业尤为重要》，《现代物流报》2022 年 4 月 11 日。

以氢冶金①作为终极形态，以氢代替碳，将促进钢铁行业向绿色低碳、高质量方向发展。研发氢基竖炉—电炉短流程新工艺技术，实现钢铁工艺流程革新和驱使能源结构化，为低碳或无碳钢铁生产提供了全新途径。未来全新的氢冶金钢铁产业将是新产业链的重要中枢节点。

国外许多钢铁企业已经纷纷开始研究利用氢能进行钢铁生产，国内先进钢铁企业也率先开展实践。如高炉富氢冶金是中国宝武钢铁集团氢冶金研究计划的项目之一，中国宝武钢铁集团已经开展研究的氢冶金项目还包括富氢熔融还原、氢基竖炉直接还原等，这些项目的研究目标是逐渐用氢气来替代碳，大幅度减少钢铁冶金流程的温室气体排放，并进一步实现钢铁冶金生产过程的碳中和。再如河北钢铁集团宣钢公司也开展了氢能源开发和利用工程，氢冶金相关工作正式启动。

4. 资源循环与副产品、碳捕集及利用

基于碳捕集及利用，研发应用"钢铁—化工—氢能"一体化网络集成CCU技术，通过钢铁、化工协同，为中国以高炉—转炉长流程为主的钢铁产业实现净零排放提供最合理、最彻底的解决方案。对于无法减排的二氧化碳，可以通过产业协同、回收利用将其变成一种资源，从而推动碳排放向碳资源转变。从钢铁工业中提取的二氧化碳作为化工原料，可用于制备甲醇、乙醇等化工产品，焦炉煤气可用于制取氢气并供给氢能交通物流。

（三）世界钢铁转型趋势

在全球应对气候变化的大形势下，世界钢铁企业纷纷进行转型发展，尽管具体工艺路线不完全相同，但总体而言，主要是通过工艺革新增加绿色能源使用从而降碳。

如蒂森克虏伯设立二氧化碳减排目标：到2030年减排30%，到2050年实现碳中和。其低碳发展路线图为：提高铁冶炼效率减少煤（焦炭、粉煤）使用的工艺（如高炉序列脉冲氧气喷吹工艺的应用）→氢还原炼铁（在高

① 高雨萌：《国外氢冶金发展现状及未来前景》，《冶金管理》2020年第20期。

炉中以氢气替代煤，减少煤的使用）→碳捕捉和利用→氢气气基融熔还原炼铁（建立以氢气为还原剂的还原炉生产海绵铁——直接碳避免技术，实现二氧化碳零排放）。

再如，SSAB（瑞典钢铁集团）的二氧化碳减排目标：到2032年将其温室气体排放量在2018年的基础上减少35%，2035年前建成无化石燃料钢铁制造流程，2045年完全实现无化石燃料钢铁制造。低碳发展路线图为：新型非化石燃料钢铁生产工艺——氢气突破炼铁技术，即以氢替代焦炭和煤炭作为还原剂，并结合电弧炉（EAF）直接还原氧化铁/矿石（H-DR）。

奥钢联、浦项、塔塔、JFE（日本钢铁工程控股公司）、安米等纷纷提出自身路线图，工艺革新，绿电、绿氢的使用成为共同选择。

三　2035年展望——挑战与机遇并存

钢铁行业是中国碳达峰、碳中和目标实现的重点领域和责任主体，其绿色低碳发展进程直接事关国家"双碳"目标能否按期实现。在这个过程中，挑战与机遇并存。

（一）挑战

从能源结构看，钢铁工业煤炭占比更高，降碳压力更大。中国的资源禀赋一直是"富煤缺油少气"。虽然中国煤炭占一次能源消费比例持续降低，但钢铁工业能源结构中煤炭占比依然高达83%，远高于美国、英国和法国等其他发达国家30%以下的比例。

从碳排放总量看，钢铁行业属于重点行业，降碳责任大。

从产能集中度看，钢铁行业集中度低，降碳协同能力弱。中国钢铁行业企业达500家以上，按照十大钢铁企业粗钢累计产量计算，2019年中国钢铁产业集中度低于37%，远低于欧美发达国家和地区的70%~100%。产业集中度过低，不利于相互协同、相互支撑、统筹推进。

从碳减排难度看，钢铁行业属于高难行业，降碳难度大。据统计，钢铁

行业约35%的碳排放难以通过常规手段进行削减，因此，研究氢冶金技术是全世界的共同课题，中国与欧美发达国家和地区都正在积极探索。

（二）机遇

中国钢铁工业作为中国经济建设的基础性产业，经过多年快速和全面的发展，整体上已拥有世界上规模最大、流程最为完整的工业体系，部分先进企业已达到世界领先的水平。钢铁工业的碳达峰、碳中和工作将为中国贯彻新发展理念、实现高质量发展提供新的历史机遇。

有利于倒逼中国经济社会发展转型，开创生态文明新时代。推进高质量发展，促进能源结构、产业结构和经济结构转型升级；建立可持续发展模式，将传统的低效污染发展模式转变为绿色、低碳和可持续模式；缓解资源环境的约束和限制，促进生态文明建设和美丽中国实现。

有利于降低对外依存度，保障中国能源安全。促进能源系统向清洁、低碳、高效和智能方向转型升级，有效降低油气对外依存度，改变传统能源格局，切实保障中国能源安全。

有利于钢铁工业深化供给侧改革，实现高质量发展。钢铁工业可以以此为契机，构建更高水平的钢铁供需动态平衡，优化工艺流程结构，推动行业技术革命促进行业智能化升级，加快推动多产业协同，促进系统环境治理。

有利于提升国际综合实力，提升国际事务话语权。对实现社会主义现代化强国目标、在未来的大国博弈中占据绿色低碳竞争优势，具有重大战略性意义。

在碳达峰、碳中和的大背景下，钢铁工业正在进入一个新的变革期。推动低碳冶金工艺路线快速取得突破，加快清洁能源空间与资源布局调整以及生态构建尤为重要，直接关系到转型成败。

四 中国钢铁工业绿色低碳转型发展路径方向探索与选择

（一）国内钢铁集团转型路线

与国际同步，中国部分钢铁企业也纷纷明确低碳发展目标并发布低碳路线图。根据中国宝武钢铁集团的低碳技术路线图,其钢铁低碳发展路径为:低碳工艺全面加速改造,近零碳工艺规模替代扩大,零碳工艺引领范围逐步扩大,碳捕集和补偿适时引进。由此,最终实现在 2050 年,零碳短流程占比 50%,低碳长流程占比 30%,近零碳短流程占比 20%,配置大于 30%的CCUS 辅助。

在中国宝武钢铁集团提出的低碳路径中,工艺流程最终趋向于"氢还原、绿电制氢和电气化",而从能源视角看,钢铁企业的最终方向是实现"电、氢、碳"耦合,即"绿电—绿氢—碳循环"的零碳冶金工厂。具体来说,以"碳"为根本,能源原燃料向产品原材料的转型及碳元素的循环利用是低碳钢铁的根本命题;以"氢"为核心,低碳冶金工厂将氢作为最重要的能量载体和脱碳原材料;以"电"为驱动、枢纽,低碳冶金工厂的"电气化"以清洁电力为能源结构基础,将清洁电力作为多种能源高效、低碳转换的纽带。

同时,对比河钢集团提出的低碳发展五大路径、鞍钢集团提出的六大降碳技术路径,以及建龙集团提出的六大低碳发展路径,可以看出"用能结构优化"是钢铁企业低碳发展的重要路径之一,该路径主要内容包括布局新能源产业,调整能源结构,发展储能技术,构建源网荷储、多能互补能源体系,推动绿电应用和发展绿色物流等。

表 1 部分企业集团低碳技术路线图中"用能结构优化"内容

序号	企业集团	低碳技术路线图中"用能结构优化"相关内容
1	鞍钢集团	2021 年 12 月 29 日:能源结构优化。布局新能源产业,调整能源结构,发展储能技术,构建源网荷储、多能互补能源体系
2	河钢集团	2022 年 3 月 2 日:全面加快氢能全产业链布局。引领行业能源革命,积极探索推动氢能产业向规模化、集聚化和高端化方向发展;用能结构优化的具体措施为推动绿电应用和发展绿色物流,可带来碳排放总量下降约 11%
3	建龙集团	2022 年 3 月 10 日:用能效率结构优化。发挥西北和东北地区风、光、生物质等清洁能源优势及承德地区钒钛资源优势,加快清洁能源发电和储能布局,实现多能互补耦合,建设智能微电网,推进能源结构转型

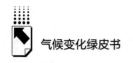

（二）转型过程中的关键问题及探索

钢铁行业是制造业中最大的耗能单元，充分发挥钢厂作为能源消费侧的消纳及储能缓冲特性，深度融合冶金工厂能源特性，打造冶金清洁能源产业具有多重作用，如加速钢铁单元自身能源结构清洁化，使钢铁能源系统对区域能源系统发挥正向作用，助力国家能源革命开展等。冶金能源产业正在成为国家能源产业负荷端的重要补充，有利于能源深度脱碳。

当前，全国各地政府和相关企业都在争先恐后地布局绿能资源。应充分发挥钢厂优势，加快源网荷储一体化构建，打造与低碳钢铁及先进材料制造体系相适应的新能源保障体系，抢占先机、立足长远、统筹谋划，充分发挥钢铁生态圈产业集聚的带动优势，通过产业投资换取绿能资源。将风、光、水等绿能资源开发作为重要内容进行考虑，并从钢铁主业层面进行汇总和统筹，做好多产业的协同工作，实现多产业项目规模化，与地方政府集中沟通绿能资源保障的条件，确保绿色能源保障工程的落地。

未来，中国宝武钢铁集团的能源产业还将开拓国际市场，因此，应紧跟国际发展步伐，积极开拓当地的天然气、风光电力等低碳资源；紧跟非洲、澳大利亚等地的矿山开发步伐，配套建设绿色能源系统，助力绿色、智慧矿山建设。积极开发中东、非洲等地的天然气资源，谋划建设天然气液化基地，将成品输往国内，提高保障能力。

（三）展望

根据中国宝武钢铁集团"2035年实现降碳30%"的目标，其他先进钢铁公司也提出显著降碳的目标。如何拥抱机遇、直面挑战是整个钢铁行业共同面对的问题。钢铁行业需要在产业结构调整和工艺变革中扎实做好工作；同时结合再生能源的分布，做好钢铁基地的空间布局及再生能源的资源获取工作。在2035年实现以上调整，为后续碳中和奠定坚实基础。

五　结语

绿色低碳发展是钢铁企业实现可持续发展的必由之路，也是新时期中国高质量发展重要的不可或缺的内容。

钢铁行业碳达峰、碳中和是一场新的征程，是一场硬仗，更是一场大考，必须审时度势、积极应对。应深入学习和把握习近平总书记关于三个辩证关系，即发展与减排、整体与局部、短期与中长期的辩证统一关系的重要论述，扎实推进钢铁行业绿色低碳发展。把握机遇、直面挑战，认真做好钢铁行碳中和的时间表、路线图和施工图。

可以预见，在钢铁业未来的碳中和进程中，除了冶金工艺本身的变革，清洁能源作为有力支撑钢铁减碳的保障角色也会越来越重要。这种保障不是一个简单的问题，而是一个需要以钢铁工业制造基地为负荷中心，按照源网荷储一体化运行方式来解决的系统工程问题。

G.23
电力行业绿色低碳转型路径研究

王耀华　夏鹏　刘俊*

摘　要： 实现"碳达峰、碳中和"目标，能源是主战场，电力是主力军，电力行业低碳转型路径深刻影响着全社会碳达峰、碳中和进程。因此，本文首先研究分析了电力行业实现"双碳"目标所面临的挑战与机遇；其次，在构建电力深度低碳、零碳和负碳三类情景的基础上，量化研究了一次能源、终端能源的消费结构及各品类能源的未来发展定位和趋势。根据研究结果本文提出了包含碳达峰、深度低碳和碳中和三个阶段的电力系统低碳转型路径，分析了不同情景下电力供应成本变化趋势。在此基础上，从煤电发展定位、新能源开发利用、供需多元化发展、新能源产业链、电力供应成本疏导等方面，提出了适应电力绿色低碳转型的实施要点和相关措施建议。

关键词： 碳达峰　碳中和　电力　绿色低碳

　　"碳达峰、碳中和"是构建人类命运共同体的伟大实践，是党中央经过深思熟虑作出的重大战略决策，将成为未来能源绿色低碳转型的总抓手。电力行业是最主要的碳排放部门之一。实现"双碳"目标，能源是主战场，

---

* 王耀华，国网能源研究院有限公司党委委员、副院长，教授级高级工程师，研究领域为能源与电力规划、能源技术经济；夏鹏，国网能源研究院有限公司工程师，研究领域为能源与电力规划、源网荷储一体化优化；刘俊，国网能源研究院有限公司能源战略与规划研究所副所长，教授级高级工程师，研究领域为能源电力规划。

电力是主力军。未来，能源供给侧将加快发展新能源，构建新型电力系统，而能源消费侧则将科学有序推动电能替代、氢能替代，电力行业将为实现我国碳中和目标作出重要贡献。

一 我国电力行业碳达峰碳中和面临的挑战与机遇

（一）电力行业实现"双碳"目标面临的挑战

我国发电结构以煤电为主，碳排放总量大，减排任务艰巨。长期以来，煤电一直是我国电力系统电力电量的主要来源，截止到 2021 年底，我国煤电装机占比为 46.7%，发电量占比为 60%。以煤电为主的电源结构支撑着我国经济社会的发展，但同样也带来了大量碳排放。电力行业是我国最主要的碳排放部门。据估算，2020 年我国发电碳排放约占能源燃烧碳排放的 40%，占全社会碳排放的 35%。未来我国煤电整体上面临较大降碳压力，在发电结构调整过程中实现对煤电的平稳替代，防止煤电大规模过快退出影响电力安全稳定供应，实现对电力供应保障和系统灵活调节资源需求的协调统筹，均面临一系列问题和挑战。[①]

能源低碳转型背景下的电力保供压力增大。在新能源安全可靠逐步替代传统能源的基础上，不断提高非化石能源比重，成为实现"双碳"目标的重要支撑，未来保能源供应安全的重心将逐步向电力系统转移。具有随机性、波动性特征的新能源发电容量持续提升，在满足新增用电需求的同时，逐步实现对传统火电机组的存量替代，电力系统实时电力平衡压力增加，跨周期调节需求进一步加大，电力安全供应保障面临较大考验。随着飓风、暴雪冰冻、极热无风等极端天气事件不断增多增强，罕见天象、极端天气下的电力供应保障将呈现出概率小、风险高、危害大的特征。

---

① 舒印彪、张丽英、张运洲等：《我国电力碳达峰、碳中和路径研究》，《中国工程科学》
2021 年第 6 期。

工业化、城镇化过程中实现主动减排的压力巨大，电力行业还将承担其他行业的碳排放转移。未来随着我国工业化进程和新型城镇化战略的推进，能源需求在一段时间内仍将保持刚性增长，由于我国以煤为主的能源结构短期内难以根本改变，我国碳减排过程必将伴随着能源需求持续增长，与能源结构优化同步进行，实现难度远高于欧美等发达国家和地区。与欧美自然达峰过程完全不同，我国是在减排目标倒逼下完成主动达峰，达峰至中和的时间仅30年左右，同时还要确保经济发展所需环境空间，面临较大统筹平衡压力，付出的代价将比欧美更高。随着能源结构的调整，电能替代在助力工业、建筑、交通等终端部门深度脱碳的同时，也将承担这些部门的碳排放转移，这加大了电力行业的碳减排压力。

电力行业在各国碳减排战略中均被寄予厚望，但推动电力行业深度减碳的先进技术应用仍有待加快突破。电力行业是碳减排的重要领域，在欧盟以及英国、日本等国家和地区公布的碳中和战略中，电力行业均占有较大比重，各国均大力发展可再生能源，大规模开发储能，并将退出煤电、火电以及使用CCUS等作为实现电力系统碳中和目标的主流技术路线。不过各国对发展核电、煤电的态度差异较大，我国未来还将保留一定煤电以支撑高比例可再生能源并网。然而，目前支撑电力行业实现碳中和目标的先进碳减排技术离实现规模化、商业化应用仍有差距。"新能源+储能"和"煤电+CCUS"均是实现电力"双碳"目标的重要技术路线，除了抽水蓄能技术，我国储能产业还处于发展初期阶段，新型储能技术仍以示范应用为主。CCUS等技术面临成本较高、缺乏可行的商业模式、运输与封存过程存在突然渗滤和缓慢渗滤风险等问题。另外，可控核聚变能源是未来理想的清洁能源，但目前仍面临很大的技术障碍。

（二）电力行业实现"双碳"目标的机遇

"双碳"目标有助于推动电力系统成为保障国家能源安全的重要抓手。我国能源资源禀赋导致石油及天然气对外依存度持续走高，"双碳"目标倒逼下，随着能源的绿色低碳转型，保能源安全的重心逐步转向电力系统，以油气为底色的能源安全问题将演化为电力系统安全问题。充分发挥我国新能源资源禀赋、技术和产业优势，加速对油气消费的清洁化替代，加快新型电力系统路径规划、运行控制、风险预警等技术攻关，推动构建清洁低碳、安全高效的能源系统，有助于推动解决我国能源安全保障问题。

"双碳"目标将倒逼我国全面推进电力科技创新，推动电力行业绿色发展标准体系全面迈向国际化。当前，我国已形成较为完备的可再生能源技术产业体系，在新能源产业相关科技创新中也不断取得突破，正在从"跟随者"向"领先者"转变。我国百万千瓦水轮机组的设计制造技术、柔性直流技术居于世界前列，光伏产业更是占据全球主导地位。[①]"双碳"目标下，推动可再生能源合理开发布局、促进可再生能源产业可持续发展，将成为继续保持我国能源电力科技创新优势、抢占科技制高点的重要推动力；通过能源电力国际合作，以工程、技术、投资、并购等多种模式带动电力行业"走出去"，可向全球推广输出"中国技术+中国标准+中国装备+中国建设"，全链条推进我国标准与国际标准体系兼容，逐渐引领电力行业绿色低碳国际标准体系制定。

"双碳"目标将有助于推动我国电力产业链向中高端迈进，成为推动经济社会发展的新引擎和新动能。电力产业链上下游将实现大幅延伸，如新能源的大规模发展，使得电力产业链上游由煤油气等一次能源资源向关键矿产资源延伸，研发制造领域大幅延伸至高精尖装备研发，催生一批高精尖技术密集型衍生产业，用户侧链条延伸至综合能源利用、智慧园区、微网等领域。新业态新模式得到极大的丰富，催生出储能、氢能、CCUS、电力保供应急、电动汽车、综合能源、智慧能源、碳循环经济等大量新业态、新模式。电力全产业链呈融合发展态势：发电与终端用户融合，大电网与分布式微电网融合，终端冷热气跨领域融合，充电桩等能源基础设施建设与交通、工业、建筑等行业跨界融合。电力要素与碳、数字、金融等要素高度贯通，

---

① International Energy Agency, Power System Transition in China, 2021.

衍生了绿色金融、能源数字产业、碳衍生产业，衍生价值向多元化、高附加值方向发展。

二　我国电力行业绿色低碳转型路径研究

鉴于目前行业间低碳减排路径的统筹优化和顶层设计尚未见到成果，电力系统应承担的减排责任和贡献潜力尚不明确。以 2060 年为目标年，考虑电力系统不同的减排责任及减排关键举措实施力度，本文设计了电力系统深度低碳、零碳和负碳三类发展情景。在此基础上，依托国家电网能源电力规划实验室，利用多区域电源与电力流优化软件（GESP），量化分析三类情景下我国电力行业绿色低碳转型路径，并剖析实现碳中和不同路径所面临的重要问题。

（一）能源低碳转型路径

"双碳"目标对能源低碳化转型提出了更高的要求，从能源供给侧来看，未来能源发展将呈现电力零碳化和燃料零碳化的特征；从能源需求侧来看，未来能源发展将呈现高效化、再电气化和智慧化的发展趋势。

1. 一次能源转型发展路径

一次能源需求将于 2030 年前后达峰，2035 年前稳中有降。控制一次能源消费总量是最直接、最有效的能源碳减排方式，能源消费峰值控制必须依靠产业结构调整和全社会节能提效。通过严控高耗能、高排放行业产能规模，培育壮大节能环保、新一代信息技术、生物、高端装备制造、新能源、新材料、新能源汽车等战略性新兴产业；通过加强节能降碳技术创新，支持相关产业发展，加快传统产业绿色升级。预计我国一次能源消费总量于 2030 年前后稳步下降。

一次能源需求中非电一次能源稳步下降，煤、油、气需求依次达峰，以风光为代表的清洁能源逐步成为一次能源供应的主体。煤炭方面，我国以煤炭为主的能源结构短期内不会改变，而在远期，煤炭将逐渐转变为兜底保障

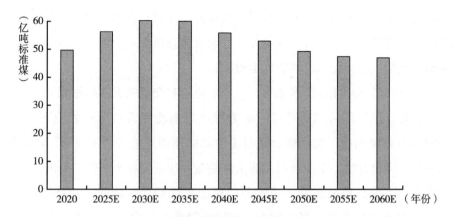

图 1　零碳情景下能源消费总量变化预测

能源。"十三五"以来我国煤炭消费开始进入峰值平台期，经过"十四五"时期的严控煤炭消费增长，煤炭消费总量保持稳定，"十五五"时期需逐步减少煤炭消费，逐步取缔散烧煤、稳步削减钢铁和建材用煤。在中远期，煤炭消费量将稳步下降，主要发挥能源安全的兜底保障作用，支撑能源消费结构平稳转型。石油方面，近中期，我国将深入推进公路交通电气化，但全球贸易运输和化工强劲需求仍将推动我国石油消费低速增长，预计 2030 年前石油消费达峰。而在中远期，随着重型货运、航空和海运等领域电气化技术突破，交通领域对燃油的依赖性大幅降低，石油将回归原料属性，化工用油将成为石油消费的主力。天然气方面，近中期，在工业用气、城市燃气、天然气发电等多重需求拉动下，天然气消费持续增加，预计 2035 年前后达到峰值。在远期，天然气将成为支撑能源清洁低碳转型和可再生能源大规模开发利用的"稳定器"。非化石能源方面，2020~2030 年水能是最主要的非化石能源品种，2035 年前后风能将首次成为最主要的非化石能源品种，而 2045 年后太阳能将成为第二大非化石能源品种，后期甚至超过风能。

2. 终端能源转型发展路径

从终端能源品种来看，电力作为清洁能源配置的主要载体，在终端能源消费中的角色作用愈发重要。预计终端电气化水平在 2030 年、2060 年将分别超过 35%、70%，但受技术特性影响，电能在部分高能耗、高碳排放领域

的替代能力有限。由于氢能与煤油气在运输、存储、利用方式等方面具有相似性，随着氢能技术经济性的提升，远期氢能有望在工业和交通等难降碳领域加速应用，助力能源消费侧深度脱碳。

从分部门终端能源需求来看，工业、建筑和交通三大部门用能呈差异化发展态势，建筑部门和交通部门成为推动终端能源需求增长的主要动力，2060年整体结构趋于均衡化。随着工业增加值增速放缓、工业部门内部结构和技术优化升级，工业部门能源消费总量和比重将稳步下降。受居民消费多样化和追求品质的影响，建筑部门用能先增后降，用能占比持续提升，2060年能源消费水平与当前相当。交通部门受人们出行需求增加和运输行业新技术新模式快速发展的叠加影响，能源消费总量和比重均先升后降，2060年能源消费水平略高于2020年水平。

（二）电力低碳转型路径

1.电力需求发展研判

未来我国电力需求增长空间很大，但增速缓慢，预计2045年前后趋于饱和。综合考虑未来我国经济增长、电能替代以及电制氢等因素影响，同时参考欧美发达国家和地区对人均用电量等指标的展望结果，未来我国电力需求增长空间还很大，预计2030年、2060年电力需求较2020年增长约55%、105%。中远期，随着我国循环经济发展、产业结构深度调整、节能提效技术大范围推广应用，全社会用电需求将趋于饱和，预计2045年前后用电量年增速低于1%。

2."双碳"目标下电力转型路径

依据各阶段电源结构、发电碳排放的变化特征，电力系统转型路径可考虑按碳达峰、深度低碳和碳中和三个阶段演进。

碳达峰阶段。2030年以前，电力低碳转型以非化石能源增量替代为主，电力碳排放在2030年前达峰。坚持先立后破，化石能源发电替代应建立在新能源安全可靠的基础上，2030年以前，煤电仍有一定增长空间。新增煤电作为系统调节性电源和支撑性电源，发挥着负荷高峰时段电力平

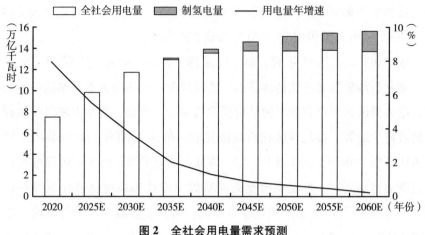

图 2　全社会用电量需求预测

衡和应急保障的作用。据测算，该阶段80%以上的电源装机增量由非化石能源发电提供，70%以上的新增电能需求由非化石能源发电满足，预计2030年非化石能源装机、发电量占比分别达到60%、50%左右。煤电装机和发电量增长的同时，也带来电力碳排放增长，但考虑到煤电发电利用小时数逐渐降低，煤电发电量较装机规模提前1~2年达峰。因此，预计电力系统碳排放（不含供热碳排放）在2030年前达峰，此后经历一段时间的峰值平台期。

加速减排（深度低碳）阶段。2030年以后，电力低碳转型进入增量、存量非化石能源替代并举阶段，电力碳排放下降，呈现先慢后快加速趋势。该阶段，一方面，经济社会发展、电能替代推广将带来全社会用电需求持续增长；另一方面，煤电装机和发电量稳步下降也将带来存量电量的清洁置换空间。受站址资源约束，水、核等传统非化石能源发电装机增速放缓。由于新能源、储能技术经济性提升，新能源发展进一步提速，以新能源为主的非化石能源发电将满足全部新增电力需求，同时逐步替代存量化石能源发电。预计2045年非化石能源装机、发电量占比分别达75%、70%以上，新能源装机、发电量占比分别达50%、40%以上。在新能源加速替代传统化石能源发电的同时，新一代CCUS技术在火电领域的商业化应用规模也不断扩大①，电力碳减排速度整体呈现先慢后快的下降趋势，预计 2045 年电力碳排放较 2030 年降低 50% 以上。

碳中和阶段。2045 年后，电力需求趋于饱和，存量电源结构需重点优化，非化石能源发电占比持续增加。该阶段全社会用电需求基本达到饱和状态，电力低碳转型以存量电源结构优化为主。一方面，持续发展以新能源为主的可再生能源，替代传统化石能源发电，预计 2060 年新能源装机、发电量占比分别达 60%、50% 以上；另一方面，通过 CCUS 技术实现煤电机组近零脱碳运行的同时，推动煤电全面向基础保障性和系统调节性电源并重转型，预计 2060 年电力系统实现净零排放。另外，极端天气下会出现新能源发电出力骤减等情形，为了保障电力系统安全运行和供应充裕，需要保留适当规模的煤、气、水、核、生物质等常规惯量电源。

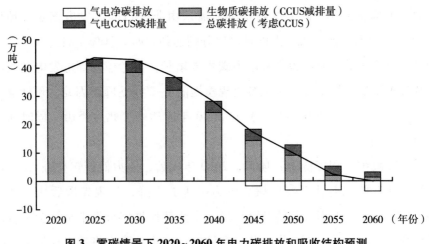

图 3　零碳情景下 2020~2060 年电力碳排放和吸收结构预测

3. 电力供应成本分析

电力供应成本在近中期呈波动上升趋势，中远期则先进入平台期，然后逐步下降。2020~2040 年，为满足新增用电需求和降低碳排放，各类电源尤其是新能源高速发展，电力投资将保持较高水平。经测算，新能源电量渗透

---

① BP, BP Technology Outlook 2020，2020.

率超过 15% 后，系统成本（接网成本、灵活调节运行成本等，不包括场站成本）将接近快速增长临界点，并推动供电成本（包含增量电源投资运行成本、存量电源运行成本以及电网投资成本估算）波动上升。2040 年前后，随着电力需求进入低速增长阶段，电力基础设施新增投资减少，电力供应成本进入 4~5 年的平台期；之后，随着新能源发电深度替代存量煤电，电力需求将由边际成本很低的新能源发电满足，电力供应成本开始大幅下降。

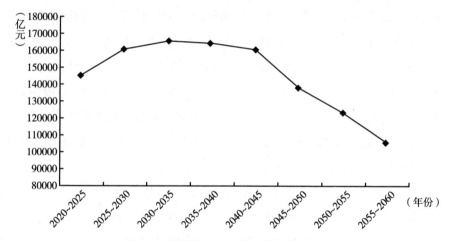

图 4　零碳情景下电力供应成本走势预测

电力转型成本与电力行业减排力度呈现明显正相关关系。不同减碳路径对低碳技术选择和非化石能源发展的需求有一定差异，零碳情景下，2020~2060 年全规划周期电力供应成本贴现（以 4% 的贴现率计算）到 2020 年约合 60 万亿元。负碳情景下，随着新能源并网比例迅速提高，灵活资源、输配电网、碳捕捉利用设备方面的投入也将大幅增加，电力供应成本较零碳情景提高 17% 左右。深度低碳情景下，电力供应成本最低，较零碳情景降低 12% 左右。

三　电力绿色低碳转型路径实施要点

（一）科学确定煤电发展定位

如何科学确定煤电发展定位是需要关注的重点问题，要发挥好煤电保电

力、保电量、保调节的"三保"兜底保障作用。近中期以煤为主的能源结构不会发生实质性改变，煤电的基础支撑和兜底保障作用不可替代，煤电将向基础保障性和系统调节性电源转型。中远期煤电减污降碳是电力系统兼顾清洁低碳转型与保障供电的关键，一方面通过合理控制煤电发电量来控制发电用煤消费，另一方面利用碳捕集、利用和封存（CCUS）技术改造燃煤发电机组，使其近似达到零碳排放的效果。碳中和阶段，煤电逐渐发展形成近零脱碳（完成 CCUS 改造，为系统保留转动惯量同时捕捉二氧化碳）、灵活调节（未进行 CCUS 改造，基本不承担电量，仅做调峰运行）和应急备用（基本退出运行，仅在个别极端天气或应急等条件下调用）三类机组。

能源清洁低碳转型是一个长期过程，需要统筹发展与安全，积极稳妥有序推进。为化解各种不确定性风险，本文建立了更加稳定的电力供应体系，并在电力"双碳"路径研究中，设置了平稳削减煤电装机和加速削减煤电装机两种情景来进行电力供需模拟。

平稳削减情景：2060 年全国煤电装机保留 8 亿千瓦。其中，近零脱碳机组 3.8 亿千瓦，灵活调节机组 2.2 亿千瓦，应急备用机组 2 亿千瓦。2030年后通过延寿和新建机组替换退役机组，保持煤电装机容量平缓下降，同时提高"退而不拆"的应急备用煤电规模。

加速削减情景：2060 年全国煤电装机 4 亿千瓦。其中，近零脱碳机组 1.5 亿千瓦，灵活调节机组 1.5 亿千瓦，应急备用机组 1 亿千瓦。2030 年后煤电装机自然退役规模快速增加，有较小规模延寿和退役替换机组。

情景分析结果对比显示，与加速削减情景相比，平稳削减情景下电力系统容量充裕度及高峰负荷平衡能力显著提高，无风无光、阴雨冰冻等极端天气条件下电力供应保障能力也大幅提升；但系统冗余备用也导致供电成本上升，同时 CCUS 改造需求也大幅上升、时间提前。

（二）推动新能源多元化开发利用

从发展布局来看，坚持集中与分散开发并举，分阶段优化新能源规模与布局。风电方面，近期加快推进沙漠、戈壁、荒漠地区大型风光电基地

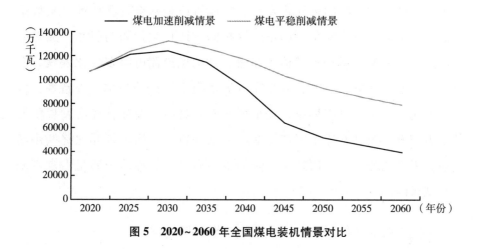

图5 2020~2060年全国煤电装机情景对比

建设，并稳步推进西部、北部风电基地集约化开发，因地制宜发展东、中部分散式风电和海上风电，并优先就地平衡。中远期，随着东、中部分散式风电资源基本开发完毕，风电开发重心进一步聚焦西部、北部地区，海上风电逐步向远海拓展。太阳能方面，近期仍以光伏发电为主导，东部、中部地区优先发展分布式光伏，为推动能源转型和满足本地电力需求提供有力支撑，而西部、北部地区主要建设大型太阳能发电基地。中远期，包括光热发电在内的太阳能发电基地建设规模将在西北地区以及其他有条件的区域不断扩大。

从新能源多元化利用来看，2030年前，新能源消纳主要通过电力系统实现。远期来看，新能源渗透率提高，以及新能源出力日内大幅波动和系统长周期调节能力不足，将使得新能源难以在电力系统内部被充分消纳利用，因此需要跨能源系统发展多元化的新能源消纳利用方式。比如：充分发展绿电制氢气、热等P2X跨能源系统利用方式，并与火电、CCUS捕获的二氧化碳相结合，制取甲醇、甲烷等工业原料，实现碳循环经济。

（三）推动供需两侧多元化发展

坚持走出一条具有中国特色的电力安全供应保障之路，立足能源资

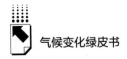

源禀赋，推动供需两侧多元化发展。统筹协调全社会资源调配，从战略层面建立保障电力供需平衡的系统性机制。以科学规划为引领，加强能源电力应急储备体系和预警体系建设。推动供给侧电源多元化发展。充分利用火电、水电、核电、风光发电等多类型电源的功率互补特性，构建多元化清洁电力供应体系，安全可靠地满足中长期社会经济发展所需的电力需求。充分发挥不同能源品种的互补特性，构建多元化终端用能体系，提高能源综合利用效率，降低主要靠单一能源品种满足需求带来的短缺风险。

（四）加大新能源产业链供应链安全保障力度

碳达峰碳中和目标下能源安全重心将逐步从油气领域向电力领域转移，需积极妥善应对可能出现的新能源产业链供应链安全问题。据测算，2020年光伏产业上游多晶硅进口硅料占比接近30%，新能源、储能产业涉及的铜、钴、镍、锂等矿产资源对外依存度超过70%。因此，需提前谋划新能源产业链供应链安全保障战略布局，一是从源头保障供应链安全，密切追踪、积极布局海外战略性矿产资源勘探开发；二是深化技术创新，尤其是材料科学创新，寻找替代方案；三是发展循环经济，突破锂、钴等关键原材料回收技术，谋划好关键原材料回收利用顶层设计。

（五）积极应对新型电力系统供应成本上升

根据测算，我国2025年、2030年新能源场站成本与对应年份系统成本所构成的新能源利用成本将持续上升。与常规煤电推算到终端用户的成本相比，新能源在终端的利用成本平均高20%以上。从国际上看，欧洲可再生能源发展迅猛，随之而来的就是用电价格大幅上涨，近10年来，德国居民电价上涨20%，平均销售电价上涨25%；英国居民电价上涨41%，平均销售电价上涨45%。

完善落实财税、金融等支持政策以及辅助服务市场机制，为转型过程中的支撑性和保障性电源的可持续发展创造空间。电力系统转型带来的成本上升需要逐步通过市场和政策进行疏导。加强碳市场与电力市场的衔接，着力完善碳配额、价格联动、CCER 抵消等机制，加快扩大全国碳市场行业范围，倡导绿色低碳生活方式。

G.24
中国汽车行业绿色低碳发展路径研究

"中国汽车行业绿色低碳发展路径研究"项目组*

摘　要： 为实现国家碳达峰、碳中和目标，汽车行业扎实做好各项碳减排工作，全面推进绿色低碳转型。本文基于汽车生命周期碳排放核算方法，开展单车层面的生命周期碳排放量核算，提出了汽车行业低碳转型路径，量化分析了相关减排潜力，并为我国汽车行业实现绿色低碳高质量发展提出了建议。一是建立完善的标准及数据管理体系，二是促进低碳材料及低碳技术研发应用，三是加快推动形成汽车行业消费新模式。相关研究成果可以进一步支撑国家碳排放政策制定，促进企业低碳技术研发和应用，引导消费者绿色低碳消费，引领汽车行业向全生命周期碳中和愿景迈进。

关键词： 汽车　生命周期　碳排放　低碳转型

一　引言

气候变化是人类社会面临的最严峻的挑战之一。为应对气候变化，《巴黎协定》明确规定了2℃和1.5℃的温控目标。目前，包括中国在内的约130个国家已以不同的形式提出碳中和目标。汽车行业是全球范围内重要的

---

* "中国汽车行业绿色低碳发展路径研究"项目由赵冬昶牵头，本报告由赵明楠、孙锌、张红杰、刘焕然、吴金龙、雷振鲁、李家昂、钱冰、卢林峰、林宇、常维等执笔。赵冬昶，博士，中国汽车技术研究中心有限公司中汽数据有限公司副总经理，高级工程师，研究领域为汽车经济政策分析、碳金融等。

工业领域之一，在国民经济中形成了充分的影响力与带动效应。但目前各国经济发展水平相差较大，汽车行业迅速发展所带来的环境污染、能源消耗的问题日益凸显。目前，已有部分国家和国际组织提出了汽车行业绿色发展战略，这一议题有可能会产生新一轮贸易政策壁垒。但我国的汽车行业与实现绿色低碳高质量发展相比仍有较大差距，有关政策体系尚不完善，企业层面开展的系统有效的活动较少，故汽车行业未来在国际上可能会面临更大的压力，不利于其长久发展。因此，针对汽车行业绿色低碳发展路径展开研究，对我国实现"双碳"目标具有重要意义。

二 应对气候变化与汽车行业绿色低碳发展

本研究选取欧盟和美国作为对照组，将其汽车行业碳排放现状和碳排放管理法规进展与我国进行对比，并分析了我国汽车行业未来面临的机遇与挑战。

（一）主要国家与地区汽车行业碳排放现状

1. 欧美汽车行业碳排放现状

交通行业是美国温室气体排放的重要来源。从图1可以看出，美国交通行业的碳排放在经过短暂的下降后，自2014年开始再次逐渐地上升。

与1990年相比，2018年欧盟交通行业的碳排放增加了33%。交通行业的碳排放是欧盟碳排放总量的重要组成部分，其中汽车（乘用车、货车、卡车和公交）碳排放为重中之重。2018年交通行业碳排放占全行业碳排放总量的比例达29%，其中汽车的碳排放占20%（见图2）。

为降低汽车行业碳排放，欧盟积极推动新能源汽车发展，2020年欧盟电动汽车销量占比从2019年的3%跃升至10.5%。由于电动汽车在整个欧洲的销量不断增长，新车的二氧化碳排放量大幅下降，从2019年的122g/km降至2020年上半年的111g/km，实现自2008年以来的最大降幅。

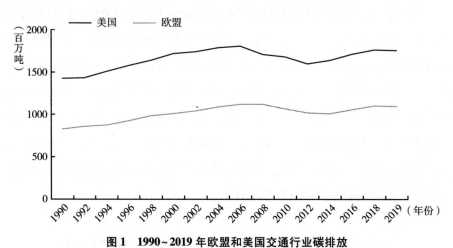

图1　1990~2019年欧盟和美国交通行业碳排放

资料来源：International Energy Agency（IEA），Data and statistics，https：//www.iea.org/。

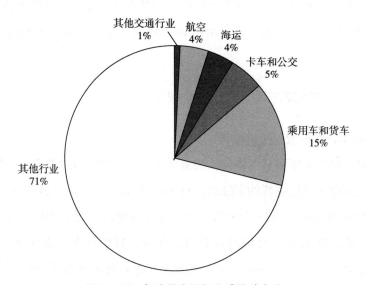

图2　2018年欧盟交通行业碳排放占比

资料来源：Transport & Environment，"Mission（almost）Accomplished：Carmakers' Race to Meet the 2020/21 CO_2 Targets and the EU Electric Cars Market"，https：//www.transportenvironment.org/wpcontent/uploads/2021/05/2020_ 10_ TE_ Car_ CO_2_ report_ final- 1.pdf。

2. 中国汽车行业碳排放现状

根据中国汽车技术研究中心有限公司测算数据，从碳排放总量来看，我国汽车行业碳排放增长迅速。2019 年道路交通碳排放近 8 亿吨，占我国碳排放总量的 8% 左右，占交通行业碳排放的 85% 以上，逐渐成为交通行业乃至全国碳排放的重要来源之一。若考虑到汽车上游产业链产生的碳排放，汽车行业碳排放对我国碳排放总量的贡献更大。

此外，与发达国家相比，我国单车全生命周期碳排放强度低、碳竞争力薄弱。随着《欧洲绿色新政》以及欧盟一系列低碳战略的实施，欧盟单车全生命周期碳排放将进一步减少，我国汽车产品将面临碳贸易壁垒所带来的挑战，不利于我国汽车行业高质量发展。

（二）国际汽车碳排放管理法规进展

2019 年，欧盟发布《欧洲绿色新政》，确立了 2050 年实现气候中性的目标，并明确能源、工业、交通等行业的 8 项重点任务。随后，欧盟发布了一系列举措以支持碳中和目标实现。2021 年 6 月 28 日通过了《欧洲气候法案》，将碳排放管理纳入了法治轨道。另外，还发布了《欧盟碳边境调节机制》《欧盟电池与废电池法规》《企业可持续性尽职调查指令草案》，以及《可再生能源指令修订》《能源效率指令》《欧盟碳排放交易体系》《部署替代燃料基础设施的指令》《乘用车和小货车的二氧化碳排放标准》《能源税指令修订》等组合政策。欧盟以《欧洲绿色新政》为主线，综合运用税收、碳交易、立法等多种手段，加强碳排放管控，设计贸易壁垒，会对我国汽车产品出口，尤其是新能源汽车产品出口带来重大影响。

作为欧盟碳排放的重要组成部分，汽车行业碳排放占欧盟碳排放总量的比重约为 15%。为实现碳中和目标，欧盟对汽车行业的管控日趋严厉并逐渐向全生命周期覆盖。碳足迹方面，2022 年 6 月 22 日，欧洲议会通过了对《修订小汽车和小货车二氧化碳排放标准》的拟议规则的立场，同时，呼吁制定全生命周期二氧化碳排放评价方法。《欧盟电池与废电池法规》对电池碳足迹提出了碳足迹声明、碳足迹性能等级声明以及碳足迹限值等系列要求。上游

供应链方面，企业供应链尽职调查指令要求目标企业开展供应链尽职调查，不满足要求的将会受到经济制裁。根据碳边境调节机制，欧盟开始对钢铁、铝等原材料征收碳关税，降低了这些产品的成本优势。未来，随着新能源汽车的发展，对油耗和污染物的限制对汽车产品进出口的影响将会进一步弱化，相应地，对碳足迹或上游供应链的限制将会成为未来碳排放管理的方向。

（三）中国汽车行业碳减排的机遇与挑战

随着国外市场尤其是欧洲市场对新能源汽车需求量不断增加，中国汽车产业在国际上将获得越来越多的发展机会，但同时也面临发达国家碳排放方面的政策法规所带来的严峻挑战。这对我国汽车行业尽早建立自身碳话语权、加速绿色转型提出了更高的要求。

从趋势来看，专门针对汽车产品的二氧化碳等温室气体排放管理政策正在制定，企业温室气体核算标准、碳市场管理等政策法规正在向汽车全产业链靠拢。汽车行业碳排放管理呈现复杂化、多样化的特征，在覆盖范围、配套标准、管理办法、数据收集等各环节都有较大的工作开展空间。

三 中国汽车生命周期碳排放核算研究

以中国汽车生命周期数据库（CALCD）、汽车生命周期评价模型（CALCM）、汽车生命周期评价工具（OBS）、中国工业碳排放信息系统（CICES）为支撑体系，汽车行业首家工业节能与绿色发展评价中心——中国汽车技术研究中心有限公司中汽数据有限公司累计核算了1.5万款在售汽车全生命周期碳排放情况，覆盖产销量规模达上亿辆。

（一）汽车生命周期碳排放核算方法

对于中国境内生产或销售的乘用车的生命周期碳排放，功能单位为一辆乘用车生命周期内行驶1km提供的运输服务，生命周期行驶里程按1.5×10^5km计算。根据IPCC国家温室气体清单指南，碳排放的核算对象包括二氧化碳、氢氟碳化物等6种温室气体。本文所评价的乘用车的生命周期系统边界包括车辆周期和燃料周期在内的全生命周期阶段。车辆周期包括材料生产、整车生产、维修保养等阶段。其中，材料生产阶段包括两个部分，一是原生材料获取及加工过程，二是循环材料生产加工过程。燃料周期包括燃料的生产和燃料的使用两个环节。对于燃油车和天然气车，燃料的生产包括原油开采、提炼加工和运输等过程；对于电动车和燃料电池车，燃料的生产包括电力和氢燃料的生产和运输等过程。

原材料和零部件等的运输过程、零部件的加工制造，生产用设备制造、厂房建设等基础设施不包括在边界范围内。汽车生命周期碳排放核算的系统边界如图3所示。

对于商用车，本文选取最大设计总质量大于3500kg的重型单体车作为研究对象，包含柴油、常规混动、天然气及纯电动四种燃料类型。商用车生命周期边界与乘用车一致。然而，商用车主要以运营为目的，以单位周转量碳排放来衡量更能反映其用能水平。

（二）乘用车单车生命周期碳排放研究结果

本部分核算了2021年我国销售的5313款不同配置乘用车的生命周期碳排放量，乘用车类型涵盖了常见的汽油乘用车、柴油乘用车、常规混动乘用车、插电混动乘用车和纯电动乘用车五种不同燃料类型乘用车，这五种乘用车的销量占2021年我国乘用车总销量的98.7%。

经测算，五种乘用车中，柴油乘用车碳排放最高，为369.1gCO$_2$e/km；汽油乘用车碳排放次之，为264.5gCO$_2$e/km；常规混动乘用车碳排放为220.8gCO$_2$e/km；插电混动乘用车碳排放为213.3gCO$_2$e/km；纯电动乘用车碳排放最低，为149.6gCO$_2$e/km。与传统能源乘用车相比，纯电动乘用车具有明显的生命周期碳减排优势，较汽油乘用车全生命周期碳减排43.4%，较柴油乘用车全生命周期碳减排59.5%。

具体到不同生命周期阶段，五种燃料类型乘用车的燃料周期碳排放均大于车辆周期。汽油乘用车和柴油乘用车碳排放主要来自燃料周期，占比分别

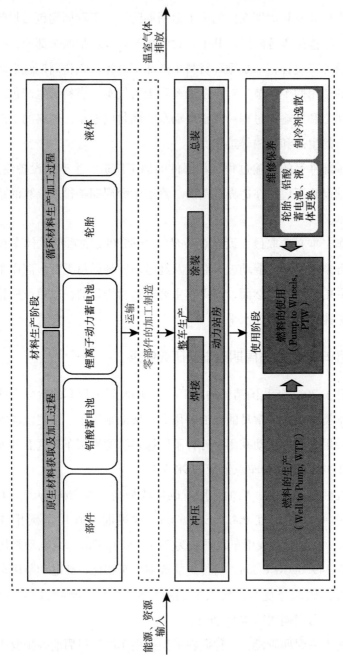

图 3 汽车生命周期碳排放核算系统边界

注：浅色字体表示的阶段暂不考虑。

高达77.3%和77.0%（见图4）。随着车型电动化程度的增加，车辆周期碳排放占比逐渐增大，燃料周期碳排放占比逐渐减小。纯电动乘用车的车辆周期碳排放和燃料周期碳排放占比接近，但燃料周期碳排放占比仍略高。

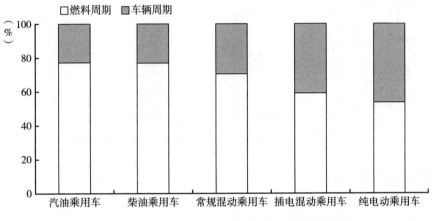

图4　不同燃料类型乘用车生命周期各阶段碳排放占比

（三）商用车单车生命周期碳排放研究结果

为保证不同燃料类型重型单体车之间生命周期碳排放具有可比性，所选取的不同燃料类型重型单体车最大设计总质量均保持在4.5吨吨位附近，生命周期行驶里程根据《机动车强制报废标准规定》设定为70万公里。

不同于乘用车，商用车以运营为主要目的，因此以单位周转量碳排放来衡量，更能反映其单位运输能力的碳排放水平。如图5所示，重型单体车燃料周期碳排放占生命周期的85%~96%，生命周期单位周转量碳排放结果为柴油重型单体车>天然气重型单体车>常规混动重型单体车>纯电动重型单体车。目前，常规混动重型单体车呈现出相对的减排优势，其生命周期单位周转量碳排放较柴油重型单体车下降了36.0%，较天然气重型单体车下降了28.4%，为化石燃料类型车辆中碳排放水平最低的车型。而纯电动重型单体车单位周转量碳排放水平是所有燃料类型中最低的，相较于柴油重型单体车减少了36.1%。

图6展示了不同燃料类型重型单体车车辆周期碳排放结构。材料生产阶

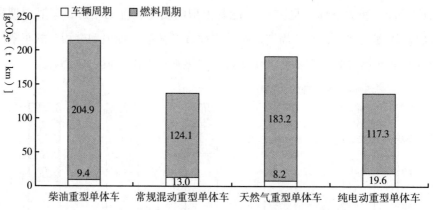

图 5 不同燃料类型重型单体车生命周期单位周转量碳排放

段碳排放占据了所有燃料类型重型单体车车辆周期碳排放的80%以上；制冷剂逸散阶段为仅次于材料生产阶段的第二大碳排放源，其碳排放大约占车辆周期碳排放的8%。

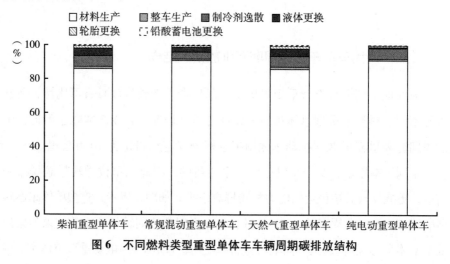

图 6 不同燃料类型重型单体车车辆周期碳排放结构

四 我国汽车行业低碳转型的主要路径及其减排潜力

（一）汽车行业六大减排路径

为推动汽车行业碳减排，力争在2060年之前实现碳中和，本文设定了减排情景，主要分析了电力清洁化、车辆电动化、燃料脱碳化、材料低碳化、生产数字化和出行共享化六种低碳转型路径。

1. 电力清洁化

电力作为工业、交通、通信等各领域的连接行业，是实现我国能源低碳转型的重要领域。本部分根据不同情景下各类能源发电占比计算电力因子。根据计算结果，预计在减排情景下，2030 年非化石能源发电占比将达到 51%，2060 年非化石能源发电占比将大幅提升至 96% 左右（见图7）。

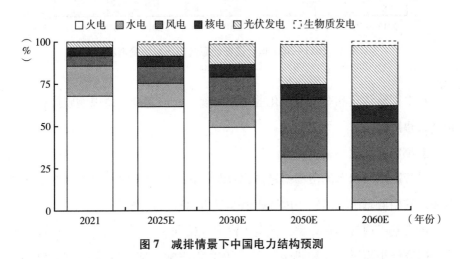

图7　减排情景下中国电力结构预测

未来，我国电力清洁化转型将以新型电力系统为基础平台，以特高压输电技术、智能电网技术、长周期新型储能技术、氢能利用技术等绿色低碳前沿技术创新为依托，协同工业、交通、通信等各领域共同推进碳中和目标实现。

2. 车辆电动化

在对未来新车销量进行预测的基础上，本文对不同时间新能源乘用车新车销量占比、纯电动乘用车销量占比等规模参数和汽油乘用车油耗、柴油乘用车油耗、纯电动乘用车电耗等使用能效参数进行了研究分析。根据研究结果，预计在减排情景下，到 2030 年新能源乘用车新车在乘用车总销量中的占比达到 51%，到 2060 年达到 100%。

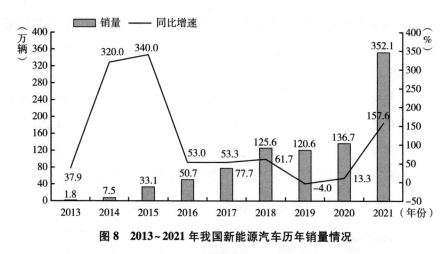

图 8　2013~2021 年我国新能源汽车历年销量情况

在电网清洁化和车辆电动化的协同发展下，汽车全生命周期碳排放有望得到大幅降低。

3. 燃料脱碳化

尽管新能源汽车的市场销量占比日益扩大，但由于汽车保有量置换速率缓慢，使用液态碳氢燃料的内燃机汽车仍占据较大比例。

本文基于现有燃料类型，设定了汽油、柴油、氢燃料和 e-fuel 碳排放因子。研究结果显示，在减排情景下，2060 年汽油、柴油碳排放因子相对于 2021 年将下降 38%，氢燃料碳排放因子下降约 59%，燃料脱碳效果较为显著（见图 9）。

为促进燃料低碳化路径成功实施，实际操作层面还需要制定适宜的政策框架以达到低碳技术引资目的，特别是要实现低碳合成燃料的开发和部署规模化。

4. 材料低碳化

"双碳"目标背景下，材料全行业脱碳已是大势所趋。对于钢铁材料而言，克服降碳技术、成本障碍，开发新一代的钢铁生产技术是钢铁行业实现碳中和的必由之路，大部分钢铁企业的研发项目需到 2030 年甚至 2035 年前后才能投入大规模商业化生产。在减排情景下，到 2060 年钢铁碳排放因子将比 2021 年下降约 90%（见图 10）。

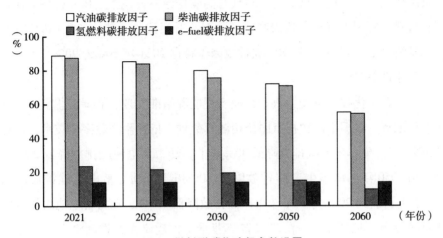

图9 燃料脱碳化路径参数设置

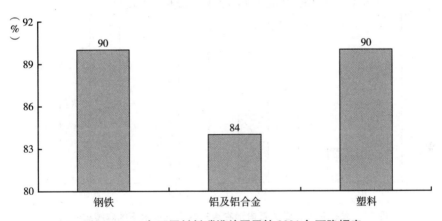

图10 2060年不同材料碳排放因子较2021年下降幅度

铝行业是典型的高能耗高碳排放行业。其中原铝生产的二氧化碳排放量约占铝行业二氧化碳排放量的93.9%；而在原铝生产的各环节中，能源消耗产生的二氧化碳排放量占比最大，达77.5%。在减排情景下，到2060年铝及铝合金碳排放因子将比2021年下降约84%。

对于高分子材料，其低碳发展技术研究与应用逐渐受到重视。目前汽车行业以塑代钢的轻量化已取得较好的减碳效果。放眼未来，车用高分子材料减碳路径主要为：使用低碳排原料代替高碳排原料，使用生物基材料替代化石基材料，使用近零碳、负碳高分子材料，升级回收工艺，拓展回收范围。在减排情景下，到2060年塑料碳排放因子将比2021年下降约90%。

5. 生产数字化

生产数字化技术可助力汽车行业实现能源精准管理、低碳工艺生产和低碳产品创新。根据中汽数据有限公司测算数据，依托生产数字化技术，预计到2025年，单车生产碳排放降低30%以上，动力蓄电池碳排放降低20%以上；到2050年，单车生产碳排放降低80%以上，动力蓄电池碳排放降低60%以上；而到2060年，单车生产碳排放降低100%，动力蓄电池碳排放降低80%以上（见图11）。在"双碳"背景下，建议大力推动汽车生产数字化转型。

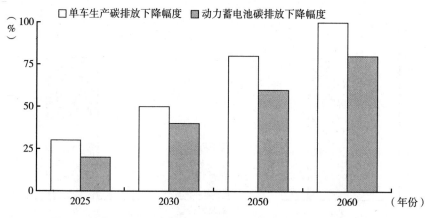

图11　单车生产、动力蓄电池在生产数字化技术下的碳减排潜力

6. 出行共享化

共享出行可以通过组合出行有效地减少车辆行驶里程，也为车队缩减、缓解拥堵以及潜在的能源使用和排放减少提供基础。在目前我国纯电动汽车在乘用车中所占比例保持不变、假设未来全面推动实现汽车电动化两种背景下（参数设置见图12），共享出行的碳减排效果主要体现在燃料周期上，燃料周期的碳减排率平均约为66%，车辆周期的碳减排率平均约为13%。横向对比不同共享方式，每多一人参与共享，大约可以贡献 5% 的碳减排率，多人共享意味着更低的人均出行碳排放，碳减排率更大。

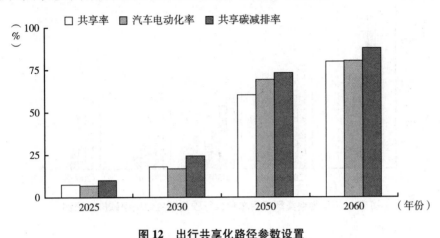

图 12 出行共享化路径参数设置

（二）我国汽车行业低碳发展潜力评估研究

1. 乘用车单车层面生命周期碳减排效果

在减排情景下，六种燃料类型乘用车 2025 年、2030 年、2050 年和 2060 年的单位行驶里程生命周期碳排放预测如图 13 所示。六种燃料类型的乘用车均显示出明显的碳减排效果，但由于内燃机的特性，汽油乘用车、柴油乘用车和常规混动乘用车的碳减排效果在 2050 年后降幅很小。

据 2021~2060 年各类乘用车的单位行驶里程生命周期碳排放数据，碳减排效果按照氢燃料乘用车、纯电动乘用车、插电混动乘用车、柴油乘用车、汽油乘用车、常规混动乘用车的顺序依次降低。其中，氢燃料乘用车碳减排效果最为明显，单位行驶里程生命周期碳排放降低 94%。其次是纯电动乘用车，单位行驶里程生命周期碳排放降低 90%。但对于减碳潜力接近于氢燃料乘用车的纯电动乘用车而言，其减碳难度远低于氢燃料乘用车，这是由于制氢储氢工艺进步的难度远高于电力结构改善的难度。常规混动乘用车碳减排效果最小，单位行驶里程生命周期碳排放降低 44%。汽油乘用车

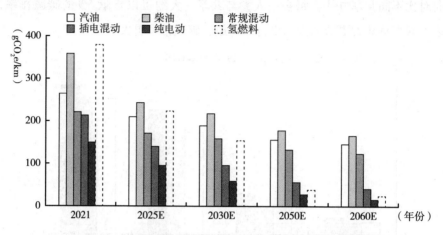

图13　不同燃料类型乘用车单位行驶里程生命周期碳排放预测

单位行驶里程生命周期碳降低45%。未来生命周期碳减排空间较大的是氢燃料乘用车和纯电动乘用车,而减排空间较小的是常规混动乘用车和汽油乘用车。

由此可见,从生命周期碳排放角度来看,纯电动乘用车在全部燃料类型的乘用车中拥有着绝对的低碳排放优势,而氢燃料乘用车随制氢工艺的低碳化发展逐步建立碳排放优势,在2025~2050年可以逐步完成对燃油乘用车(汽油乘用车、柴油乘用车、常规混动乘用车)的赶超。

2.商用车单车层面生命周期碳减排效果

基于未来燃料生产碳排放降低、电力清洁化导致的电力碳排放因子降低、材料碳排放降低、生产效率提高、百公里能耗降低等情景,我们对不同燃料类型重型货车未来生命周期碳排放进行了预测。在上述情景设置下,本文主要探讨了重型单体车未来生命周期单位周转量碳排放变化趋势。

图14展示了不同燃料类型的重型单体车生命周期单位周转量碳排放情况。其中,以化石能源作为燃料的车型(柴油车、常规混动车及天然气车)下降幅度不超过70%。新能源车型中,纯电动车生命周期单位周转量碳排放在2021年略低于常规混动车,在电力清洁化的推进下,2060年碳排放水

平进一步下降，生命周期单位周转量碳排放降幅达到 95%，为碳排放水平最低的车型。

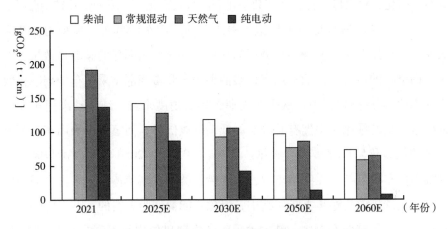

图 14 重型单体车生命周期单位周转量碳排放预测

（三）我国汽车行业生命周期减排潜力主要结论

为深入探究汽车碳排放情况，本文基于单车层面的生命周期碳排放核算，研究提出汽车行业低碳转型路径，量化分析相关减排潜力，得出的具体结论如下。

（1）本文分别针对乘用车和商用车生命周期碳排放进行核算，结果表明，不同燃料类型乘用车碳排放从高到低顺序为：柴油乘用车>汽油乘用车>常规混动乘用车>插电混动乘用车>纯电动乘用车。五种燃料类型乘用车的燃料周期碳排放均大于车辆周期，且随着车型电动化程度的提升，车辆周期碳排放占比逐渐增大，燃料周期碳排放逐渐减小。纯电动乘用车的车辆周期碳排放和燃料周期碳排放占比接近，但燃料周期碳排放仍略高。不同燃料类型重型单体车生命周期单位周转量碳排放从高到低顺序为：柴油重型单体车>天然气重型单体车>常规混动重型单体车>纯电动重型单体车。在重型单体车车辆周期碳排放结构中，所有燃料类型重型单体车原材料获取阶段的碳排放均占据了车辆周期碳排放的 80%以上，其次为制冷剂逸散阶段的碳排

放，占比大约为8%。

（2）为有效降低汽车行业碳排放，本文提出电力清洁化、车辆电动化、燃料脱碳化、材料低碳化、生产数字化和出行共享化等一系列低碳转型路径。

（3）本文在减排情景下模拟了乘用车和商用车的低碳发展潜力，结果表明，在乘用车中，六种燃料类型的乘用车均显示出明显的碳减排效果，但由于内燃机的特性，汽油乘用车、柴油乘用车和常规混动乘用车的碳减排效果在2050年后降幅很小。从生命周期碳排放角度来看，纯电动乘用车在全部燃料类型的乘用车中拥有着绝对的低碳排放优势，而氢燃料乘用车随制氢工艺的低碳化发展逐步建立碳排放优势，在2025~2050年可以逐步完成对燃油乘用车的赶超。在商用车中，不同燃料类型重型单体车未来生命周期单位周转量碳排放均稳步下降。其中，以化石能源作为燃料的车型下降幅度不超过70%。新能源车型中，纯电动车生命周期单位周转量碳排放在2021年略低于常规混动车，在电力清洁化的推进下，2060年碳排放水平进一步下降，生命周期单位周转量碳排放降幅达到95%，为碳排放水平最低的车型。

五　我国汽车行业实现绿色低碳高质量发展的主要建议

一是建立完善标准及数据管理体系。以全生命周期碳排放核算为基础，加快建立包括碳足迹核算方案、碳监测、碳核查、碳排放信息披露、低碳评价、低碳管理、低碳技术等在内的碳排放标准体系。建立循环材料的质量和减碳量评估标准。构建碳排放数据管理体系，制定实施可持续性数据统计规范和机制，加快建立工业碳排放数据平台。

二是促进低碳材料及低碳技术研发应用。相对于汽油车，电动汽车的全生命周期碳排放向车辆周期转移，车辆周期和燃料周期碳排放大概各占一半，尤其是在动力蓄电池生产和报废回收阶段，会产生较多的碳排放。同时，欧盟在《欧盟电池与废电池法规》提案中对电池的碳足迹以及循环材料利用率提出了一系列强制性要求。基于减排和合规性考虑，循环材料等低碳材料在电动车辆上的应用需求更加迫切。

另外，要鼓励整车企业开展低碳技术革新，改进工艺流程、提高生产能效、设计开发低碳和零碳的零部件，从而进一步降低车辆周期碳排放。整车企业应推动供应链上下游企业协同减污降碳，促进低碳技术在汽车全产业链的广泛应用。

三是加快推动形成汽车行业消费新模式。目前消费者对碳减排的认知不足，这势必会抵消生产端的减排努力。一方面主机厂迫于减排压力不得不转向电动车的生产，另一方面消费者更青睐传统燃油车，导致主机厂及上下游供应链减排风险增大，降低其减排积极性。而且，生产侧减排终究不能覆盖全部的碳排放源，其中不可避免和难以替代的碳排放源需要消费侧加以配合应对，因此需提高消费者对碳减排的认知，加强其低碳意识，改变消费者消费模式。

城市评价
Urban Evaluation

G.25
中国城市绿色低碳发展评价（2021）

中国城市绿色低碳评价研究项目组*

摘　要：　本文修订了城市绿色低碳发展评价指标体系，并对2021年中国187个城市进行了评估。研究发现城市绿色低碳水平有了明显进步，绿色低碳发展综合指数得分在90分以上的城市有2个，在80~89分的城市约占研究城市的60%，在70~79分的城市占38%，在60~69分的城市仅3个，无不及格城市；大部分城市碳排放与经济已出现脱钩，其中增强脱钩城市占到研究城市的23%，减弱脱钩城市占比接近45%；"双碳"态势分项指数得分整体呈现东部>中部>西部>东北地区的特征；各分项指数得分有所提高，但不平衡不充分特征依然突出；不同规模城市的碳排放有了收敛趋势，特大城市和大城市需要警惕规模扩张引起的碳排放增加；碳达峰能力型和潜力型城市多为东部城市，碳达峰蓄力型和压力型多为

---

*　"中国城市绿色低碳评价研究"项目由中国社会科学院生态文明研究所庄贵阳研究员牵头，哈尔滨工业大学（深圳）气候变化与低碳经济研究中心参与。本文由陈楠博士、田建国博士执笔。

北方城市。本文提出，应统筹好实现"双碳"目标与经济稳定增长的关系，加强直辖市、省会城市、试点城市的引领示范作用，分类探索城市碳达峰路径，推动绿色消费潜力释放等政策建议。

关键词： 绿色低碳　碳排放脱钩　城市

碳达峰碳中和是一场广泛而深刻的经济社会系统性变革。对城市的低碳水平进行评价是落实"双碳"工作的基础，可以为加强政策储备和决策提供支撑。中国社会科学院生态文明研究所已经对 2010 年、2015～2020 年城市的低碳水平进行评价，并得出了有意义的结论和判断。进入"十四五"时期后，城市将锚定"双碳"目标发力，部分城市发展也到了一个新阶段，因此对城市的绿色低碳发展评价亦需要进行适当调整，以期更准确地判断城市绿色低碳发展所处的阶段，并激励更多的城市践行更具雄心的减排目标。

一　城市绿色低碳发展评价指标体系修订情况

本次绿色低碳发展综合指数保留了 6 个一级指标，扩充和替换了部分二级指标，提高了评分方法的标杆值，引入 Tapio 碳排放脱钩①来细化碳排放的打分，并强化了分区分类比较原则。具体变动如下：指标体系由"双碳"态势、能源转型、产业升级、绿色生活、资源环境、政策体系 6 个一级指标和 15 个二级指标构成（见表 1）；其中，"双碳"态势一级指标包括碳排放总量、单位 GDP 碳排放和人均碳排放 3 个二级指标，强化了碳排放"双控"的转变意义；能源转型一级指标增加了全社会电力消费强度二级指标，强化了以电代煤的导向；产业升级一级指标保留原有指标，表征产业朝低能耗、

---

① Tapio 碳排放脱钩是目前较为成熟的表征碳排放与经济脱钩的方法，其中脱钩分为增强脱钩、减弱脱钩、衰退脱钩，负脱钩分为增强负脱钩、减弱负脱钩、增长负脱钩，脱钩与负脱钩之间的状态分为增长连接和衰退连接，共 8 种类型。

高附加值转型的特征；绿色生活一级指标增加新能源汽车保有量占汽车保有量比重二级指标，鼓励绿色消费和节能减排；资源环境一级指标保留森林覆盖率二级指标，增加全年空气质量优良天数比例二级指标，强调天蓝、地绿特征；政策体系一级指标修订了政策管理内容，强调"1+N"政策体系的出台和落实情况，保留了绿色资金占财政支出比重。指标打分采用 Tapio 碳排放脱钩、分类分区比较、标杆值对比、定量与定性分析等多种方法，增强了不同城市的可比性。本文数据来源主要有各地区统计年鉴、统计公报等，碳排放数据根据能源结构推算得到。

表 1　城市绿色低碳发展评价指标体系

一级指标	二级指标	评分方法	单位
"双碳"态势	碳排放总量	Tapio 碳排放脱钩	万吨
	单位 GDP 碳排放	分类标杆值对比	吨二氧化碳/万元
	人均碳排放	分类分区比较	吨二氧化碳/人
能源转型	煤炭消费占一次能源消费比重	分类对比	%
	非化石能源消费占一次能源消费比重	分类对比	%
	全社会电力消费强度	分类对比	千瓦时/元
产业升级	战略性新兴产业增加值占 GDP 比重	标杆值对比	%
	规模以上工业增加值能耗下降率	分类标杆值对比	%
绿色生活	新能源汽车保有量占汽车保有量比重	大数据提取并对比	%
	绿色建筑项目数	大数据提取并对比	%
	人均垃圾日产生量	分类对比	千克/人
资源环境	森林覆盖率	分类对比	%
	全年空气质量优良天数比例	对比	%
政策体系	政策管理	大数据提取、定量与定性分析	—
	绿色资金占财政支出比重	标杆值对比	%

二　评价结果

2021 年 187 个城市的绿色低碳发展综合指数（以下简称"综合指数"）

得分在 67.93~92.56 分，其中 90 分以上的城市有 2 个；80~89 分的城市有 111 个，接近研究城市的 60%；70~79 分的城市有 71 个，占研究城市的 38.0%；60~69 分的城市仅有 3 个，无不及格的城市。研究城市中，北京和深圳的综合指数得分高居榜首，黄山、成都、南平、重庆、张家口、昆明、福州、厦门等城市的综合指数得分位居前列，且基本呈现东部地区城市综合指数得分高于中部、中部高于西部、西部高于东北地区的态势。

（一）分项指数评价

"双碳"态势指数的得分整体表现出东部>中部>西部>东北地区的态势。具体来看（见图 1），四个地区碳排放总量得分的中位数较为一致，但中部地区异常值明显增多，说明 CO_2 排放水平较上年波动较大，诸如安徽大部分城市碳排放出现明显下降，而江西大部分城市碳排放有所增加。单位 GDP 碳排放得分差异相对较大，东部得分最高，平均为 12.68 分，东北地区得分最低，平均为 10.43 分。从分数分布情况看，东北地区分数更为均衡；东部地区因为包含北京、福州、深圳等优势城市，高分更多；中部和西部地区内部差异更大，低分城市出现的数量多。人均碳排放的平均得分大致呈现中部>东部>东北地区>西部的特点，而中西部地区出现低分的城市数量更多。

碳排放水平是影响城市能否实现碳达峰的关键，研究发现 2021 年研究的 187 个城市涉及 7 类脱钩状态，其中减弱脱钩是目前最多城市所处的状态，占比接近 45%，这些城市主要分布在河北、湖南、山东、江苏、浙江、福建、辽宁；其次是增强脱钩，占比达 23%，意味着大部分城市碳排放与经济已经出现脱钩的趋势；而衰退脱钩、减弱负脱钩和增强负脱钩的总合仅占到参评城市的约 6%（见表 2）。

由于 2020 年新冠肺炎疫情暴发，2021 年复工复产强势回归，2020 年、2021 年的碳排放水平有较大波动，故对 2019~2020 年、2020~2021 年的碳排放脱钩情况进行对比，发现几个明显特征。一是，相对于 2020 年，2021 年大部分城市的碳排放有所增加，经济增速显著提高，这两种趋势导

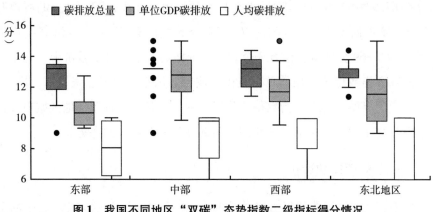

图1 我国不同地区"双碳"态势指数二级指标得分情况

致了碳排放脱钩的变化加剧，也表明碳排放的增减与国内外大环境的变化
有直接关系，需要动态持续地监测并加以判断和解释。二是两年都呈现增
强脱钩，且2021年增强脱钩速度高于2020年的城市主要有北京、上海、
张家口；2021年增强脱钩速度低于2020年的城市主要有深圳、承德、黄
山、鸡西、双鸭山等经济发展水平较高的城市和生态型城市。三是东部地
区复工复产带来的碳排放波动更为剧烈，河北、山东、江苏、浙江大部分
城市碳排放由增强脱钩转变为减弱脱钩，特别是广东部分城市甚至由增强
脱钩转变为增长连接；此外，中部地区的制造业大省湖南大部分的城市也
由增强脱钩转变为减弱脱钩，而江西大部分城市则转变为增长负脱钩，但
湖北、安徽以及西部的大部分城市波动不大。

表2 2021年187个城市碳排放脱钩情况

单位：%

脱钩状态	占比	脱钩状态	占比
增强脱钩	23.00	减弱脱钩	44.92
增长连接	16.04	增长负脱钩	10.16
衰退脱钩	2.67	减弱负脱钩	1.60
增强负脱钩	1.60		

　　能源转型指数得分情况基本表现出东部>西部>中部>东北地区的特征，特别是西宁、北京、成都、福州、绍兴、南平、广元、张家口、珠海等城市表现优秀。在煤炭消费占一次能源消费比重得分方面，北京、深圳、珠海、成都、杭州、广州、梅州、南平等城市都是得分较高的城市；而在非化石能源消费占一次能源消费比重得分方面，张家口、西宁、福州、长沙等城市得分较高。与2017年相比，187个城市中有129个城市煤炭消费占一次能源消费比重出现不同程度的下降，北京降幅甚至高达75.5%，其余城市中降幅在10%以下的城市居多，合计占到51.9%。受资源禀赋约束，一些城市得分并不高，但是从减少煤炭使用的努力程度看，进步明显，如济宁煤炭消费占一次能源消费比重同比下降24.82%、泰安和潍坊同比下降接近20%、金昌同比下降15.0%。与此同时，一些能源城市或工业城市，非化石能源消费占比增加速度也较快，如太原、兰州、延安、金昌、苏州、晋城、大同都表现不俗。在全社会电力消费强度得分方面，基本表现为南方城市得分高于北方城市，尤其是湖南、湖北、福建、四川等省份的城市表现更为突出，如图2所示。

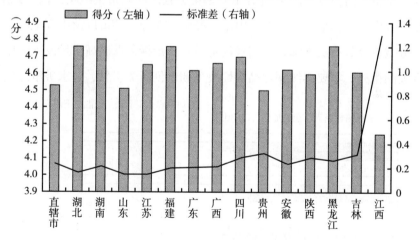

图2　全社会电力消费强度得分排名靠前的区域

　　产业升级指数得分整体呈现出中部>东部>东北地区>西部的特征（见图3），西部和东部的标准差大，说明其内部差异性大。战略性新兴产业增加值占GDP比重这个指标在东部地区有12个城市达到了满分，占样本量的

18.46%；中部地区也有 10 个城市达到满分，占样本量的 16.67%；西部和东北地区各有 1 个满分城市。纵向看，2017 年东部地区的战略性新兴产业增加值占 GDP 比重均值在 10.2%，拟合曲线右拖尾趋势明显；2018～2021 年拟合曲线右移，2021 年均值达到 12.5%，曲线出现波峰变低幅度略微变宽现象，这反映出东部地区产业升级的差异性巨大，比如直辖市、南京、苏州、广州、深圳、佛山等城市高端制造业发达，但同一省（区、市）中也存在极度不平衡现象，如苏南与苏北地区。与东部类似，中部地区的拟合曲线整体右移，波峰变低幅度变宽，均值从 7.3% 增加到 10.9%，标准差从 4.2 上升到 7.8，具有明显差异性，湖南"长株潭"、安徽合肥、湖北武汉等地迅速成为我国制造业的后起之秀。西部地区成渝双城的高端产业低碳优势显著，其次是贵阳。其余城市战略性新兴产业增加值占 GDP 比重的均值低于全国平均水平。东北地区的拟合曲线峰值位置几乎没变，除大连优势突出以外，参评的大部分城市近几年的产业绿色低碳升级效果并不理想（见图 4）。规模以上工业增加值能耗下降率得分较高的城市集中在江西、云南、贵州等省份，东部地区的广东、山东、海南、部分直辖市以及中部地区的湖南部分城市分数有所下降，表明稳经济增长、走绿色低碳高质量发展之路面临巨大的挑战，需要继续深化结构性改革和以创新为引领，寻求破解之法。

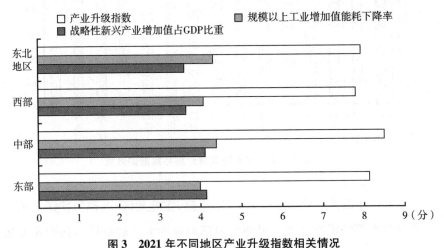

图 3 2021 年不同地区产业升级指数相关情况

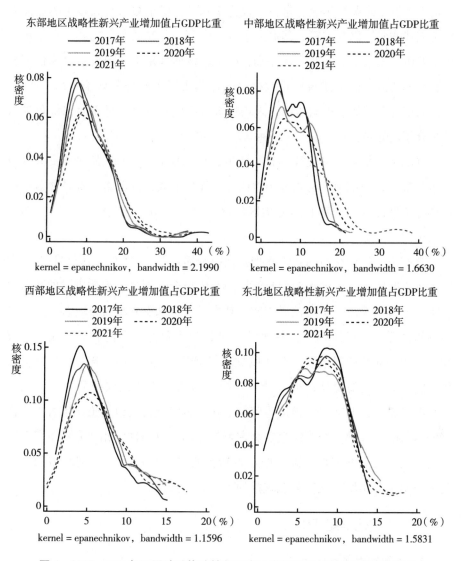

图4 2017～2021年不同地区战略性新兴产业增加值占GDP比重变化情况

　　绿色生活指数得分呈现东部>中部>西部>东北地区的特征。疫情下人们的绿色消费行为有所提升，对新能源汽车的需求出现井喷式增长，但区域内部差异巨大，特别是东部。北京、上海、天津、杭州、深圳新能源汽车保有量占汽车保有量的比重都达到7%以上，三亚已经超过10%，但从东部整个区域

平均水平看新能源汽车保有量占比仅为 2.86%，中小城市与大城市的居民对绿色消费的偏好仍有差距。其他三个地区内部的差异较小，尤其是东北地区中小城市与大城市之间几乎无差别，因此，该地区是重点需要培育绿色消费增长点的地区。绿色建筑项目数得分明显体现了东部得分高于中部、西部，省会城市高于其他城市的特征；人均垃圾日产生量得分则呈现出与绿色项目数得分相反的趋势。

资源环境指数得分较往年有了稳步提高，其中全年空气质量优良天数得分东部最优，中部地区河南和山西的部分城市需要继续改善。森林覆盖率指数得分东部最优、中部和东北地区次之，西部甘肃、宁夏等省（区）的城市表现欠佳。

直辖市、省会城市的政策管理指数得分遥遥领先。随着国家"1+N"政策体系不断完善，各地相关的政策措施纷纷出台，评估发现政策文件数量以北京、上海、天津、重庆位居前四，其次是省会和副省级城市居多。从发布主题的共性特征可以得出，各地以"双碳"为目标出台的各类政策、会议和试点的创新性项目最多；而在成立"双碳"领导小组并定期举行例会强化落实方面，上海最佳；从"能源双控"转向"碳排放双控"管理以及常态化考核方面，北京落实得最为到位。在绿色资金占财政支出比重方面，由于疫情影响，大部分城市绿色资金占财政支出比重与往年相比有所下降，也未表现出以往大城市得分高于中小城市的特点，反而是工业型城市得分较高，说明工业型城市狠抓节能减排的力度并未松懈。

（二）其他维度评价

1. 不同城市类型评估

2021 年四类不同城市中，服务型城市的综合指数得分均值最高，为 82.50 分，其次分别是综合型城市 79.92 分、生态优先型城市 79.74 分和工业型城市 78.79 分。从分项指数看，服务型城市在能源转型、产业升级、绿色生活、政策管理 4 个分项指数得分上明显占据优势，特别是战略性新兴产业增加值占GDP 比重得分和新能源汽车保有量占汽车保有量比重得分分别高出综合型、生态优先型和工业型城市12.70%和12.00%、24.22%和10.30%、11.44%和15.16%。工业型城市的地方政府对"双碳"政策出台和资金投入都比较关注，但由于长期生产的路径依赖，高碳现象比较明显，因此，可以借能源和产业结构的深刻调整，加大力度培育高端制造业和控制规模以上工业增加值能耗，完成绿色工业的转型。生态优先型城市的"双碳"态势指数和资源环境指数得分较高，但产业升级指数显著低于其他三类城市，因此，生态优先型城市未来需要充分利用资源环境优势，探索资源与高端产业的契合点，完成生态价值的实现。综合型城市在此次评价中亮点不突出，但碳强度呈偏高的特征，有可能是复工情况下"反弹"的暂时性作用。实际上部分综合型城市的经济社会发展水平离服务型城市仅"一步之遥"，综合型城市有能力发挥创造性作用，尽快实现碳排放与经济的完全脱钩（见图5）。

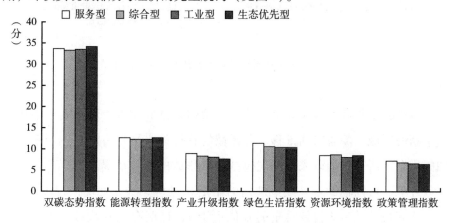

图5　不同城市类型分项指数得分情况

2. 不同城市规模评估

评估城市中超大城市有8个，占到评估城市的4.28%；特大城市有16个，占8.56%；大城市有83个，占44.39%；中等城市有57个，占30.48%；小城市有23个，占12.30%。[1]

---

[1]　根据《国务院关于调整城市规模划分标准的通知》，城市可以分为五类，城区常住人口超过1000万为超大城市，人口在500万~1000万为特大城市，人口在100万~500万为大城市，人口在50万~100万为中等城市，人口小于50万为小城市。

评估发现特大城市、大城市、中等城市占到参评城市的 83.42%，但汇集了 92.74% 的 CO_2 排放，其中特大城市、大城市排放的 CO_2 最多，分别占到 52.81% 和 21.51%（见图 6）。

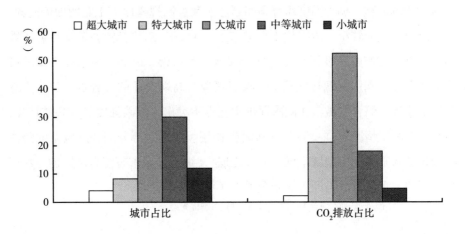

图 6　2021 年不同规模城市及其 CO_2 排放占比

碳排放 β 收敛指碳排放水平低的区域的碳排放增长速度会高于碳排放水平高的区域。随着时间推移，各区域的碳排放水平最后能够达到一个共同的稳态。研究长期以来不同规模城市碳排放的变化情况，观察其是否有收敛迹象，可以辅助未来政策规划的制定和完善。研究发现，2010~2021年，不同规模城市碳排放总量的 β 值小于 1，证明存在 β 收敛，即整体上全国大部分城市的碳排放在缓慢增长，但基本已经达到一个相对的稳态水平，侧面反映了 2030 年碳排放达峰目标有望实现。碳排放总量收敛效果以中等城市为最佳，特大城市和大城市的 β 系数最大，达到 0.01 的显著性水平，需要避免城市盲目扩张导致的碳排放增量迅速增加。从单位 GDP 碳排放的 β 收敛可以看出，特大城市和大城市收敛达到稳态的难度更大，小城市在碳排放总量较小的基础上，碳排放强度甚至高于中等城市，这需要引起重视，超大城市单位 GDP 碳排放虽然有收敛趋势，但显著性不如其他类型城市。人均碳排放与"双控"态势指标的规律基本相似，中等城市的弹性系数最小，可率先达到排放的均衡状态，特大和大城市的 β 收敛性较差（见表3）。

表3 不同规模城市的排放总量、单位 GDP 碳排放、人均碳排放的 β 收敛性分析

指标	超大城市	特大城市	大城市	中等城市	小城市
	碳排放总量				
β	0.120 (0.170)	0.567 *** (0.098)	0.531 *** (0.112)	0.252 *** (0.088)	0.346 ** (0.133)
Constant	8.480 *** (1.626)	3.842 *** (0.871)	3.727 *** (0.884)	5.461 *** (0.637)	4.413 *** (0.875)
R^2	0.317	0.369	0.369	0.091	0.229
指标	单位 GDP 碳排放				
β	0.516 ** (0.197)	0.802 *** (0.0515)	0.609 *** (0.110)	0.327 *** (0.0945)	0.459 *** (0.155)
Constant	0.0888 (0.101)	−0.0496 (0.0342)	0.0934 (0.0714)	0.321 *** (0.0719)	0.306 ** (0.141)
R^2	0.902	0.876	0.648	0.425	0.377
指标	人均碳排放				
β	0.245 (0.150)	0.592 *** (0.090)	0.514 *** (0.118)	0.241 *** (0.082)	0.282 ** (0.125)
Constant	1.780 *** (0.353)	0.871 *** (0.197)	0.870 *** (0.209)	1.286 *** (0.132)	1.182 *** (0.192)
R^2	0.672	0.512	0.311	0.086	0.219
样本数	88	175	923	617	253

注：Robust standard errors in parentheses。
*** p<0.01，** p<0.05，* p<0.1。

分析还发现，在不同规模的城市中，综合指数排名前十的城市大多属于低碳试点城市，其中超大型城市全部为低碳试点城市，特大城市和中等城市中的低碳试点城市分别占到70%和50%，大城市和小城市中的低碳试点城市分别占到30%（见图7），低碳试点城市已起到了很好的引领示范作用。

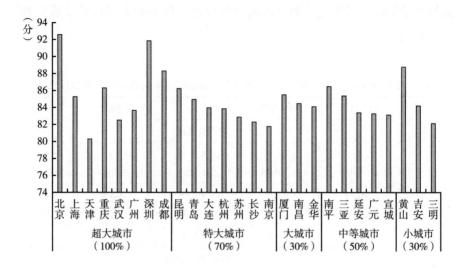

图7　不同规模低碳试点城市综合指数得分情况

三　城市碳达峰的态势分析

（一）城市碳达峰类型划分

城市碳排放受经济发展水平、产业结构、能源结构、自然禀赋、地理区位、政策管理等方面的影响。城市的碳减排能力高度依赖于经济发展水平，而经济发展水平越高的城市拥有越多的减排资本、技术、人才以及产业组织和创新能力。同时，碳减排的潜力又同碳排放水平有较大关系，尤其是碳排放强度，碳排放强度较高的城市具备较高的碳减排潜力，碳排放强度较低的城市，面临的碳减排成本较高，碳减排的潜力也随之变小。基于城市碳达峰视角，本部分从碳减排能力和碳减排潜力两个维度出发，对城市进行类型划分，如表4所示。

表4 城市达峰类型

类型 2 碳达峰能力型——引领	类型 1 碳达峰潜力型——转化
特征：人均 GDP 高于全国平均水平，经济发展水平较高，碳排放强度低于全国平均水平，有能力在 2030 年以前达峰。	特征：人均 GDP 高于全国平均水平，经济发展水平较高，碳排放强度高于全国平均水平，碳减排潜力较大。
城市数量和区位：共有 51 个城市，其中北方城市 8 个，南方城市 43 个。该类型以南方城市为主。	城市数量和区位：共有 23 个城市，其中北方城市 16 个，南方城市 7 个。该类型以北方城市为主。
以北京、深圳、上海、南京、厦门、福州等为主。	以天津、烟台、大连、衢州等为主。
类型 3 碳达峰蓄力型——并重	类型 4 碳达峰压力型——扶持
特征：人均 GDP 低于全国平均水平，经济发展水平有进一步提高的潜力，碳排放强度低于全国平均水平，碳减排潜力较小。碳减排和经济发展的矛盾较大。	特征：人均 GDP 低于全国平均水平，经济发展水平较低，碳排放强度高于全国平均水平，碳减排潜力虽然较大，但碳减排的压力巨大。
城市数量和区位：共有 68 个城市，其中北方城市 25 个，南方城市 43 个。该类型为南方和北方城市混合型。	城市数量和区位：共有 47 个城市，其中北方城市 40 个，南方城市 7 个。该类型以北方城市为主。
以中山、沈阳、温州、长春、宿迁等为主。	以银川、贵阳、池州、潍坊、兰州等为主。

（二）城市碳达峰态势分析

1. 碳达峰能力型城市

从城市碳达峰类型来看，碳达峰能力型城市是最有可能提前实现碳达峰的城市。该类城市多数属于服务型城市，多数位于东部地区。由于该类城市经济发展水平很高，碳减排能力强，产业结构优化和调整情况比较好，目前要解决的是消费侧减排问题，比如建筑、交通、生活等领域的减排。该类型已有部分城市明确了时间表，如上海 2025 年达峰、苏州提出碳达峰和碳中和比全国提早 5 年等。同时部分城市已谋划碳中和示范，如上海崇明碳中和示范区。

2. 碳达峰潜力型城市

该类城市自然资源丰富，具备较强的经济实力，碳排放强度显著高于全国平均水平，碳减排潜力巨大。碳达峰潜力型城市的碳排放总量、碳排放强度和人均碳排放内部差异大。这类城市产业结构以第二产业为主，经济发展

保持稳定增长，城市碳排放还在持续上升。预计该类城市在"十五五"期间实现碳达峰，建议这类城市将达峰目标设定为"十五五"中后期。

3.碳达峰蓄力型城市

该类城市多数尚未完成工业化，处于工业化中晚期阶段。由于该类城市经济发展水平相对较低，具有较强的经济发展提升潜力。一方面该类地区需要大力发展经济，减小同全国经济发展水平的差距，实现共同富裕和现代化建设；另一方面还要积极推动碳减排，实现碳达峰目标。未来该类城市的经济发展和碳减排的矛盾可能会较大。

4.碳达峰压力型城市

该类城市经济发展水平较低，碳减排潜力较大，但碳减排能力严重不足。该类城市依靠自身经济发展、技术手段、制度措施难以有效扭转碳排放的趋势，因此，需要外部力量的积极介入和扶持，通过与其他地区在资本、技术和人才等方面开展合作，实现落后产业的替代和淘汰，并培育绿色低碳产业。

四 主要结论与建议

本文对2021年187个城市的绿色低碳水平进行系统评估，发现总体绿色低碳水平有了明显进步，具体结论如下。

（一）主要结论

第一，2021年187个城市的绿色低碳发展综合指数得分在67.93~92.56分，其中90分以上的城市2个，分别是北京、深圳；80~89分的城市数量占参评城市的59.4%；70~79分的城市占38.0%；60~69分的城市仅3个，无不及格城市。黄山、成都、南平、重庆、张家口、昆明、福州、厦门等城市低碳成效明显。

第二，大部分城市碳排放与经济已出现脱钩的趋势，其中增强脱钩城市占到参评城市的23%，减弱脱钩城市占比接近45%，这些城市主要分布在河北、湖南、山东、江苏、浙江、福建、辽宁。与碳排放最相关的"双碳"态势分项指数得分整体呈现东部>中部>西部>东北地区的特征，受2020年新冠肺炎疫情和2021年强势复工复产的影响，广东、湖南、河北、江苏和浙江大部分城市碳排放波动较大，但西部地区所受影响相对较小。

第三，能源转型指数得分基本表现出东部>西部>中部>东北地区的特征，西宁、北京、成都、福州、绍兴、南平、广元、张家口、珠海等城市表现优秀。与2017年相比，187个城市中有129个城市煤炭消费占一次能源消费比重出现不同程度的下降，全社会电力消费强度得分方面，基本表现为南方城市得分高于北方城市。产业升级指数方面，东部较好，但内部差异大，东北地区的产业转型效果欠佳。绿色生活指数得分有了提升，特别是，新能源汽车的需求出现了井喷式增长，但中小城市与大城市对绿色消费的偏好仍有差距。资源环境指数得分方面，全部城市都较往年有了稳步提高。政策管理指数得分方面，直辖市、省会城市遥遥领先。

第四，2010年以来，不同规模城市的碳排放都有了收敛的趋势，其中中等城市的收敛效果最好，人口在500万~1000万的特大城市和100万~500万的大城市是未来需要重点控制碳排放增量的区域。

第五，从碳减排能力和潜力两个维度把参评城市划分为碳达峰能力型、碳达峰潜力型、碳达峰蓄力型和碳达峰压力型四类。其中，碳达峰压力型和潜力型城市多为北方城市，内部差异性较大；碳达峰能力型和潜力型城市的碳排放存在动态收敛特征。

（二）政策建议

（1）统筹好"双碳"目标与经济稳定增长的关系。受多重因素影响，碳排放与经济增长的波动较大，评估发现2021年在复工复产情况下，规模以上工业增加值能耗增加的城市数量有所增多，大部分城市在保持了GDP高速增长的同时，碳排放有不同程度的增加，区域经济与碳排放不平衡的关系依旧存在。因此，一方面可以培养壮大绿色低碳产业为抓手，优先投资、优先发展，使"双碳"成为发展的引擎。另一方面，要加强整体性布局，

加快建设全国能源市场和多层次统一的电力市场体系，加速"东数西算"等全国重点任务和重点项目落地，促进资源共享、责任共担，缩小区域经济和碳排放不平衡的差距。

（2）加大直辖市、省会城市、低碳试点城市的引领示范作用。评估发现以直辖市和省会城市引领的"双碳"政策体系开始形成，在不同维度评估中低碳试点城市的效果最佳。与此同时，直辖市、省会城市大多属于特大城市、大城市，要警惕城市规模无序扩张引起的碳排放增加；中小城市要加强经济发展的活力，降低碳排放强度。可以在不同规模的低碳试点城市中优先选择典型城市作为碳达峰、碳中和的示范城市，并探索不同类型的实施路径，力争试点一批、带动一批。

（3）分类探索城市碳达峰路径。碳达峰能力型城市，应发挥引领作用，加强消费侧碳减排的制度安排，积极建设碳达峰示范区，尤其是在技术研发、碳金融、碳税、碳市场建设等方面为全国碳达峰提供借鉴，部分城市可以碳中和为下阶段目标，开始谋划路径。碳达峰潜力型城市，应充分发挥经济增长的优势，将经济能力转化为碳减排能力，加大在碳减排技术和产业方面的投资力度，为产业升级积蓄发展资本。碳达峰蓄力型城市，应为平衡经济增长与碳排放增长为工作的重点，要做到新增产能严守绿色低碳的底线，做到经济增量不增碳排放总量。而对于碳达峰压力型城市，政府需要给予更多支持，也可以多方合作方式推动其发展。

（4）深度推进生产生活低碳化，推动绿色消费潜力释放。在生产端，评估发现城市能源结构转型取得了一定成效，但全社会用电强度得分仍然是南方城市更高，因此，需要有序引导以电代煤、以气代煤，促进重点行业绿色转型。在消费端，以新能源汽车为代表的绿色消费新势力崛起，但地区消费差距较大，因此，可对东北地区、中小城市加强常态化的宣传引导，建立居民绿色消费奖励机制，以发放绿色消费券等多种形式鼓励消费，重塑人们对绿色消费的偏好。

附　　录
Appendices

G.26
气候灾害历史统计

翟建青　姜　涵[*]

　　本附录分别给出全球、"一带一路"区域和中国三个空间尺度的气候灾害历史统计数据，相关数据主要来源于紧急灾难数据库（Emergency Events Database，EM-DAT）、中国气象局国家气候中心和中华人民共和国应急管理部，其中全球和"一带一路"区域气候灾害统计数据始于1980年，中国气候灾害统计数据为自1984年以来的相关数据，为气候变化适应和减缓研究提供支持。

---

*　翟建青，国家气候中心正高级工程师，南京信息工程大学气象灾害预报预警与评估协同创新中心骨干专家，研究领域为气候变化影响评估与气象灾害风险管理；姜涵，南京信息工程大学在读硕士研究生，研究领域为灾害风险管理。

全球气候灾害历史统计

一 发生频次特征

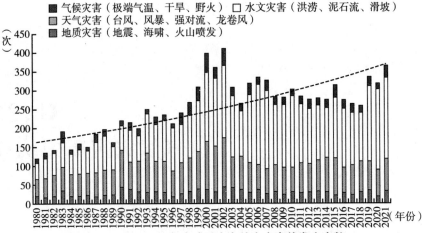

图1　1980~2021年全球重大自然灾害事件发生次数

注：收录进该数据库的灾害事件至少满足以下4个条件之一：死亡人数10人及以上；受影响人数100人及以上；政府宣布进入紧急状态；政府申请国际救援。当数据缺失时，会考虑一些次要标准，如"重大灾难/重大损失（即"十年来最严重的灾难"和/或"这是该国损失最严重的灾难"），图2至图4同。

资料来源：EM-DAT。

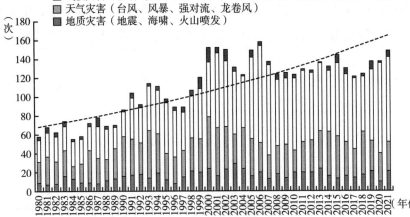

图2　1980~2021年亚洲重大自然灾害事件发生次数

资料来源：EM-DAT。

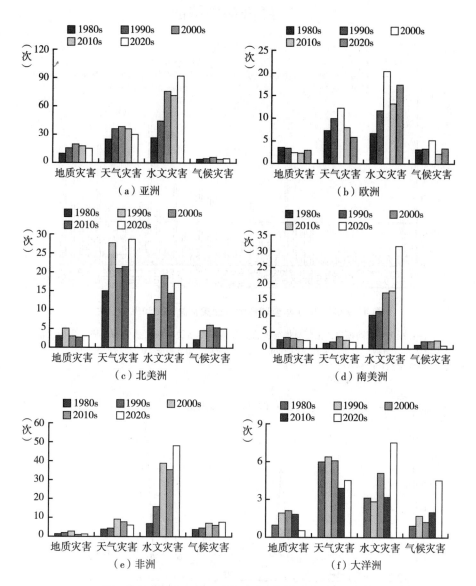

图3 各大洲分年代重大自然灾害事件平均发生次数

资料来源：EM-DAT。

二 经济损失特征

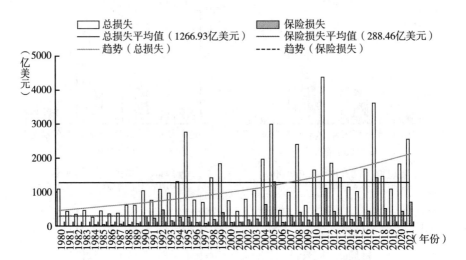

图4 1980~2021年全球重大自然灾害总损失和保险损失

注：损失和保险损失，主要是指与灾害直接或间接相关的所有损失和经济损失的价值，为2021年计算值，已根据各国CPI扣除物价上涨因素。图5至图10同。

资料来源：EM-DAT。

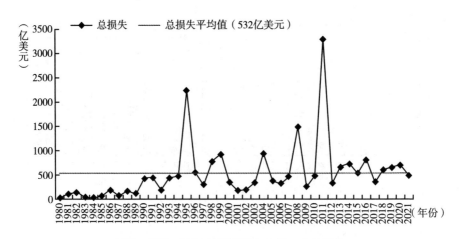

图5 1980~2021年亚洲重大自然灾害总损失

资料来源：EM-DAT。

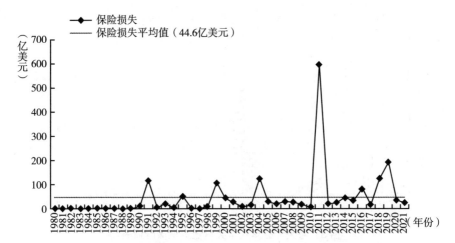

图 6 1980~2021 年亚洲重大自然灾害保险损失

资料来源：EM-DAT。

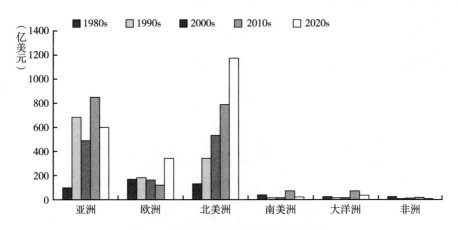

图 7 各大洲分年代重大自然灾害损失

资料来源：EM-DAT。

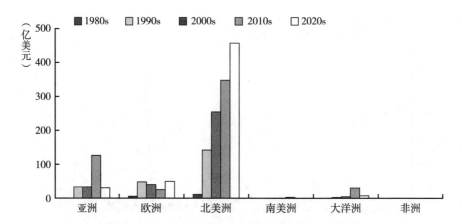

图8　各大洲分年代重大自然灾害保险损失

资料来源：EM-DAT。

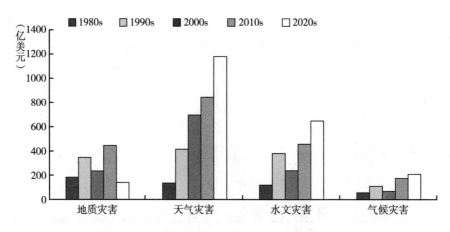

图9　各类重大自然灾害分年代损失

资料来源：EM-DAT。

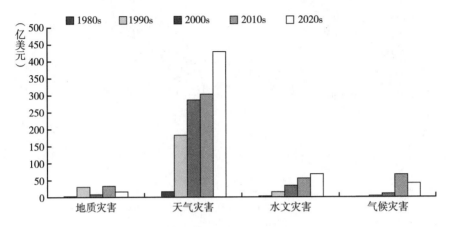

图 10　各类重大自然灾害分年代保险损失

资料来源：EM-DAT。

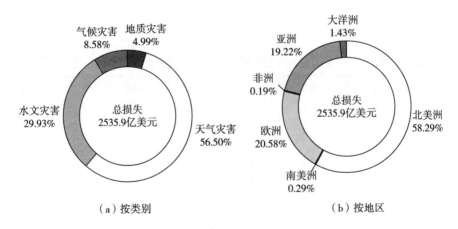

（a）按类别　　　　　　　　（b）按地区

图 11　2021 年全球重大自然灾害总损失分布

资料来源：EM-DAT。

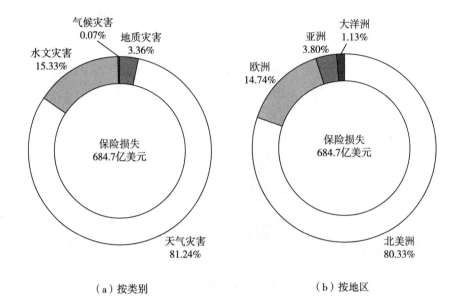

（a）按类别　　　　　　　　（b）按地区

图12　2021年全球重大自然灾害保险损失分布

资料来源：EM-DAT。

表1　1980年以来美国重大气象灾害（直接经济损失≥10亿美元）损失统计

灾害类型	次数	次数比例（%）	损失（10亿美元）	损失比例（%）	每次平均损失（10亿美元）	死亡人数（人）
干旱	29	9.0	291.1	13.2	10.0	4139
洪水	36	11.1	168.4	7.7	4.7	634
低温冰冻	9	2.8	33.7	1.5	3.7	162
强风暴	152	47.1	344.8	15.7	2.3	1972
台风/飓风	57	17.6	1157.1	52.6	20.3	6708
火灾	20	6.2	123.6	5.6	6.2	418
暴风雪	20	6.2	81.0	3.7	4.1	1314
总计	323	100.0	2199.7	100.0	51.3	15347

注：灾害损失值已利用CPI进行调整。

资料来源：https：//www.ncdc.noaa.gov/billions/summary-stats。

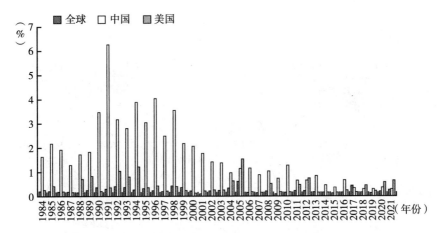

图 13 全球、美国及中国气象灾害直接经济损失占 GDP 比重

资料来源：EM-DAT、世界银行和国家气候中心。

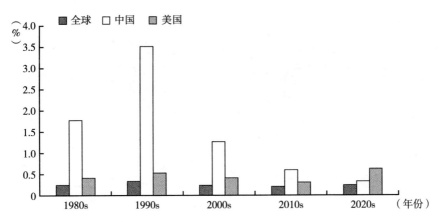

图 14 全球、美国及中国气象灾害直接经济损失占 GDP 比重的年代际变化

资料来源：EM-DAT、世界银行和国家气候中心。

三 人员损失特征

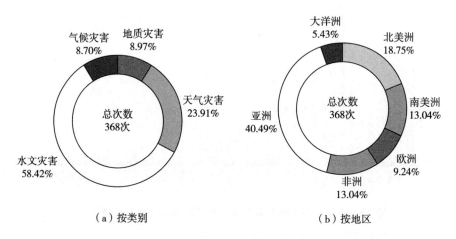

（a）按类别

（b）按地区

图 15　2021 年全球各类重大自然灾害发生次数分布

资料来源：EM-DAT。

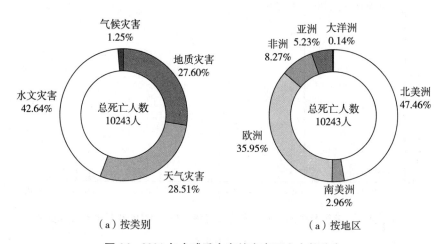

（a）按类别

（a）按地区

图 16　2021 年全球重大自然灾害死亡人数分布

注：总死亡人数包括因事件发生而丧生的人数以及灾难发生后下落不明的人数，根据官方数据推定死亡人数。

资料来源：EM-DAT。

"一带一路"区域气候灾害历史统计

一　发生频次特征

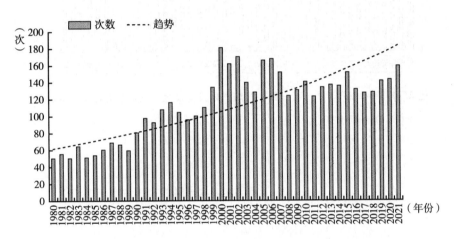

图 1　1980~2021 年"一带一路"区域气象灾害发生次数

注："一带一路"区域指"六廊六路多国多港"合作框架覆盖的含中国在内的 65 个国家，其中东北亚 3 国（蒙古、俄罗斯和中国），东南亚 11 国（新加坡、印度尼西亚、马来西亚、泰国、越南、菲律宾、柬埔寨、缅甸、老挝、文莱和东帝汶），南亚 7 国（印度、巴基斯坦、斯里兰卡、孟加拉国、尼泊尔、马尔代夫和不丹），西亚北非 20 国（阿联酋、科威特、土耳其、卡塔尔、阿曼、黎巴嫩、沙特阿拉伯、巴林、以色列、也门、埃及、伊朗、约旦、伊拉克、叙利亚、阿富汗、巴勒斯坦、阿塞拜疆、格鲁吉亚和亚美尼亚），中东欧 19 国（波兰、阿尔巴尼亚、爱沙尼亚、立陶宛、斯洛文尼亚、保加利亚、捷克、匈牙利、马其顿、塞尔维亚、罗马尼亚、斯洛伐克、克罗地亚、拉脱维亚、波黑、黑山、乌克兰、白俄罗斯和摩尔多瓦），中亚 5 国（哈萨克斯坦、吉尔吉斯斯坦、土库曼斯坦、塔吉克斯坦和乌兹别克斯坦）。

资料来源：EM-DAT。

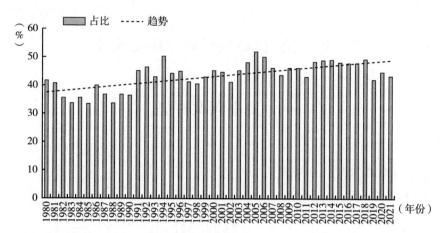

图 2　1980~2021 年"一带一路"区域气象灾害发生次数占全球比重及其趋势

资料来源：EM-DAT。

二　经济损失特征

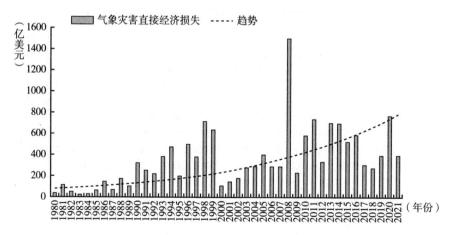

图 3　1980~2021 年"一带一路"区域气象灾害直接经济损失

资料来源：EM-DAT。

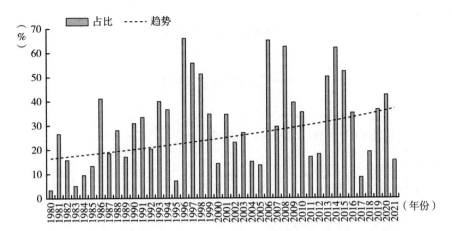

图 4　1980~2021 年"一带一路"区域气象灾害直接经济损失占全球比重

资料来源：EM-DAT。

三　区域占比

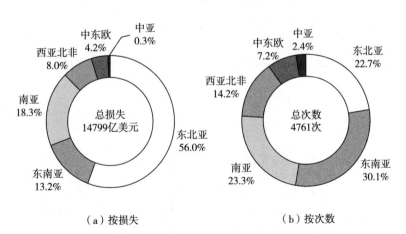

（a）按损失　　　　　　　　（b）按次数

图 5　1980~2021 年"一带一路"区域气象灾害分布

资料来源：EM-DAT。

中国气候灾害历史统计

一　经济损失特征

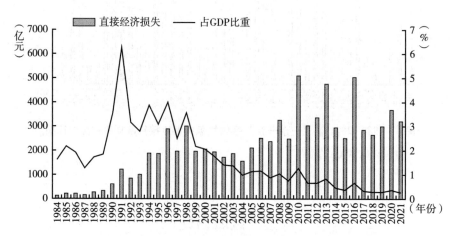

图1　1984~2021年中国气象灾害直接经济损失及其占GDP比重

资料来源：《中国气象灾害年鉴》和《中国气候公报》。

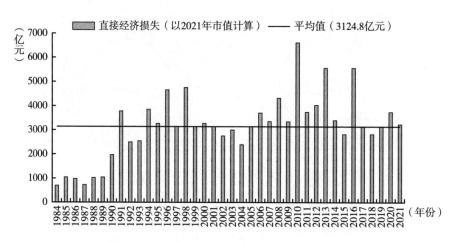

图2　1984~2021年中国气象灾害直接经济损失

资料来源：《中国气象灾害年鉴》和《中国气候公报》。

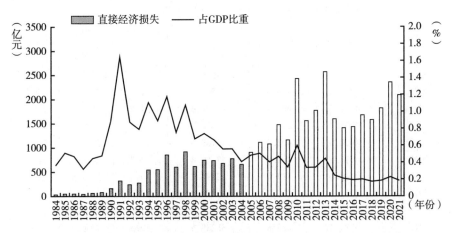

图3 1984~2021年中国城市气象灾害直接经济损失及其占GDP比重

资料来源：《中国气象灾害年鉴》、《中国气候公报》和国家统计局。

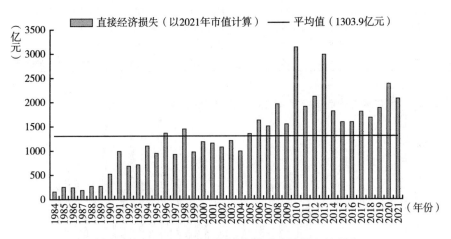

图4 1984~2021年中国城市气象灾害直接经济损失

资料来源：《中国气象灾害年鉴》、《中国气候公报》和国家统计局。

表 1　2004~2021 年中国气象灾害灾情统计

| 年份 | 农作物灾情（万公顷） | | 人口灾情 | | 直接经济损失（亿元） | 城市气象灾害直接经济损失（亿元） |
	受灾面积	绝收面积	受灾人口（万人）	死亡人口（人）		
2004	3765.0	433.3	34049.2	2457	1565.9	653.9
2005	3875.5	418.8	39503.2	2710	2101.3	903.4
2006	4111.0	494.2	43332.3	3485	2516.9	1104.9
2007	4961.4	579.8	39656.3	2713	2378.5	1068.9
2008	4000.4	403.3	43189.0	2018	3244.5	1482.1
2009	4721.4	491.8	47760.8	1367	2490.5	1160.4
2010	3743.0	487.0	42494.2	4005	5097.5	2421.3
2011	3252.5	290.7	43150.9	1087	3034.6	1555.8
2012	2496.3	182.6	27428.3	1390	3358.9	1766.8
2013	3123.4	383.8	38288.0	1925	4766.0	2560.8
2014	1980.5	292.6	23983.0	936	2964.7	1592.9
2015	2176.9	223.3	18521.5	1217	2502.9	1404.2
2016	2622.1	290.2	18860.8	1396	4961.4	2845.4
2017	1847.8	182.67	14448.0	833	2850.4	1668.1
2018	2081.4	258.5	13517.8	568	2615.6	1558.4
2019	1925.7	280.2	13759.0	816	3270.9	1982.2
2020	1995.8	270.6	13814.2	483	3680.9	2351.7
2021	1171.8	163.1	10675.0	755	3215.8	2081.3

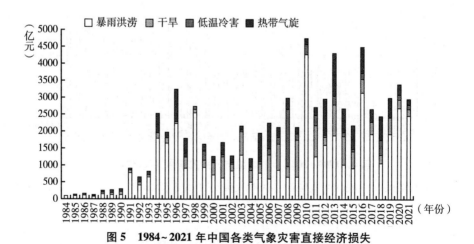

图 5　1984~2021 年中国各类气象灾害直接经济损失

资料来源：《中国气象灾害年鉴》、《中国气候公报》和应急管理部。

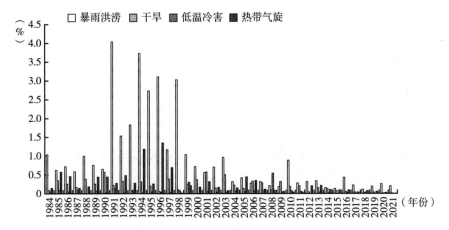

图6 1984~2021年中国各类灾害直接经济损失占GDP比重

资料来源:《中国气象灾害年鉴》、《中国气候公报》和应急管理部。

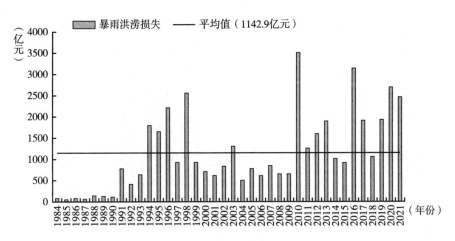

图7 1984~2021年中国暴雨洪涝灾害直接经济损失

资料来源:《中国气象灾害年鉴》、《中国气候公报》和应急管理部。

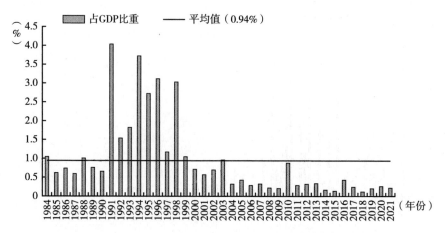

图8　1984~2021年中国暴雨洪涝灾害直接经济损失占GDP比重

资料来源：《中国气象灾害年鉴》、《中国气候公报》和应急管理部。

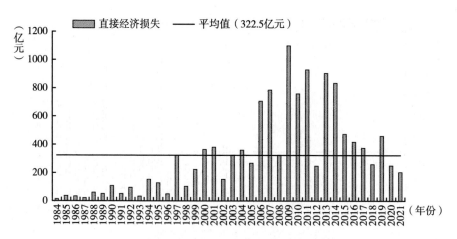

图9　1984~2021年中国干旱灾害直接经济损失

资料来源：《中国气象灾害年鉴》、《中国气候公报》和应急管理部。

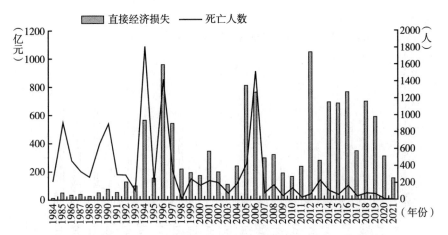

图 10　1984~2021 年中国台风灾害直接经济损失和死亡人数变化

资料来源:《中国气象灾害年鉴》、《中国气候公报》和应急管理部。

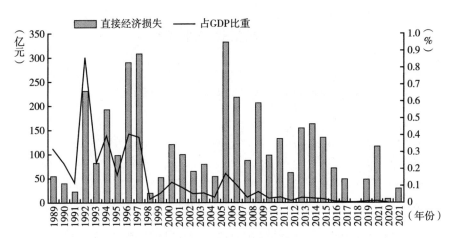

图 11　1989~2021 年中国海洋灾害直接经济损失及其占 GDP 比重

资料来源:《中国海洋灾害公报》和中华人民共和国自然资源部。

二 发生频次特征

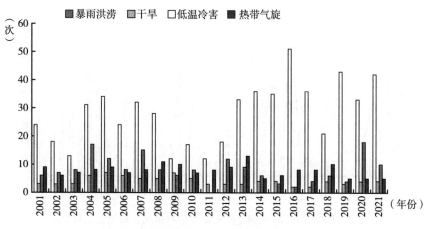

图12 2001~2021年中国气象灾害发生次数

资料来源：《中国气象灾害年鉴》和《中国气候公报》。

三 人员损失特征

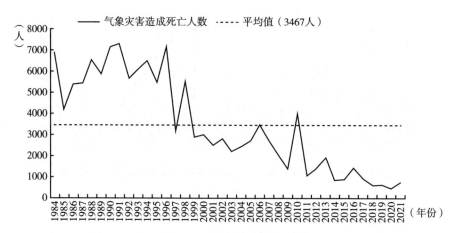

图13 1984~2021年中国气象灾害造成的死亡人数变化

资料来源：《中国气象灾害年鉴》、《中国气候公报》和应急管理部。

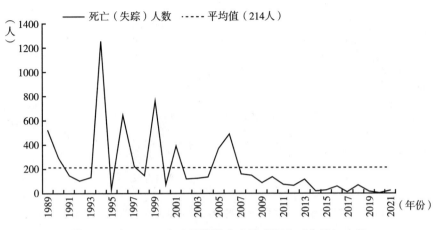

图14　1989~2021年中国海洋灾害造成死亡（失踪）人数

注：海洋灾害包括风暴潮、海浪、海冰、海啸、赤潮、绿潮、海平面变化、海岸侵蚀、海水入侵与土壤盐渍化以及咸潮入侵灾害。

资料来源：《中国海洋灾害公报》和中华人民共和国自然资源部。

四　损失占比

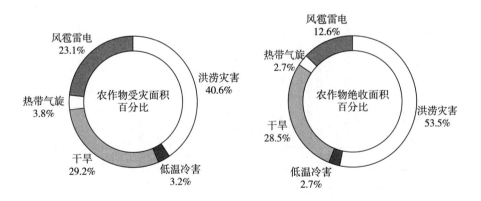

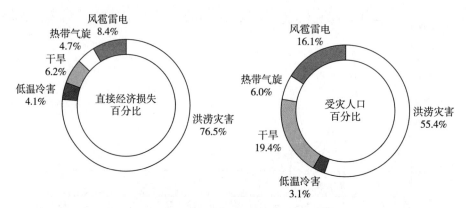

图15 2021年中国各类气象灾害因灾损失及死亡（失踪）人口占比

资料来源：《中国气象灾害年鉴》、《中国气候公报》和应急管理部。

五 农作物受灾面积

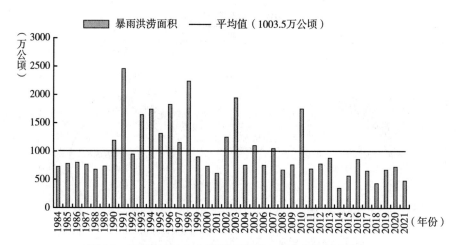

图16 1984~2021年中国暴雨洪涝灾害农作物受灾面积

资料来源：《中国气象灾害年鉴》、《中国气候公报》和应急管理部。

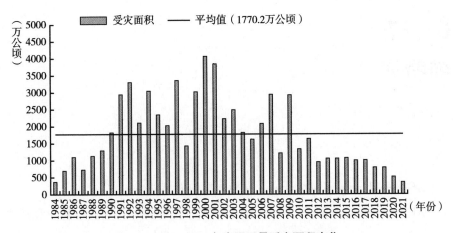

图 17　1984~2021年中国干旱受灾面积变化

资料来源：《中国气象灾害年鉴》、《中国气候公报》和应急管理部。

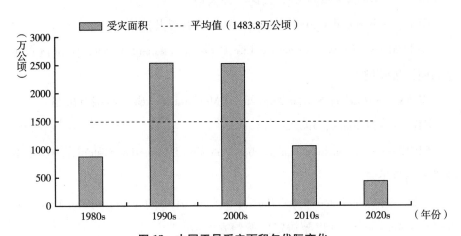

图 18　中国干旱受灾面积年代际变化

资料来源：《中国气象灾害年鉴》、《中国气候公报》和应急管理部。

（注：各国表中数据因四舍五入的原因，存在总计与分项合计不等的情况，未做调整。）

G.27
缩略词

胡国权[*]

AE——Alkaline Electrolyzer，碱性水电解制氢技术

AFOLU——Agriculture，Forestry and Other Land Use，农业、林业和其他土地利用

AR6—— The IPCC Sixth Assessment Report，第六次评估报告（IPCC）

BP—— British Petroleum，英国石油公司

BUR——Biennial Update Report，两年期更新报告

CALCM—— China Automotive Life Cycle Assessment Model，中国汽车生命周期评价模型

CBAM——Carbon Border Adjustment Mechanism，碳边境调节机制

CH_4—— Methane，甲烷

CICES—— China Industrial Carbon Emission Information System，中国工业碳排放信息系统

CMA——Conference of the Parties Serving as the Meeting of the Parties to the Paris Agreement，《巴黎协定》缔约方大会

CMIP3——Coupled Model Intercomparison Project Phase 3，国际耦合模式比较计划第三阶段

CMIP5——Coupled Model Intercomparison Project Phase 5，国际耦合模式比较计划第五阶段

CMIP6——Coupled Model Intercomparison Project Phase 6，国际耦合模式

---

* 胡国权，博士，国家气候中心研究员，研究领域为气候变化数值模拟、气候变化应对战略。

比较计划第六阶段

CO_2——Carbon Dioxide，二氧化碳

COP26——The 26th session of the Conference of the Parties，联合国气候变化框架公约第二十六次缔约方大会

CRD—— Climate Resilient Development，气候恢复力发展

CRDP——Climate Resilient Development Pathways，气候恢复力发展路径

CREA——Center for Research on Energy and Clean Air，能源与清洁空气研究中心

DOE ——Department of Energy，（美国）能源部

GBF—— Global Biodiversity Framework，全球生物多样性框架

GWP——Global Warming Potential，全球增温潜势

IPCC——Intergovernmental Panel on Climate Change，联合国政府间气候变化专门委员会

IMP——Illustrative Mitigation Pathways，解释性减排路径（未来减缓路径）

IRA——the Inflation Reduction Act，《通胀削减法案》

LDAR——Leak Detection and Repair，泄漏检测与修复

LTGG—— Long Term Global Growth，长期全球目标

MCFC ——Molten Carbonate Fuel Cell，熔融碳酸盐燃料电池

N_2O—— Nitrous Oxide，氧化亚氮

NDC/NDCs——Nationally Determined Contribution/ Contributions，国家自主贡献

NIR ——National Inventory Report，国家清单报告

NYMEX—— The New York Mercantile Exchange, Inc. 纽约商业交易所

OGCI——Oil and Gas Climate Initiative，油气行业气候倡议组织

PEMFC ——Proton Exchange Membrane Fuel Cell，质子交换膜型燃料电池

PFCs——Perfluorocarbons，全氟碳化合物

RCM——Regional Climate Model，区域气候模式

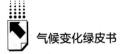

RCPs——Representative Concentration Pathways，典型浓度路径情景

RFC——Reasons for Concern，关注理由

RKR—— Representative Key Risk，具有代表性的关键风险

SDGs——Sustainable Development Goals，联合国可持续发展目标

SOFC—— Solid Oxide Fuel Cell，固体氧化物燃料电池

SSPs——Shared Socioeconomic Pathways，共享社会经济路径

UNEA-5——the Fifth Session of the United Nations Environment Assembly，第五届联合国环境大会

UNEP——United Nations Environment Programme，联合国环境规划署

UNFCCC——United Nations Framework Convention on Climate Change，联合国气候变化框架公约

WMO——World Meteorological Organization，世界气象组织

WTO——World Trade Organization，世界贸易组织委员会

Abstract

The year 2022 has witnessed the strongest regional heat waves in China, and frequent extreme weather and climate events across the world with severe impacts on socio-economic development. While positive progress has been made at the Glasgow Climate Conference which restarted climate negotiations after a delay caused by Covid−19, factors such as the Russia-Ukraine conflict and energy crisis have posed severe new tests to the Covid−19 process to achieve carbon neutrality. Despite the changes in the international landscape, China has pushed forward the efforts to achieve its "dual carbon" goals, setting out a "1+N" policy framework, and contributing to the international carbon neutrality efforts with its concrete actions. This report focuses on China's policies and practices to implement the "dual carbon" goals. Built on a new understanding of climate change science, it provides readers with a stocktaking of global climate and environmental governance, showcases China's policy actions to meet its "dual carbon" goals, and studies and shares carbon neutrality targets and business cases from different sectors.

The book is divided into 6 parts. Part I is the synthesis report, which reviews climate anomalies across the world over the past year and their impacts. In particular, it gives an analysis of the rare and extreme high temperatures in China and their impacts. Part I also summarizes the main findings of the three working groups of the Sixth Assessment Report of the Intergovernmental Panel on Climate Change (IPCC). With regard to the international climate negotiations, the report emphasizes that while the Glasgow Climate Change Conference has built global consensus, the complexity in the current international situation adds uncertainty to global climate governance. Meanwhile, China's policy actions to

meet the "dual carbon" goals have yielded positive results, and are well received by the public who take an active part in those efforts. Part Ⅰ ends with an outlook on the global efforts to address climate change.

Part Ⅱ tracks the new understanding of climate change science with four articles selected, focusing on interpreting the key findings of the reports by Working Groups Ⅱ and Ⅲ of the IPCC Sixth Assessment Report, revealing the new understanding of climate change impacts, adaptation and vulnerability, and the urgency of strengthening climate change mitigation actions in the context of sustainable development. It also analyzes China's contribution to and impact on the IPCC Sixth Assessment Report. Part Ⅱ also includes one report that analyzes the technologies to forecast wind and solar resources in China in the future and gives estimates based on the them.

Part Ⅲ takes stock of global climate and environmental governance and includes six articles. The Russia-Ukraine conflict has had a major impact on global energy landscape and energy transition, and two reports in Part Ⅲ approach this topic from different angles. Methane is the second largest greenhouse gas in the world and also one of the key areas for international cooperation, and this part includes one report that provides a comprehensive analysis of global methane emission controls and takeaways for China. Plastic is a petrochemical product and plastic governance is a new topic, and another report from this part analyzes the relevance of plastic governance to climate governance and China's strategies. The EU carbon border adjustment mechanism and global stocktaking have currently attracted a lot of attention from the international community, and two reports take a deep dive into those topics respectively.

Part Ⅳ focuses on the policy actions to achieve the "dual carbon" goals, which is the core part of the book. 8 articles are included which analyze some key technical and policy issues in this endeavor, including integrating carbon assessment into energy assessment, carrying out energy retrofits to save energy and reduce emissions in industrial sectors, as well as low-carbon technologies such as waste heat for heating, PEDF (Photovoltaic, Energy storage, Direct current, Flexibility) building, hydrogen development and utilization. The main bottlenecks for developing green and low-carbon technologies in China are also analyzed and policy recommendations put forward. In addition, one report introduces the carbon inclusion mechanism, a scheme to incentivize public participation in emission reduction, while another overviews the scientific basis and prospects of using wetland as carbon sinks.

Part V looks at industry carbon neutrality targets and business cases and five articles are included in this part. One report makes a systematical analysis of Chinese businesses' response to the "dual carbon" goals and the characteristics of their efforts at different stages. Another report summarizes Chinese businesses' attitudes to climate change, their considerations of developing strategic decarbonization plans and directions for such plans, as well as the technology pathways that businesses in key sectors can refer to. This part concludes with an analysis of the development pathways and future directions for the three key sectors, steel, power and automobiles, in this context.

Part VI, which is the city evaluation section, revises the urban green and low-carbon evaluation index system and assesses the performance of 187 Chinese cities in 2021. The study shows Chinese cities have made notable progress in green and low-carbon development, and most cities have decoupled carbon emissions from their economic development. Part VI also puts forward policy recommendations to balance the effort to meet the "dual carbon" goal and achieve steady economic growth, increase the role of municipalities, provincial capitals and pilot cities in leading the way, explore the pathway for cities to peak carbon emissions, and unlock the potential of green consumption.

As in previous years, the book has in its appendices statistics for climate disasters in the world, in "Belt and Road" regions and in China in 2021 for readers' reference.

Keywords: Energy Transition; Carbon Peaking; Carbon Neutrality; Global Environmental Governance; Green and Low Carbon Development

Contents

I General Report

Abstract: Global climate change is an increasingly serious threat to the sustainable development of human society. From 2021 to 2022, extreme events occurred frequently which had serious impacts on social and economic development around the world. The Glasgow climate conference resumed climate negotiations after the COVID − 19 pandemic, completed negotiations on the implementation rules of the Paris Agreement, and made positive progress. The Russian-Ukrainian conflict and the energy crisis have brought new challenges to the global process towards carbon neutrality. No matter how the international situation changes, in the face of the severe challenges of climate change, China will unswervingly promote implemention of "dual carbon" goals, actively build a "1 +N" policy system, and make important contributions to the international carbon neutrality process with practical actions. Looking ahead, the 27th UNFCCC Conference of the Parties will be held in Sharm el-Sheikh, Egypt. A series of focus issues such as mitigation ambition, funding, and global adaptation targets need to be solved urgently. Despite of the difficulties, the global green and low-carbon transition will continue to move forward.

Keywords: Climate Change; Carbon Peaking; Carbon Neutrality; Conference of the Parties (COP)

II New Scientific Understanding of Climate Change

G.2 New Insights into the Impacts, Adaptation and Vulnerability
to Climate Change
—*Interpretation of the Working Group II Report of the IPCC*
Sixth Assessment Report Han Zhenyu, Wang Lei, Qin Yun,
Zhang Baichao, Shi Ying and Lu Bo / 025

Abstract: The Working Group II (WG II) report of the IPCC Sixth Assessment (AR6) report systematically describes the latest scientific understanding of observed and projected climate change impacts and risks, climate change adaptation options, and climate resilience development. The report shows that climate change is already causing widespread adverse effects on natural and human systems, and there is more evidence that the impacts associated with extreme events can be attributed to human activities such as anthropogenic emissions. The effectiveness of adaptation options varies between different systems, and will decrease with climate warming. Besides, the report defines the Climate Resilient Development (CRD) as a process of implementing greenhouse gas mitigation and adaptation options to support sustained development for all and points out that the CRD－relevant actions are quite urgent. Compared with the Fifth Assessment (AR5) report, the AR6 report puts more emphasis on solutions to climate change and makes new progresses on several aspects. For example, the AR6 report further extends the climate change risk framework, comprehensively assesses the latest climate change adaptation options, and elaborates the CRD pathway. The assessment results are important for deepening the understanding of the impacts and adaptation of climate change and formulating timely and systematic strategies.

Keywords: Climate Change; Risk; Adaptation; Climate Resilient Development (CRD)

G.3   Strengthening Mitigation of Climate Change in the Context of Sustainable Development

—Interpretation of the IPCC Working Group Ⅲ Report
"Climate Change 2022: Mitigation of Climate Change"

Lu Chunhui / 035

Abstract: The Working Group Ⅲ contribution to the Sixth Assessment Report was finalized on 4 April 2022 during the 14th Session of Working Group III and 56th Session of the IPCC. The Intergovernmental Panel on Climate Change (IPCC) released the Working Group Ⅲ report "Climate Change 2022: Mitigating Climate Change" and a summary for policymakers (SPM). The report comprehensively summarizes the latest scientific progress since the release of the Fifth Assessment Report, which will provide an important scientific basis for the international community to further understand climate change mitigation actions, emission reduction in all sectors, system transformation, and achieve sustainable development. The report further identifies the current status, trends and key drivers of global GHG emissions, future development paths in the near, medium and long term, as well as climate change mitigation and adaptation actions in the context of sustainable development. The Working Group Ⅲ report mainly focus on the perspective of policy makers. It is of great importance to the climate change policy formulation, promoting green and low-carbon transformation and high-quality development, as well as the implementation of carbon peaking and carbon neutrality targets in our country.

Keywords: Mitigation of Climate Change; Global Greenhouse Gas Emission; Sustainable Development

G . 4 China's Contribution and Impact Analysis of IPCC Sixth
Assessment Report

Liu Dongxian, Ma Xuling, Zhang Dingyuan and Li Jinghua / 046

Abstract: The Intergovernmental Panel on Climate Change (IPCC) releases its assessment reports every five years, which provides the latest scientific insight into climate change since the previous round of assessment reports. This paper analyses China's current research contribution and influence in the field of climate change based on the references cited in the chapters of the IPCC Sixth Assessment Report (AR6), with a focus on citations where the first author is a Chinese author (Chinese citations). The results show that in IPCC AR6, the number and proportion of Chinese citations has increased significantly. From the perspective of the distribution of Chinese citations, the number of Chinese citations in working Group I is significantly higher than that in working Group II and III. The number of Chinese citations in the "Asia" section is the most concentrated, accounting for 24.6%, indicating that China has the most prominent influence in this field. Chinese scholars should pay more attention to climate change research on regions outside Asia, and strengthen research on climate change in cross-cutting areas such as socio-economic and ecological environment.

Keywords: IPCC AR6; Chinese Citations; China's Contribution

G . 5 Projection and Outlook of Future Wind Energy and Solar
Energy Resources in China *Wu Jia, Yan Yuping* / 057

Abstract: The massive development of wind and solar energy resources is an effective way to reduce the emissions of greenhouse gases in order to mitigate and adapt to climate change. The "14th Five-Year Plan" has set out new goals for wind power and photovoltaic power generation that are compatible with the proposal of China's "double carbon" policy. In this context, it is important to

project the future changes of wind and solar energy in China, which can provide a scientific basis for the formulation of policies at local scale. However, currently, due to the limitation of high spatial-temporal resolution simulations, the refined projection of wind power and photovoltaic power generation has not been carried out. In addition, large differences and uncertainties can be found in the previous studies, making it difficult to give a more accurate conclusion. This paper summarized the urgent demand for wind and solar energy projection, technical bottlenecks, the latest results and challenges for "double carbon", and analyzed its possible impact and uncertainty on industrial plan. Finally, to better support the short-term, medium and long-term climate service goals of the "double carbon" target, it is proposed to strengthen the short-term, medium and long-term service assurance of wind and solar energy resources, further improve the projection technique, and well considerate the seasonal and regional differences in their development and utilization.

Keywords: Climate Change; Wind Energy; Solar Energy

Ⅲ　Global Climate and Environment Governance

G.6　Analysis of the Impact of the Russian-Ukrainian Conflict on the Global Energy Pattern and Energy Transition

Zhang Ying, Hu Fei / 071

Abstract: The conflict between Russia and Ukraine has set off a huge wave in the global energy market and profoundly changed the energy geopolitical pattern. Russia is one of the most important energy suppliers in the world, and Europe is the main market for Russian fossil fuels exports. Therefore, the energy issue has become the core focus of the conflict between Russia and Ukraine and the related sanctions and countermeasures. The conflict has boosted the already high prices of fossil energies in the world and has imposed severe challenges on the sustainability of energy supply in Europe. The global impact of the conflict

378

between Russia and Ukraine and the focus of energy transformation are all on fossil fuel energy. The progress of the war has prompted many countries to re-examine their energy and climate policies. Although the general direction of global energy transformation will not be shaken; in order to ensure energy supply, in the short term, the process and strategies of some countries to withdraw from fossil fuel energy may face swings and setbacks. Under this background, China should build a solid supply and security system of traditional energy, maintain the strategic resolve to promote the low-carbon transformation of energy, accelerate the withdrawal of non rigid crude oil consumption in various fields and reasonably select the direction and mode of international energy cooperation.

Keywords: Russia-Ukraine Conflict; Energy Transformation; Energy Pattern; Low Carbon Transformation

G . 7 Global Experience in Mitigating Methane Emissions and
Its Implication for China

Ma Zhanyun, *Li Zhaomeng*, *Liu Shule*,
Ying Na, *Gao Qingxian and Yan Wei* / 085

Abstract: Methane is the second most abundant greenhouse gas, accounting for 16% of global greenhouse gas emissions. In the context of global warming, methane emission control is of great significance for countries to achieve climate goals. By analyzing National Communications (NC) submitted by Annex I parties of the United Nations Framework Convention on Climate Change (UNFCCC) and the most recent Nc and Biennial Upolate Report (BUR) submitted by China, the emission status, source characteristics, policy measures, and their emission reduction effects and targets of China and abroad are systematically summarized. The main emission reduction policies and measures of main Annex I and non-Annex I parties in the energy, agriculture, and waste sector are outlined. In addition, this paper encapsulates the current situation of

methane emissions and emission control policies and measures in China, reveals the potential problems of methane emission reduction practices, and proposes inspirations for methane emission control in China by comparing and analyzing international experiences. The results show that the status of methane emissions in China is consistent with global trends. In the current stage, the key technologies and management policy of methane emission control need to be improved, and the accounting and monitoring methods need to be further enhanced. While strengthening emission control, market-oriented means should be promoted to assist in methane emission mitigation.

Keywords: Greenhouse Gases; Methane Mitigation; Methane Monitoring

G.8 Global Plastic Governance and Climate Governance and China's Way Forward   *Chong Shan*, *Zhu Songli* / 101

Abstract: The plastic industry is resource-intensive and energy-intensive, and its carbon emissions run through the whole process from production to disposal. The "double carbon" target of China and the opened global plastic governance process put forward higher requirements for the low-carbon transformation of plastic, and it is urgent to coordinate the relationship between the growth of plastic demand and the reduction of plastic consumption and carbon emission. This paper systematically reviews the formation process of the global plastic agreement and the possible future plastic governance framework, provides an in-depth analysis of the challenges of plastic governance in China under the constraints of the global plastic agreement, and proposes targeted coping strategies. In the future, China should actively participate in international negotiations on plastic governance, adhere to the principles of fairness, "respective capabilities" and "reference to national conditions", and promote the establishment of a fair and effective plastic governance system. At the same time, China should accelerate the development of a sustainable management plan for plastic, implement an extended producer responsibility system, and promote the establishment of a plastic recycling economy.

Keywords: Plastic Governance; Global Agreement; Climate Governance

G.9 Key Points and Impacts of EU's Carbon Border

Adjustment Mechanism　　　　*Kang Wenmei, Wang Mou* / 113

Abstract: Since the European Green Deal issued by the European Commission in 2019 proposed the "carbon border adjustment mechanism" (CBAM) to achieve climate goals, the EU has continuously promoted the legislative process of the CBAM. At present, the legislation of the EU's CBAM is in the final stage of the tripartite talks between the Council of the European Union, the European Commission, and the European Parliament. This paper studies the latest text of the EU's CBAM adopted in June 2022, extracts and summarizes the implementation scope, coverage, accounting methods, and other key points of the CBAM, and uses input-output models to measure the possible impact of the EU's CBAM on China based on China's 2018 non-competitive input-output table. The results show that the direct and indirect carbon emissions of the six industries of CBAM exported from China to the EU are 15.38593 million tons, accounting for 19.091% of the carbon emissions exported from China to the EU. If the carbon price of € 70/ton, that is, US $ 80/ton, China needs to pay US $ 1.2309 billion, of which chemicals pay the most, US $ 401.6 million, and cement pays the least, US $ 4 million. If the scope of CBAM taxation is expanded to direct, indirect, and upstream product carbon emissions, the embodied carbon of the six industries of CBAM exported by China to the EU is 46.18508 million tons. Under the same carbon price as the former, China needs to pay US $ 3694.8 million, more than three times that before the expansion. In order to effectively deal with the EU's CBAM, China can comprehensively deal with it from the political, and technical aspects.

Keywords: CBAM; Input-output Model; Carbon Tariff

气候变化绿皮书

G.10 Analysis of Stocktaking Mechanism from the Perspective of Global Environmental Governance

Zhang Shiyi, Qin Yuanyuan / 124

Abstract: The Paris Agreement established a global stocktake mechanism that aims to bridge the gaps between goals and global visions, and between progress and action targets. In the recent negotiations on the implementation mechanism of the Convention on Biological Diversity, great attention has been paid to whether and how to strengthen the implementation through the global stocktake or review. By analyzing the formation, framing elements and the latest progress of the global stocktake, also taking into account of the ongoing first-round global stocktake under the Paris Agreement, this paper identifies challenges for the implementation of the global stocktake, including a lack of timeliness and integrity of input information, the uncertainty of conclusion because of the wide information inputs, and the deficiency of comprehensive, balanced and effective outcomes. It is suggested that the global stocktake should start from promoting the implementation, focus on identifying problems and proposing practical solutions, adhere to the demand-oriented information input, and uphold the comprehensive, balanced and efficient principles of stocktake process.

Keywords: Global Environmental Governance; Climate Change; Biodiversity

G.11 The Trend and Impact of G20 Promoting Clean Energy Development under the Goal of Carbon Neutrality

Zhang Jianzhi, Zhang Yujun, Chen Ming and Liu Lei / 141

Abstract: Climate change is a severe challenge faced by all mankind, posing a major threat to global energy, technology, ecological environment and human health and well-being. To achieve the goals of the *Paris Agreement*, all G20 members have submitted or updated their Nationally Determined Contributions

(NDCs), clarified carbon neutrality targets, and most G20 members have also raised their 2030 greenhouse gas emission reduction targets, promulgated or revised their special laws or policies to deal with climate change and clean energy development, so that it will expand the space for clean energy development. Since February 2022, the gradual escalation of the conflict between Russia and Ukraine and the ups and downs of the global epidemic have had an important impact on the global energy supply chain, forcing countries to rethink energy security and clean energy policies. Therefore, it is of great practical significance to study the G20 carbon neutrality goals and policies, especially the development trend and impact of clean energy, to participate in the global climate negotiation agenda and the formulation of international rules, and build a fair, reasonable, cooperative and win-win global climate governance system, cope with the climate crisis and green barriers, and promote the construction of a green "Belt and Road".

Keywords: Carbon Neutrality; Clean Energy; Global Climate Governance System

Ⅳ   Policies and Actions to Implement the Dual Carbon Target

Abstract: The energy conservation review system is a system to evaluate and review energy efficiency and the energy consumption of new projects, is an administrative licensing matter set by the national energy conservation department according to law. Since its implementation, the system has played an important role in improving the energy efficiency level, reducing the cost of energy consumption, and supporting to achieve targets for energy conservation. The State Council's

"Action plan for reaching the peak of carbon by 2030" requires strengthening the energy conservation review system of fixed asset investment projects, comprehensively evaluating the project's energy consumption and carbon emissions, and promoting energy conservation and carbon reduction from the source. Explore carbon emission assessment in the energy conservation review system, and giving full play to the role of improving energy efficiency, regulating the total amount of energy consumption, optimizing the structure of energy consumption, and promoting the green transformation of industry from the source are the important mission and task faced by the energy conservation review system under major strategic decisions and deployment of carbon peak and carbon neutralization.

Keywords: Energy Conservation Review System; Carbon Emission Assessment; Carbon Peak; Carbon Neutralization

G.13 The Status, Problems and Countermeasures of Energy-saving and Carbon-reducing Transformation in Traditional Industry

Shi Xijie, Qi Fei and Kang Yanbing / 166

Abstract: Promoting the transformation of energy conservation and carbon reduction in traditional industries is of great significance to the green and low-carbon development of industries, and is an inevitable requirement for achieving high-quality economic development and industrial upgrading. Firstly, this paper systematically combs the main measures taken by China to promote energy saving and carbon reduction of traditional industries, and the main results achieved in technology and equipment upgrading, energy saving and carbon reduction, etc. , studies and analyzes the energy saving and carbon reduction potential of traditional industries and the bottleneck problems faced, and finally puts forward relevant countermeasures and suggestions in technology innovation, industry potential tapping, technology and equipment R & D promotion, policy support, management services, etc.

Keywords: Traditional Industry; Energy Conservation and Carbon Reduction; Resource Consumption

G . 14   A New Carbon Neutral and Clean Heating Mode in Chinese Northern Cities and Towns with Low Temperature Waste Heat

Fu Lin, Wu Yanting / 179

Abstract: The shortage of clean and low-carbon heat sources is prominent in China, while there are abundant low temperature waste heat resources, and by using the waste heat, the demand of the heating in the northern region can be satisfied. Based on these, a new carbon neutral and clean heating mode in Chinese northern cities and towns with low temperature waste heat is proposed, and a cost analysis is carried. The comprehensive heating cost of this new model is about 79. 6 yuan / GJ, which is lower than the comprehensive heating cost of gas-fired boilers. To comprehensive promote this new mode in north China, it will be needed to state clearly as soon as possible that heating should be developed according to this model, and to establish a cross-industry, cross-regional, cross-enterprise low carbon clean heating development mechanism, and to formulate the national waste heat heating plans, and to state large waste heat heating projects into national infrastructure construction category. In addition, during the "14th Five‐Year Plan", we should step up the formulation of national waste heat heating planning and increase the support of relevant technology research and development team, at the same time, vigorously promote the construction of a number of waste heat heating projects, laying a solid foundation for the comprehensive promotion of low temperature waste heat heating model in the northern region.

Keywords: Central Heating; Carbon Neutral Heating; Low Temperature Waste Heat

G.15 Development Statuses and Prospects of PEDF Building

Hao Bin, Lu Yuanyuan and Li Yemao / 192

Abstract: PEDF building is integrating photovoltaic power generation, energy storage, DC power distribution, and flexible power consumption. It is the new direction of building energy conservation under carbon neutralization target. In this paper, the backgrounds and statuses of its development are put forward, which the increase of building electrification rate and the proportion of distributed photovoltaics will help to promote demand flexibility and grid interaction to solve the volatility caused by high proportion of renewable energy access. A brief introduction to the interrelationship of the four technologies of PEDF, and PEDF is focuses on meeting the daily balance of power with demand flexibility, where it will achieve a carbon reduction rate over 60%. Finally, it concludes the importance of PEDF and gives the policy suggestions to promote its application.

Keywords: Building Electrification; PEDF; Demand Flexibility; Emission Reduction Potential

G.16 Main Bottlenecks and Policy Suggestions for the Development of Green and Low-Carbon Technologies in China Nowadays

Kang Yanbing, Yao Mingtao and Wang Tianzi / 207

Abstract: Achieving the carbon peaking and carbon neutrality goals puts forward a series of new requirements for the development of green and low-carbon technologies, including the large-scale and high-proportion application of relatively mature technologies, the transformation of demonstration technologies to industrialization, as well as R&D and strategic reserve of cutting-edge technologies. A series of achievements have been made in the development of green and low-carbon technologies in China, but there are various challenges under the new situation: the promotion and application of relatively mature technologies are restricted by the collaborative guarantee capacity of the industrial chain and supply chain; the transformation of engineering demonstration technologies to industrialization still needs a strengthen system mechanism as a guarantee; R&D and reserve of major strategic technologies need to be supported by an further improved innovation system. Therefore, it is necessary to systemically break through the plugging points of relatively mature technologies towards a high proportion of applications, improve the mechanism to promote the transformation of demonstration technologies to industrial application, vigorously promote the demonstration of new technology projects, strengthen the research and development of major strategic technologies, and improve the supporting policies at all stages of technology.

Keywords: Carbon Peaking; Carbon Neutrality; Green and Low-carbon Technologies; Industrial Chain; Supply Chain

G. 17　Development Prospect, Current Obstacles, and Policy Suggestions for Hydrogen Energy under the Goals of Carbon Peaking and Carbon Neutrality　　　*Sun ZuoYu* / 216

Abstract: Hydrogen energy has the advantages of clean and low-carbon compared with traditional fossil energy, and the advantages of stability compared with hydropower, photovoltaic and wind power. As a fuel, hydrogen could realize zero carbon emission or even net zero emission at the terminal of energy conversion. As a carrier, hydrogen could also link power grid, gas grid, and heat grid into a multi-energy complementary system for realizing efficient, stable, and flexible comprehensive utilizations of renewable energy. The present report based on the goal of Carbon Peaking and Carbon Neutrality, analyzed the effective paths for hydrogen energy to achieve deep carbon reduction in the typical high-carbon emission industries (such as power section, steel section, and transportation section), and pointed out the major obstacles faced by each industry in the

development of hydrogen energy. Based on the current development situation and expected prospects, the report proposed that the development of hydrogen energy industry should focus on strengthening the coordinated development of industrial departments and regions, building a systematic and coordinated industrial development pattern, tackling key technical nodes (like green hydrogen production, hydrogen pipeline storage and transportation), improving industrial standards, and promoting the development of hydrogen energy industry in a way of balanced, coordinated, and orderly.

Keywords: Hydrogen Energy; Energy Interchangeability; Net Zero Emission

G . 18　Carbon Inclusive Mechanism: A Consumer Side Emission Reduction Mechanism to Effectively Achieve Carbon Neutrality　　　　　　　　　　　　　*Jiang Nanqing* / 230

Abstract: Achieving the "3060" carbon goal is the strategic decision of China integrating the domestic and international situations. At present, from the top-level design to the implementing pathway, from the clear vision to the construction of a green production and lifestyle, the state is mobilizing the great enthusiasm and momentum of the whole society and all initiatives to take actions to achieve this goal. In this context, how to maximize the potential of the whole society to build and share a green and low-carbon lifestyle has also become the focus point. This paper reviewed the development process of carbon inclusion in public green behaviors in China, analyzed the advantages and challenges of the multi-types of carbon inclusion mechanism of government and enterprises, as well as the innovative application of digital technology to help carbon neutralization.

Keywords: Carbon Neutrality; Carbon Inclusive Mechanism; Consumer Side Emission Reduction Mechanism; Personal Low Carbon Behavior

Abstract: On the scientific basis, the carbon sink estimation of wetland was summarized up, that is stock-difference method and gain-loss method as a fundamental approaches. The major issues when those methods were applied in that estimation had been raised up for attention be paid. Based on the science achievements, the research approaches and policy foundation for market trading about the wetland carbon sink had been analyzed for that sink sustainability. It was concluded that the decomposition reduction of wetland plant material and rewetting and suitable restoration of wetland are essential for its sink conserving. Nowadays, China has already set the wetland conservation for its carbon sink sustainability as a part of the national goal in the carbon peaking road-map, the further elaboration on the policymaking should be taken for the wetland sink conclusive into the voluntary market and as an offset of the part compulsory reduction of emission.

Keywords: Wetland Carbon Sink; Rewetting; Carbon Market

V   The Carbon Neutrality Goals of Industry and Euterprise Cases

Abstract: Since China pledged in September 2020 to peak carbon by 2030 and become carbon neutral by 2060, helping to achieve this target has become a

must for Chinese companies to fulfil their environmental responsibilities and a new fulcrum for their green growth. In response to clear policy signals and market pressures, several leading companies have taken the lead in proposing carbon neutrality timetables and road maps, and have launched exploratory actions in key difficult areas. This article aims to systematically analyze the overall response of Chinese enterprises to carbon neutrality, summarize their phased characteristics in implementing targets, show typical actions and excellent business practices, and try to put forward future suggestions on the problems observed at the present stage.

Keywords: Carbon Neutrality; Low Carbon Transition; Green Growth; Low Carbon Talents

G.21　Analysis of Decarbonization Actions and Transition Paths of Chinese Enterprises

Cao Yuan, Zhang Sheng and Jiang Mingjun / 270

Abstract: Addressing climate change and reducing carbon emissions has become a consensus goal for scientific and technological development and policy making. In this context, as the main source of CO_2 emissions, it is crucial for enterprises to plan their own decarbonization of economic activities. Based on the results of literature, questionnaire research and analysis in related fields, this paper composes and summarizes the attitudes of Chinese enterprises in addressing climate change, their considerations and directions for decarbonization strategic planning, as well as the technological paths that can be referred to by enterprises in various key industries for decarbonization and the development status of related paths. Finally, this paper gives relevant suggestions for the strategic planning for high-quality development aligning with decarbonization transition of Chinese enterprises.

Keywords: Chinese Enterprises; Zero Carbon Transition; Decarbonization

Abstract: The iron and steel sector is the largest emitter of carbon dioxide in China's manufacturing industry. This report is intended to describe the the present state, technical routes and perspectives of iron and steel industry development. According to the analysis of carbon emission structure, the relationship between production processes and emission, and the transformation trend of the world's iron and steel industry, opportunities and challenges coexist in China's steel industry. Scrap steel recovery and electric furnace process, re-electrification, hydrogen metallurgy, resource recycling and by-products, carbon capture and utilization are the main processes in the low-carbon transformation path, and "optimization of energy consumption structure" is one of the important future directions. This report suggests that in order to achieve peak carbon neutralization, clean energy supply will become more and more important as a guarantee for carbon reduction while the metallurgical processes reform.

Keywords: Iron and Steel Industry; Carbon Peak; Carbon Neutralization; Green Growth

Abstract: To achieve the goal of "carbon peak and carbon neutrality", energy system is the main battlefield and power system is the main force. The green and low-carbon transition path of the power industry has a profound impact on the process of carbon peak and carbon neutrality of the whole society. Firstly, this paper analyzes the challenges and opportunities faced by the power industry to

achieve the double-carbon goal; Secondly, on the basis of constructing three scenarios of deep low-carbon, zero carbon and negative carbon in power system, relying on the self-developed "double carbon" electric power planning software package GESP－V, the consumption structure of primary energy and terminal energy, the future development orientation and trend of various types of energy are quantitatively studied, and the low-carbon transition path of power system including three stages of carbon peak, deep low-carbon and carbon neutral is proposed, the change trend of power supply cost under different scenarios is analyzed. On this basis, from the aspects of coal power development positioning, new energy development and utilization, diversified development of supply and demand, new energy industry chain, and power supply cost dredging, the implementation points and relevant suggestions to adapt to the green and low-carbon transition of power system are proposed.

Keywords: Carbon Peak; Carbon Neutrality; Electric Power; Green and Low－Carbon

G . 24 Research on the Green and Low-carbon Development Path of China's Automobile Industry

"Research on the Green and Low-carbon Development

Path of China's Automobile Industry" Project Group / 310

Abstract: In order to achieve the national target of carbon peak and carbon neutral, the automobile industry has done a solid job in carbon emission reduction and comprehensively promoted green and low-carbon transformation. Based on the life-cycle carbon emission accounting method for automobiles, the life-cycle carbon emission at the level of single vehicle was accounted, a low-carbon transformation path for the automobile industry was proposed, the relevant emission reduction potential was quantified and the suggestions for China's automobile industry to achieve green and low-carbon high-quality development were put forward: to establish and improve the standards and data management system, to promote the R&D and application of low-carbon materials and low-carbon technologies, and to accelerate the promotion of new consumption patterns in the automotive industry. The relevant research results could further support the formulation of national carbon emission policies, promote the R&D and application of low-carbon technologies in enterprises, guide consumers to green and low-carbon consumption, and lead the automotive industry to move toward the vision of whole-life carbon neutrality.

Keywords: Automobile; Life Cycle; Carbon Emissions; Low-carbon Transition

VI   Urban Evaluation

G . 25   Evaluation of Green and Low-carbon Development of

Chinese Cities in 2021

China Urban and Low-Carbon Evaluation Research Project Team / 328

Abstract: This paper revises the urban green and low-carbon evaluation index system and evaluates 187 cities of China in 2021. The study found that the green and low-carbon level of cities has improved significantly. There are 2 cities with a score of 90 or above, 60% of the cities with a score of 80 to 89, 37. 8% of the cities with a score of 70 to 79, only 3 cities with a score of 60 to 69, and no cities with scores below 60. Most cities have decoupled their carbon emissions from the economy, of which 23% are in the enhanced decoupled state, and nearly 45% are in the weakened decoupled state. The sub-index score of "carbon peak and carbon neutral" trend basically shows the characteristic of eastern > central > western > northeastern regions, and the other sub-index scores have improved, but the characteristics of imbalance and insufficient are still prominent; The carbon emissions of cities with different scales have converged; Megacities and large cities need to be vigilant against the increase of carbon emissions caused by scale expansion. Through cluster analysis, it is found that most of the cities with carbon

peak capacity and potential are southern cities, and most of the cities with carbon peak storage capacity and pressure are northern cities. This paper puts forward policy suggestions, such as balancing the relationship between achieving the "carbon peak and carbon neutral" Goals and stable economic growth, increasing the leading and demonstration role of municipalities, provincial capitals and pilot cities, exploring the path of urban carbon peak by classification, and enhancing the potential of green consumption.

Keywords: Green and Low-Carbon; Evaluation; Urban

Ⅶ   Appendices

社会科学文献出版社

皮 书

智库成果出版与传播平台

❖ 皮书定义 ❖

皮书是对中国与世界发展状况和热点问题进行年度监测，以专业的角度、专家的视野和实证研究方法，针对某一领域或区域现状与发展态势展开分析和预测，具备前沿性、原创性、实证性、连续性、时效性等特点的公开出版物，由一系列权威研究报告组成。

❖ 皮书作者 ❖

皮书系列报告作者以国内外一流研究机构、知名高校等重点智库的研究人员为主，多为相关领域一流专家学者，他们的观点代表了当下学界对中国与世界的现实和未来最高水平的解读与分析。截至 2021 年底，皮书研创机构逾千家，报告作者累计超过 10 万人。

❖ 皮书荣誉 ❖

皮书作为中国社会科学院基础理论研究与应用对策研究融合发展的代表性成果，不仅是哲学社会科学工作者服务中国特色社会主义现代化建设的重要成果，更是助力中国特色新型智库建设、构建中国特色哲学社会科学"三大体系"的重要平台。皮书系列先后被列入"十二五""十三五""十四五"时期国家重点出版物出版专项规划项目；2013~2022 年，重点皮书列入中国社会科学院国家哲学社会科学创新工程项目。

皮书网

（网址：www.pishu.cn）

发布皮书研创资讯，传播皮书精彩内容
引领皮书出版潮流，打造皮书服务平台

栏目设置

◆ 关于皮书

何谓皮书、皮书分类、皮书大事记、
皮书荣誉、皮书出版第一人、皮书编辑部

◆ 最新资讯

通知公告、新闻动态、媒体聚焦、
网站专题、视频直播、下载专区

◆ 皮书研创

皮书规范、皮书选题、皮书出版、
皮书研究、研创团队

◆ 皮书评奖评价

指标体系、皮书评价、皮书评奖

◆ 皮书研究院理事会

理事会章程、理事单位、个人理事、高级
研究员、理事会秘书处、入会指南

所获荣誉

◆ 2008 年、2011 年、2014 年，皮书网均
在全国新闻出版业网站荣誉评选中获得
"最具商业价值网站"称号；

◆ 2012 年，获得"出版业网站百强"称号。

网库合一

2014年，皮书网与皮书数据库端口合
一，实现资源共享，搭建智库成果融合创
新平台。

皮书网　　　"皮书说"　　　皮书微博
　　　　　微信公众号

权威报告·连续出版·独家资源

皮书数据库
ANNUAL REPORT(YEARBOOK)
DATABASE

分析解读当下中国发展变迁的高端智库平台

所获荣誉

- 2020年，入选全国新闻出版深度融合发展创新案例
- 2019年，入选国家新闻出版署数字出版精品遴选推荐计划
- 2016年，入选"十三五"国家重点电子出版物出版规划骨干工程
- 2013年，荣获"中国出版政府奖·网络出版物奖"提名奖
- 连续多年荣获中国数字出版博览会"数字出版·优秀品牌"奖

皮书数据库　　"社科数托邦"
　　　　　　　　微信公众号

成为会员

　　登录网址www.pishu.com.cn访问皮书数据库网站或下载皮书数据库APP，通过手机号码验证或邮箱验证即可成为皮书数据库会员。

会员福利

- 已注册用户购书后可免费获赠100元皮书数据库充值卡。刮开充值卡涂层获取充值密码，登录并进入"会员中心"—"在线充值"—"充值卡充值"，充值成功即可购买和查看数据库内容。
- 会员福利最终解释权归社会科学文献出版社所有。

数据库服务热线：400-008-6695
数据库服务QQ：2475522410
数据库服务邮箱：database@ssap.cn
图书销售热线：010-59367070/7028
图书服务QQ：1265056568
图书服务邮箱：duzhe@ssap.cn

社会科学文献出版社 皮书系列
SOCIAL SCIENCES ACADEMIC PRESS (CHINA)

卡号：859932552827
密码：

S 基本子库
UB DATABASE

中国社会发展数据库（下设 12 个专题子库）

　　紧扣人口、政治、外交、法律、教育、医疗卫生、资源环境等 12 个社会发展领域的前沿和热点，全面整合专业著作、智库报告、学术资讯、调研数据等类型资源，帮助用户追踪中国社会发展动态、研究社会发展战略与政策、了解社会热点问题、分析社会发展趋势。

中国经济发展数据库（下设 12 专题子库）

　　内容涵盖宏观经济、产业经济、工业经济、农业经济、财政金融、房地产经济、城市经济、商业贸易等 12 个重点经济领域，为把握经济运行态势、洞察经济发展规律、研判经济发展趋势、进行经济调控决策提供参考和依据。

中国行业发展数据库（下设 17 个专题子库）

　　以中国国民经济行业分类为依据，覆盖金融业、旅游业、交通运输业、能源矿产业、制造业等 100 多个行业，跟踪分析国民经济相关行业市场运行状况和政策导向，汇集行业发展前沿资讯，为投资、从业及各种经济决策提供理论支撑和实践指导。

中国区域发展数据库（下设 4 个专题子库）

　　对中国特定区域内的经济、社会、文化等领域现状与发展情况进行深度分析和预测，涉及省级行政区、城市群、城市、农村等不同维度，研究层级至县及县以下行政区，为学者研究地方经济社会宏观态势、经验模式、发展案例提供支撑，为地方政府决策提供参考。

中国文化传媒数据库（下设 18 个专题子库）

　　内容覆盖文化产业、新闻传播、电影娱乐、文学艺术、群众文化、图书情报等 18 个重点研究领域，聚焦文化传媒领域发展前沿、热点话题、行业实践，服务用户的教学科研、文化投资、企业规划等需要。

世界经济与国际关系数据库（下设 6 个专题子库）

　　整合世界经济、国际政治、世界文化与科技、全球性问题、国际组织与国际法、区域研究 6 大领域研究成果，对世界经济形势、国际形势进行连续性深度分析，对年度热点问题进行专题解读，为研判全球发展趋势提供事实和数据支持。

法律声明

“皮书系列”（含蓝皮书、绿皮书、黄皮书）之品牌由社会科学文献出版社最早使用并持续至今，现已被中国图书行业所熟知。“皮书系列”的相关商标已在国家商标管理部门商标局注册，包括但不限于LOGO（ ）、皮书、Pishu、经济蓝皮书、社会蓝皮书等。“皮书系列”图书的注册商标专用权及封面设计、版式设计的著作权均为社会科学文献出版社所有。未经社会科学文献出版社书面授权许可，任何使用与“皮书系列”图书注册商标、封面设计、版式设计相同或者近似的文字、图形或其组合的行为均系侵权行为。

经作者授权，本书的专有出版权及信息网络传播权等为社会科学文献出版社享有。未经社会科学文献出版社书面授权许可，任何就本书内容的复制、发行或以数字形式进行网络传播的行为均系侵权行为。

社会科学文献出版社将通过法律途径追究上述侵权行为的法律责任，维护自身合法权益。

欢迎社会各界人士对侵犯社会科学文献出版社上述权利的侵权行为进行举报。电话：010-59367121，电子邮箱：fawubu@ssap.cn。

社会科学文献出版社